LILY RAFF MCCAULOU

RUFE
DER
WILDNIS

WARUM ICH ZUR JÄGERIN WURDE

Übertragen aus dem Amerikanischen
von Professor John A. McCarthy,
Mitglied der Bayerischen Akademie für Jagd und Natur (BAJN)

KOSMOS

Für Scott. Dies und alles andere.

Und für Nathan. Du wärest ein ausgezeichneter Jagdgefährte gewesen – oder vielleicht ein unerträglicher. Ich wünschte, wir hätten die Zeit gehabt, das herauszufinden.

Inhalt

Vorwort zur deutschen Ausgabe

Als „Call of the Mild" im Jahr 2012 erschien, war es für viele Amerikaner und Amerikanerinnen, vor allem jene in Städten und Großstädten, höchst befremdlich, in der Jagd eine ethisch vertretbare und gar mit Empathie betriebene Tätigkeit zu sehen. Wenn ich damals politisch eher linksliberalen Städtern erzählte, ich sei Jägerin, war ich jedes Mal auf eine ablehnende Reaktion und eine Flut missbilligender Fragen gefasst, und diese Fragen kamen: „Warum kannst du dein Fleisch nicht wie ein normaler Mensch im Supermarkt kaufen? Wie kannst du einem unschuldigen Tier Schmerzen bereiten?!"

Seither hat sich einiges verändert. Nun sind die Medien voller Berichte über Jäger als selbstbewusste Naturschützer. Der Begriff „locavore", ein neues Wort für Verbraucher lokal produzierter Nahrungsmittel, ist zum festen Bestandteil des alltäglichen amerikanischen Wortschatzes geworden. Viele Menschen begreifen allmählich, welchen Schaden die industrielle Viehzucht an unserer Umwelt anrichtet, eine Initiative namens „fleischfreier Montag" findet immer mehr Anhänger. Die Jagd als nachhaltige Quelle von Fleisch aus Freilandhaltung ist keine abwegige Idee mehr.

Bekenne ich mich heute zur Jagd, reagieren die Leute nun eher mit echter Neugier, ja sogar mit ein wenig Achtung. Sie wollen wissen: „Was machst du mit den Federn, dem Fell? Wie schmeckt denn eine Wildgans? Wie bist du als Erwachsene zur Jagd gekommen?"

Mit den schwierigsten Fragen konfrontieren mich heute meine beiden drei und sechs Jahre alten Söhne. Neulich fragte mich der Dreijährige: „Warum erschießt du Tiere? Ist das nicht böse?"

Diese beiden Fragen waren ja überhaupt der Anlass, das vorliegende Buch zu schreiben, aber als ich meinem Sohn in seine großen, braunen Augen sah, geriet ich ins Stocken. „Na ja", meinte ich schließlich, „aus der Sicht des Wildes ist der Schuss wohl gemein. Aber die Sache ist eigentlich viel komplizierter."

Einem Dreijährigen so etwas Komplexes wie Jagdethik und ethisches Jagen zu erklären, ist eine echte Herausforderung. Deshalb bin ich dankbar, dieses Buch geschrieben zu haben. Es mag meinen Söhnen erklären, was mir durch den Kopf ging, als ich den mein Leben verändernden Entschluss pro Jagd fasste. Eines Tages werden meine Kinder das Buch hoffentlich zur Hand nehmen und darin meine Gründe nachlesen. Sollten sie dann mein Interesse teilen, würde es mich freuen, wenn auch sie sich für ein Jägerdasein entschieden.

Damit bin ich bei der für mich persönlich bedeutendsten Entwicklung seit der Publikation der Originalausgabe dieses Buches angelangt: Nicht mehr die Jagd bestimmt nun mein Leben, sondern die Erziehung meiner Kinder. Heute bewegt mich weniger der Wunsch, meine jagdlichen Fähigkeiten zu verbessern, als vielmehr eher die Hoffnung, zwei zukünftige Jäger nach den im Buch aufgezeigten Idealen zu erziehen.

Meine Kinder sollen verantwortungsvolle Waffenbesitzer werden, die stets sorgsam mit Schusswaffen umgehen und sie absolut sicher aufbewahren. Ich wünsche mir, dass sie mit Respekt vor dem Wild und mit hohem ethischem Anspruch jagen. Und dabei immer zum Wohle der Wildpopulationen und im Interesse des Erhalts ihrer Lebensräume handeln. Ich hoffe, dass sie sich zu kompetenten Naturburschen entwickeln und dem harten Leben, mit dem sie in der Wildnis zweifelsohne zu rechnen hätten, ruhig und gelassen entgegentreten. Ich wünsche mir, dass sie das Hochgefühl erfolgreichen Jagens erleben, aber nicht minder auch die kleineren Sinnesfreuden des ja viel häufiger erfolglos verlaufenden Jagens schätzen lernen. Und ich möchte – das versteht sich wohl – sehr gern zusammen mit ihnen auf die Jagd gehen!

Wer glaubt, dieser Wunschzettel sei leicht abzuarbeiten, täuscht sich. Ich kann mir zwar eine solche Zukunft für meine Söhne als Jäger vorstellen, habe aber keinen konkreten Plan, meine Träume wahr werden zu lassen. Einige Bedingungen dafür sind eher leicht zu erfüllen: Wir verbringen viel Zeit zusammen mit Spielen unter freiem Himmel. Wir zelten, angeln und suchen Pilze. Wir suchen und finden die Fährten, Spuren und Losungen des Wildes. Wir pirschen so leise im Wald wie japanische Ninjas.

Andere Aspekte dieser meiner Zukunftsvision für meine Söhne machen mich allerdings beunruhigend unsicher. So weiß ich zum Beispiel nicht, wie ich auf ihre Fantasiespiele mit Schusswaffen, die sie aus Baukastenteilen und Tannenzapfen basteln oder gar aus Toastbrot formen, reagieren soll. Soll ich solche Waffenspiele schlicht verbieten? Soll ich mit den Kindern den sicheren Umgang mit ihren „Schusswaffen" üben? Letzteres würde ständige Wachsamkeit verlangen, denn auch Müsliriegel können in Pistolen verwandelt werden … Soll ich Grundregeln festlegen wie „Auch wenn ihr ja nur so tut, als ob ihr auf jemanden schießt, müsst ihr denjenigen zuerst um Erlaubnis bitten!"? Soll ich mich einfach heraushalten und Ihre Fantasieschießereien ohne Kommentar ablaufen lassen?

Jede dieser Strategien, das Verhalten meiner Kinder zu steuern, habe ich schon ausprobiert, eigentlich ohne zu wissen, ob das richtig ist. Mir ist aber durchaus bewusst, wie viel auf dem Spiel steht.

Die weitere Zunahme der Waffengewalt in den USA hat mich dazu bewegt, aktiver zu werden und mich persönlich zu engagieren. Die Entscheidung fiel mir nicht leicht, denn als Journalistin ist für mich eine neutrale und objektiv ausgewogene Berichterstattung eine Selbstverständlichkeit. Persönliche Meinungen in den Medien zu publizieren, erscheint mir beinahe unnatürlich. Ähnliches Unbehagen bereitet es mir, an den Sitzungen eines gemeinnützigen Aktivistenvereins als Vorstandsmitglied und nicht als objektive Außenseiterin teilzunehmen – insbesondere dann, wenn es um heiß umstrittene und politisch polarisierende Fragen wie die des Waffenbesitzes geht.

Mit 34 000 Todesfällen hat die Gewalt mit Schusswaffeneinsatz in den USA epidemische Ausmaße angenommen. Auch verantwortungsvolle Waffenbesitzer und Waffenbesitzerinnen wie ich stehen in der Pflicht, ein „Heilmittel" zur Bekämpfung dieser „Krankheit" zu finden. Solange Senatoren und Abgeordnete auf höchster politischer Ebene frustrierenderweise nichts zur Eindämmung des Übels unternehmen, müssen einfache Bürger und Bürgerinnen Wege finden, das Leben unserer Mitbürger und -bürgerinnen vor Waffengewalt zu schützen. Schätzungsweise 4,6 Millionen Kinder leben in den USA in Haushalten, in denen Schusswaffen geladen und unverschlossen, also frei zugänglich, aufbewahrt werden. Deshalb bin ich einem gemeinnützigen Verein beigetreten, der kostenlos Gewehrschlösser und Informationsbroschüren über den sicheren Umgang mit Schusswaffen an Waffenbesitzer verteilt. Außerdem bieten wir „Gun-Safety"-Kurse für Kinderärzte und -ärztinnen an, damit sie diejenigen Eltern, die im Besitz von Schusswaffen sind, zum Beispiel besser über deren unfallsicherere Aufbewahrung beraten können. Es gibt aber so viel mehr, was wir tun könnten.

Ich werde nicht aufhören, nach effektiven und praktikablen Lösungen des Problems Waffengewalt zu suchen. Meine neuen Rollen als Mutter und Aktivistin spiele ich manchmal zwar etwas unbeholfen. Und doch scheinen sie mir als Ergänzung zu meinem jagdlichen Tun passend.

Mein Werdegang als Jungjägerin war eine endlose Kette neuer Erfahrungen. Das war das eigentliche Fesselnde an der Sache für mich. Den wirklich besten Weg zum Erfolg zu suchen, werde ich nie aufhören. Es wird immer eine neue Jagdsaison geben, einen Wetterumschwung, ein anderes Federwild, das am Himmel vorüberstreicht. Jeder neue Moment verlangt ein Sich-darauf-Einstellen, eine andere Strategie. Sechs Jahre nach Erscheinen der amerikanischen Originalausgabe scheine ich immer noch am Anfang zu stehen.

Prolog

Während ich ein Auge zukneife und mit dem anderen über die Lauf-schiene meiner Flinte und das rote Plastikkorn an deren Ende einen fernen Punkt anvisiere, stelle ich mir vor, was es wohl für ein Gefühl sein wird, den Abzug wirklich zu drücken, wenn plötzlich ein Vogel auffliegt. Das frage ich mich zwar nicht zum ersten Mal, zum ersten Mal aber besteht eine realistische Chance, dass es wirklich geschieht.

Die Schaumstoffstöpsel, die ich mir in die Ohren gequetscht habe, dämpfen alle Umgebungsgeräusche auf ein schwaches Raunen wie Blätterrascheln herunter. Das einzige, was ich wirklich höre, ist mein Herz. Jeder seiner Schläge lässt meinen Körper vibrieren, als ob ich auf einem Rockkonzert zu nahe vor den Basslautsprechern stünde.

Etwa drei Meter zu meiner Linken steht Tessa, eine weiß-braune Jagdhündin, bewegungslos wie festgefroren. Kurz zuvor hat sie mit gesenkter Nase und immer schneller wedelnder Stummelrute einen Fasan aufgespürt und ist dann abrupt stehen geblieben. Die Rute bewegungslos und waagerecht haltend, steht sie jetzt da. Ihr Herr erklärt mir, dies sei eine instinktive Reaktion, wenn sich die Blicke von Jagdhund und Vogel träfen. Auge in Auge seien beide wie gefesselt, bis einer handele: ein Pokerspiel mit ausgesprochen gefährlichem Ausgang – zumindest für den Fasan. Gerry, der Hundeführer, nähert sich Tessa leise und vorsichtig von hinten.

Ich taste mit verschwitztem Daumen nach der geriffelten Sicherung meiner Schrotflinte und drücke den kleinen Schieber schließlich mit einem Ruck nach vorn. Die Waffe ist jetzt entsichert und „gefährlich". Das pochende Rockkonzert in meiner Brust steigert sich zu rasendem Techno.

„Seid ihr schussbereit?", fragt Gerry mit ausdrucksloser Stimme.

„Ja", antwortet Nancy, ein anderer Neuling unter den anwesenden Jägerinnen. Sie steht ein paar Meter jenseits von Tessa, wartet wie ich auf die Chance, den totgeweihten Vogel zu erlegen, ist aber mit Waffen groß geworden und hat das Schießen vom Vater und von ihren Brüdern gelernt. Ihr Mann geht jeden Herbst auf die Federwildjagd, und nun, da ihre Kinder aus dem Hause sind, möchte sie mitgehen. Verständlich also, dass Nancy auch hier ist. Und ganz sicher ist sie schussbereit.

Aber ich nicht. Mein Vater war nie mit mir auf einem Schießstand. Der lud mich allenfalls in die Eisdiele ein, zu „Lickety Split", oder wir fuhren mit der U-Bahn nach Washington D. C. ins Museum. Mein Mann ist auch kein Jäger, und ich habe erst vor etwa einem Jahr die Entscheidung getroffen, das Jagen zu probieren.

Und so stehe ich nun hier im sumpfigen Gelände eines staatlichen Reservats im Süden Oregons, habe das Gewehr auf den Himmel angelegt und warte auf die ersehnte Beute. Ich bin eine von zwanzig Frauen, die an diesem nebligen Septembersamstag auf Fasanenjagd hinausgezogen sind. Jede von uns hat zwei Zwanzigdollarscheine für das „Privileg" hingelegt, mit professionellen Jagdführern und deren gut abgerichteten Jagdhunden in nassen Feldern herumlatschen zu dürfen. Gezüchtet in umzäunten Volieren, sind die Vögel vor einer Woche für die Jagd ins Freie entlassen worden. Nicht für uns, sondern für eine ähnliche Jagdveranstaltung mit Kindern. Wir sollen die Vögel erlegen, die den Kindern entkommen sind. Einige Jahre später werde ich auf diesen Ausflug zurückblicken, etwas beschämt wegen der Künstlichkeit der Veranstaltung. Sie erinnert mich an die Mittelalterfeste, die ich als Kind besuchte, und auf denen mir damals schon auffiel, dass die historisch gekleideten Darstellerinnen Nike-Sportschuhe und Unterröcke aus Polyester unter den langen Gewändern trugen. Später werde ich wirkliche Wildtiere bejagen und keine bedauerlichen Wesen, die von Menschen einzig und allein dafür gezüchtet wurden, für angehende Jäger und Jägerinnen ausgesetzt zu werden. Wenn ich vor einem erlegten Wapiti knie und ihn ausnehme, eingetaucht bis zu den Schultern in sein Blut, wenn ich das verwertbare Fleisch für den Transport aus dem Wald schleppe, werde ich erfahren, was ursprüngliches Jagen bedeutet. Vorläufig jedoch, hier zum ersten Mal mit geladener Schrotflinte durch hohes Gras latschend, komme ich mir toll und wagemutig vor.

Anstatt mich auszuruhen, habe ich am Vorabend des Jagdausflugs vor meinem inneren Auge eine Liste von allem erstellt, was am nächsten Tag wohl schiefgehen könnte. Gegen drei Uhr morgens stellte ich endlich zufrieden fest, dass ich alle bösen Pannen restlos erfasst hatte. Dann ordnete ich sie in absteigender Tragik-Reihenfolge:

1. Der eigene Tod. Versehentlich erschossen von einer Mitjägerin aus der Gruppe, von einem Jäger mit einer Kugelbüchse aus Hunderten Metern Entfernung oder – eine echte Ironie des Schicksals – als Folge des eigenen grob fahrlässigen Fingers am Abzug.
2. Der von mir verursachte Tod einer Mitjagenden. Dann müsste ich bis ins hohe Alter mit einem unerträglich lähmenden Schuldgefühl kämpfen und viele unangenehme Auseinandersetzungen mit

der Familie der Verunglückten und nicht zuletzt der eigenen Familie führen. Nach reiflicher Überlegung sollte ich diesen Punkt an die erste Stelle setzen.

3. Verletzungen und vielleicht Verstümmelungen aller Art, verursacht durch meine Inkompetenz.

4. Weniger gravierendes, aber sehr peinliches Missgeschick. Vielleicht wird mir im entscheidenden Moment der Mut fehlen, den Schuss wirklich abzugeben, sodass sich die anderen Jägerinnen fragen, was denn wohl mit mir los ist.

Als ich um acht Uhr morgens den verabredeten Treffpunkt, ein Betongebäude, erreichte, fiel mir gleich auf, dass auf den Ladeflächen der schon eingetroffenen vier bis fünf Pickups getarnte Käfige standen. Aus den Käfigen schallte mir ein Hundebellen und -winseln entgegen.

„Mist", murmelte ich. In meiner Auflistung von Missgeschicken habe ich gar nicht an die Hunde gedacht! Die flitzen ja ganz nahe ran an das Geflügel und damit direkt in meine Schusslinie, sodass ich sie viel leichter versehentlich treffen kann als einen Menschen!

Doch bis jetzt, als ich mit geladener, entsicherter Waffe nervös und angespannt darauf warte, dass jeden Moment ein Fasan in meiner unmittelbaren Nähe aufflattert, ist es mir immerhin fünf Stunden lang gelungen, all die genannten katastrophalen Szenarien zu vermeiden! An jene Angstliste, die mich in den frühen Morgenstunden total beschäftigt hat, denke ich kaum noch. Nur der letzte Eintrag – die altmodische Sorge von Beschämung – nagt weiter: Je länger der Tag ereignislos bleibt, desto wahrscheinlicher wird es, dass ich mit leeren Händen nach Hause zurückkehren muss. Unerwartet verwandelt sich diese ursprünglich harmlose Vorstellung allmählich in ein Schlimmstfallszenario. Alle Freunde und Freundinnen, denen ich von meinem heutigen Ausflug erzählt habe, erscheinen vor meinem geistigen Auge. Mit zusammengebissenen Zähnen trainiere ich im

Stillen die Antwort: „Nein, nichts. Gar keinen erwischt. Aber danke für die freundliche Nachfrage."

Zwei der vier Frauen in meiner Gruppe, Lori und Debra, haben schon einen Vogel erlegt. Sie sprechen bereits die stolze, besitzergreifende Sprache echter Jägerinnen und reden, als ob ihnen allein der Kauf eines Jagdscheins das Recht auf ein bestimmtes Wild als Beute gäbe. „Ich habe meinen Fasan!" Selbstsicher und glücklich quasseln sie aufgeregt darüber, wie Ehemänner und Kinder reagieren werden, wenn sie mit dem Vogel in der Kühlbox siegreich zu Hause ankommen.

Ich dagegen habe keinen Fasan. Ich habe es satt, mit nassen Socken und Stiefeln auf unebenen Boden herumzulatschen; satt, das Gewehr zu schleppen, das sich nun doppelt so schwer anfühlt wie am Morgen; satt, am Rande meiner Kräfte zu sein und doch ständig wachsam sein zu müssen, um den plötzlich in die Höhe schnellenden Fasan nicht zu verpassen. Ich habe es satt, Tessas Rute stets im Auge zu behalten und auf deren Wedeln als Signal eines Vogels in der Nähe zu warten. Ich habe es satt, darauf zu achten, wohin die Laufmündung meiner Flinte gerichtet ist, und immer wieder zu schauen, wo denn Partnerin Nancy gerade steckt. Langsam graut mir vor der zweieinhalbstündigen Autofahrt zurück zu meinem Mann, der mein aufkeimendes Interesse an der Jagd nicht recht begreift. Und ich kehre ohne Federtrophäe heim! Wie sinnlos.

„Wenn ich Tessa loslasse, geschieht alles in Windeseile", flüstert uns Gerry zu. Er steht einige Schritte hinter seinem Hund und lässt noch einen Augenblick verstreichen, ehe er erneut fragt: „Seid ihr wirklich schussbereit?"

„Uh huh", antwortet Nancy. Sie wird ungeduldig.

„Bist du auch bereit?", fragt Gerry nun in meine Richtung.

Der lange Lauf meiner Flinte liegt schwer in meiner linken Hand. Der ausgestreckte Arm zittert vor Anspannung. „Ja, ja", antworte ich.

„Ich bin bereit." Eigentlich bin so überbereit, dass ich es kaum glauben kann. Das Vieh will ich einfach abknallen!

Gerry macht einen großen Schritt auf Tessa zu, die sofort auf den Vogel losspringt. Ein Kreischen und Flattern und Schlagen tönt aus dem hohen Gras. Hat Tessa den Fasan gegriffen? Doch dann ist der dunkle Vogel mit dem langen, fast gezackten Schwanz zu sehen. Die rechte Hand krampft sich um den Griff des Gewehrs, der rechte Finger krümmt sich am Abzug.

Peng.

KAPITEL 1

Westwärts

Er fiele wohl schwer, jemanden zu finden, der sich weniger zur Jägerin eignet als ich. Ich bin eine Frau und mit einem Mann verheiratet, der nichts mit der Jagd zu tun hat. Ich bin in einer Großstadt aufgewachsen und habe Todesangst vor Waffen. Ich liebe alle Tiere, habe mein Studium sogar mit der Absicht begonnen, Tiermedizin zu studieren.

In meinem 26. Lebensjahr traf ich dennoch die verblüffende Entscheidung, mir ein Gewehr anzuschaffen und den Jagdschein zu machen. Die Entscheidung dazu war keine einfache Sache, wenngleich der eigentliche Auslöser sehr einfach war. Wir alle – Jäger und Nicht-Jäger, Frauen und Männer, Stadtbewohner und Hinterwäldler – haben eines gemeinsam: die Mahlzeit. Nein, ich meine nicht das Grünzeug und die Getreidesorten als Beilagen, sondern das beherrschende Stück Fleisch mitten auf dem Teller!

Doch ja, meine Entscheidung für die Jagd hatte auch einen tieferen persönlichen Beweggrund. Die Jagd bot sich als eine Chance, meinen Beziehungen zur Tierwelt auf den Grund zu gehen – zum

Hund, dem ich Weihnachtsgeschenke kaufe, den Küchenmäusen, die ich gelegentlich fange, den Wölfen, die ich aus der Ferne bewundere, denen ich jedoch nie begegnet bin. Die Jagdausbildung zwang mich zum kritischen Nachdenken darüber, was es eigentlich heißt, Umweltschützerin zu sein.

In knapp drei Jahren haben die Jagderlebnisse mein früheres Selbst vollständig verändert. Dort will ich beginnen, kurz vor meinem 24. Geburtstag, als mir kaum etwas auf dieser Welt ferner lag als die Jagd.

Mit einer Freundin teile ich ein kleines, beengtes Apartment in Manhattan. Halbtags arbeite ich als Assistentin eines Filmdirektors und Drehbuchautors und bin zusätzlich freiberuflich als Produktionsassistentin für eine Reihe von Film- und Fernsehprojekten tätig. Fast die Hälfte meiner Freunde und Freundinnen an Wesleyan University sind nach ihrem Studienabschluss nach New York gezogen, sodass ich viele lustige und künstlerisch begabte Menschen in der ganzen Stadt kenne. Abends ziehe ich mich fein an, um ihre Theatervorstellungen und Kunstausstellungen zu besuchen. Tagsüber gehe auf Tuchfühlung mit Independent-Filmstars.

Dennoch werde ich seit einigen Monaten das Gefühl nicht los, dass mein New Yorker Dasein nur eine große, glitzernde Ablenkung ist: Flitterwerk. Fast 80 Stunden pro Woche helfe ich anderen, ihre Visionen für Film und Fernsehen umzusetzen, aber die Zeit für mein eigenes Drehbuch, das ich vor zwei Jahren begonnen habe, fehlt mir völlig. So tagträume ich immer öfter von einer neuen Tätigkeit als Journalistin. Diese Idee der beruflichen Veränderung ist eigentlich nicht ganz abwegig: An der Universität war ich bei der Studentenzeitung tätig, brachte es sogar zu deren Chefredakteurin und absolvierte gar ein Sommerpraktikum bei der *Hartford Courant*, der Lokalzeitung von Hartford, Connecticut.

Mir ist schon klar, dass das Leben einer Journalistin nicht übertrieben glanzvoll sein wird, aber ich hätte immerhin mit ungewöhnlichen Geschichten zu tun und würde jeden Tag mein Geld mit dem verdienen, was ich so gerne tue, dem Schreiben.

So kommt es, dass ich im Jahr 2003 nach Weihnachten meinen Laptop zur Hand nehme, um die Webseite mit den Stellenangeboten für Journalisten aufzurufen, die mir aus der Studienzeit bekannt ist – als ich von einer Karriere als der nächsten Lois Lane träumte, der schreibenden Partnerin und späteren Ehefrau von Superman. Ich suche nach Stellen für angestellte Journalisten in New York. Über 40 Stellenangebote springen mir sofort ins Auge, aber jedes von ihnen verlangt viel mehr Erfahrung, als ich mit meinem dünnen Lebenslauf selbst auf cleverste Weise vortäuschen könnte. Aus Spaß lasse ich das Suchprogramm noch einmal ablaufen. Diesmal gebe ich die Bundesstaaten im Nordwesten ein, dir mir während einer früheren Autoreise aufgefallen sind: Oregon, Washington, Idaho und Montana.

Voilà: Feuilletonist in Idaho Falls, Idaho, Sportredakteur in Columbia Falls, Montana, Nachrichtenreporterin in Bend, Oregon. Insgesamt elf Jobangebote. Während ich die Stellenbeschreibungen lese, bekomme ich aus Vorfreude Gänsehaut auf den Armen. Jeder Job ist bei einem bescheidenen Lokalblatt in einer gleichfalls bescheidenen Kleinstadt. Mit anderen Worten vielversprechend für jemanden ohne wirkliche Berufserfahrung und einem bescheidenen Lebenslauf wie mich. Was habe ich außer ein paar unbedeutenden, aus der *Courant* herausgeschnittenen Artikeln denn schon vorzuweisen?

Der Arbeitsort ist mir völlig egal. Die Idee, noch einmal ein neues Leben in einem ungewohnten Milieu neu anzufangen, gefällt mir immer mehr. Ich strecke mich auf dem Boden aus und denke über einen griffigen Anfang für einen allgemeingültigen Bewerbungsdeckbrief nach:

Sehr geehrte(r) _____ ,

lassen Sie sich von oben genannter Adresse bitte nicht verwirren. Ich bin keineswegs eine gelangweilte Großstadtpflanze, die nur auf Abenteuer im Westen aus ist.

Bei näherem Hinsehen ist es aber genau so! Als der Morgen langsam graut, gebe ich dem Anschreiben den letzten Schliff. Dann stelle ich wie üblich eine detaillierte geistige Liste aus Gründen auf, warum ein Umzug in das ländliche Gebiet eines fernen Bundesstaates im Westen nicht nur eine aufregende, sondern zugleich eine kluge Idee ist. Wenn ich neue Ufer betrete und ganz allein auf mich gestellt bin, wird das eine großartige Selbsterfahrung sein. Die Idee eines Lebens im ländlichen Westen gefiel mir seit eh und je. Nun bietet sich eine handfeste Chance. Es hört sich ja eigentlich wie ein Filmabenteuer an: Unternehmungslustige Großstadtpflanze verwandelt sich in einen hinterwäldlerischen Schmierfinken! Zwei Paar Cowboystiefel stehen bereits im Schuhregal. Ein paar Jahre bei einer Lokalzeitung werden genug Erfahrung bringen, um wettbewerbsfähig für eine bessere Journalistenstellung in New York zu sein.

Am darauffolgenden Tag sende ich mit der Post elf Bewerbungsbriefe ab.

Sieben Wochen später – es ist der 14. Februar, Valentinstag – hilft mir meine gute Freundin Larrison, mein Hab und Gut in einen gemieteten Kleinlaster zu packen, und wir brechen gegen Westen nach Bend, Oregon, auf. Bei der dortigen Lokalzeitung *The Bulletin* habe ich eine Stelle als Journalistin bekommen. Die großzügige Larrison – sie arbeitet in der Textabteilung der Soap-Opera „As the World Turns“ – hat sich ein paar Tage freigenommen, um mich nach Bend zu begleiten, von wo aus sie nach New York zurückfliegen wird. Irgendwo in Wyoming treibt der Wind einen echten Steppenläufer über die Autobahn I-80. Wir kreischen vor Freude. Der Anblick des ausgetrockneten Strauches lässt uns wie in einem Film vorkommen. Aber das hier ist echtes Leben. In der Wildnis.

Kurz nach der Grenze zu Idaho halten wir an einer gottverlassenen Tankstelle in einer bäuerlichen Kleinstadt in Oregon an. Während ich Benzin einfülle, geht Larrison im Tankstellenladen auf die Suche nach Erfrischungsgetränken.

„Was machst du da!", ruft ein junger, stämmiger Kerl mit Baseballkappe entsetzt und eilt auf mich zu.

Ich schaue nach unten, um mich zu vergewissern, dass das Benzin nicht überläuft. „Uhhh … ich tanke."

„So geht das nicht", tönt es mir entgegen, „in Oregon ist nur ‚Full Service' möglich."

Mir wird bang ums Herz. Was? Hier darf man nicht selber tanken?! Habe ich alles hinter mir gelassen – Arbeitsstelle, Freundeskreis, gewohnte Umgebung – und dann vier Tage Stressfahrt ohne Pause auf mich genommen, nur um das New Jersey des Westens zu erreichen?! Plötzlich wird mir klar, wie wenig ich über meine neue Heimat eigentlich weiß. Hmmm. Wie lästig wird es wohl sein, in wenigen Monaten nach New York zurückzuziehen, wenn sich mein neues Leben als Desaster entpuppt? Verdammt. Da müsste ich ein neues Apartment in einer Großstadt suchen, die wegen ihres Mangels an erschwinglichem Wohnraum berüchtigt ist. Hinzu käme die peinliche Notwendigkeit, Familienmitgliedern, Freunden und Freundinnen gegenüber bekennen zu müssen, dass mein glorreiches Abenteuer im Westen ein Fehlschlag war.

„Du bist ja nicht von hier, oder?", fragt der junge Bursche dann.

„Nein, ich komme aus New York City."

„New York City!" Die Worte zieht er in die Länge wie ein Kaugummi.

„Ich ziehe nach Bend um."

Er nickt, als ob das logisch und selbstverständlich wäre. Mir ist schon zu Ohren gekommen, dass Bends Bevölkerung stark zunimmt, aber jetzt aufersteht vor meinem geistigen Auge das Bild einer endlosen Kolonne von Umzugswagen auf dem Wege von New York nach Bend.

Gegen 20 Uhr erreichen wir das vorgebuchte Hotelzimmer in Bend. Die Verkehrsampeln sind bereits auf Warnblinken umgeschaltet. Am nächsten Morgen suche ich als Erstes die Zeitungsinserate für Mietwohnungen ab und finde eine kleine Zwei-Zimmer-Wohnung in einer ehemaligen Privatpension in der Innenstadt. Sofort mache ich mich auf den Weg.

Das Apartment hat einen glänzenden Holzboden, einen zierlichen Durchgangsbogen hin zur Küche, eingebaute Kleiderschränke im Schlafgemach und ein eigenes Bad. Aber das Schönste von allem ist: Ich habe die Wohnung ganz für mich! Und die Monatsmiete beträgt nur 495 US-Dollar – das sind 300 Dollar weniger als mein Mietanteil für das winzige Apartment in Harlem! Larrison hilft mir, Bett, Kleidung und Futon einzuschleppen. Mit Auspacken und Einsortieren verbringen wir die nächsten Tage, unterbrochen durch gelegentliches Schlendern durch das Städtchen, Leute-Beobachten und Herumstöbern in Gebrauchtwarenläden.

In einem Sandwich-Laden stellen wir uns an. Vor uns ein Paar um die 30 herum. Sie sind ganz in Elastan gekleidet. Ich bin von den vielen Firmenlogos darauf fasziniert. Stramme Waden und Oberschenkel zeichnen sich ab. Ich schaue mich kurz im Laden um: Ja, tatsächlich, alle sehen so athletisch aus: schlank, muskulös fit und so gar nicht wie eine magere New Yorker Raucherin.

„So viele gut aussehende Menschen auf einem Haufen habe ich noch nie gesehen", flüstert mir Larrison leise zu.

„Ich weiß", erwidere ich. „Sie sind alle so fit."

„Du Glückpilz, du!", entgegnet Larrison mit einem verschmitzten Augenzwinkern.

„Meinst du? Ich komme mir eher fehl am Platz vor.“

Am Abend vor Larrisons Rückkehr nach New York schlürfen wir Manhattan-Cocktails inmitten von Pappkartons, die uns als Ablagen dienen – in nostalgischer Erinnerung an meine verlassene Heimat.

Am nächsten Morgen umarme ich Larrison am Flughafen ein letztes Mal. Mir ist klar, dass eine gewisse Trauer und Nervosität wegen der Trennung von ihr nicht von ungefähr kommt, denn nun werde ich allein sein in diesem Städtchen, in dem ich keine Menschseele kenne und 3 000 Meilen von guten Freunden und meiner Familie entfernt bin. Doch gleichzeitig ist da noch ein anderes überraschendes Gefühl: Ich bin zu aufgeregt, um wirklich betrübt zu sein. Und warte fast ungeduldig darauf, den Alleingang ohne Hilfe zu probieren. Larrisons Anwesenheit hier in Bend war für mich so etwas wie die Stützräder am Kinderfahrrad.

In der Woche nach Larrisons Abflug melde ich mich bei der Zeitung, um die neue Arbeit anzugehen. Beim Vorstellungsgespräch vor einem Monat wurde mir gesagt, *The Bulletin* habe nur etwa 30 000 Abonnenten. Aber es ist das einzige Tagesblatt in der Region und hat ganz im Westen der Stadt ein eigenes Bürogebäude, das eher an eine moderne Skihütte erinnert als an ein Redaktionsgebäude. Die Ausmaße des Gebäudes lassen auf ein hohes Niveau schließen: Die Fester der beeindruckenden Eingangshalle erstrecken sich über zwei Stockwerke, die Stützmauern sind aus Naturstein und die gewölbte Decke ist mit gebeiztem Holz verziert.

Etwa 65 Mitarbeiter und Mitarbeiterinnen in der Nachrichtenabteilung sind nicht etwa Eingesessene, die zufällig in das Journalistengeschäft gestolpert sind, weil es hier Arbeit gab. Sie sind vielmehr Großstadtmenschen wie ich und – anders als ich – echte, ausgebildete Zeitungsmenschen, die nach Bend kamen, um weiter Karriere zu machen. Viele Redakteure sind von größeren Zeitungen hierher gewechselt: von der *The Detroit Free Press*, vom *Minneapolis Star*

Tribune oder von der *St. Petersburg Times*. Die Reporter stammen aus Denver, San Francisco und San Diego. Zwei von ihnen sind in der gleichen Ecke in Maryland groß geworden, aus der ich stamme.

Mein Arbeitsgebiet ist eine ländliche Region im Osten von Bend. Den ersten Tag verbringe ich damit, die Gegend vom Fahrersitz meines gebrauchten Ford Ranger Pickups aus zu erkunden. Das Auto habe ich am Tag zuvor in einem Inserat gefunden und gleich gekauft.

Bend liegt fast im geografischen Zentrum des Bundesstaates Oregon. Östlich der Stadt erstreckt sich ein Sagebrush-Wüsten-Plateau. Im Westen der Stadt zieht sich ein Kiefernwald das vulkanische Kaskadengebirge hinauf. Anders als die schroffen, zerklüfteten Granitwände der Rocky Mountains, die über den Horizont hinausreichen, steigen die Berge der Kaskaden getrennt voneinander sanft an. Sie sehen aus wie weiß gekrönte Sandburgen. Wie eine Art Festung fangen sie die Wolken auf, die der Ostwind vom Pazifik herübertreibt, und bescheren den Städten Eugene und Portland im Westen des Gebirges viel Regen, während Bend 300 Sonnentage im Jahr zu verzeichnen hat.

Jetzt im Februar, da in Zentraloregon tiefster Winter herrscht, wirkt die Landschaft trotz des Sonnenscheins jedoch grau und trist. Ich fahre an knorrigen Bäumen, kümmerlichem Gebüsch und hohen, von der Kälte ausgetrockneten und vergilbten Grasbüscheln vorbei. Eine kahle, rötliche Erde scheint zwischen ihnen durch. Hier ist das Klima anders, als ich es aus meinem bisherigen Leben kenne, längst nicht so feucht. Kein üppiger Unterwuchs überzieht den Boden und an schattigen Stellen halten sich noch ein paar Schneereste. Die Wacholder und Kiefern sehen staubig aus mit ihren kargen Nadeln und eher grau als grün.

Ich lenke meinen Pickup auf Bundesstraße 97. Sobald ich südlich der Stadtgrenze bin, hören die Straßenschilder und jedes andere Zeichen von Zivilisation abrupt auf. Das bin ich von der Ostküste her gar nicht gewohnt. Dort läuft die eine Stadt langsam aus, während die nächste schon Gestalt annimmt, die Übergänge sind fließend. Hier: Stadtende. Dort: öde Landschaft.

Mein Weg führt steil hinunter von einer Erhebung namens Lava Butte[1]. Vor 7000 Jahren brach hier ein Vulkan aus und bedeckte neun Quadratmeilen mit schwarzem, porösem Gestein. Auf dieser öden und kahlen Lavadecke trainierten NASA-Astronauten für die Mondlandung[2]. Weiter in südliche Richtung steigt die Straße lange an: Schnee bedeckt den Boden.

Ich fahre eine kurvenreiche Strecke ohne Straßenmarkierungen auf einen winzigen Regionalflughafen zu, als ich plötzlich mitten auf der Straße vor mir eine haarige, graue und hundeähnliche Gestalt liegen sehe. Das Tier liegt zwar, schaut aber aufmerksam mit erhobenem Kopf und gespitzten Ohren in meine Richtung. Ich bremse, lehne mich vorwärts über das Lenkrad gegen die Windschutzscheibe, um genauer sehen zu können. Hm, zu groß für einen Fuchs. Vielleicht ein Wolf? Bei dieser erstaunlichen Möglichkeit hole ich erst einmal tief Luft. Als mein Ranger langsam vorwärtsrollt, steht das Tier auf und trottet gemächlich von der Straße, den Schwanz waagerecht gestreckt. Als ich vorbeifahre, starrt es mich aus blassen, aber doch ausdrucksvollen Augen an. Im Rückspiegel beobachte ich, wie sich das Tier erneut auf seinen Sonnenplatz auf dem Asphalt fallen lässt.

Zurück in der Redaktion, laufe ich sofort zur Reporterkollegin im Umweltressort und erzähle ihr von meiner Begegnung.

„Ein Wolf?!" Sie lacht. „Das bezweifle ich. Wölfe gibt es zwar in Idaho, aber so weit nach Westen, bis zu uns nach Oregon, sind sie noch nicht vorgedrungen. Höchstwahrscheinlich bist du einem Kojoten begegnet."

Aha. Ein Präriewolf, kein Wolf. Na ja, macht nichts. Ich staune dennoch. Ein Kojote ist immerhin ein wildes Tier, erheblich faszinierender als Wüstensalbei. Kein Zweifel, mein Wildwestabenteuer hat offiziell begonnen!

Mein jetziges Leben ist weit entfernt vom New Yorker Dasein. Hier gibt es kaum nennenswerte Galerieeröffnungen und keine Theaterdebüts. Jeden Morgen muss ich darauf achten, mich lässiger anzuziehen, als ich es gewohnt bin, damit ich unter den Kolleginnen nicht zu stark auffalle. Die Kieswege und Parkplätze ruinieren meine Stöckelschuhe sowieso.

Meine Kollegen und Kolleginnen laden mich zu Partys ein, auf denen ich der typischen, fast schon offiziellen Begrüßung in Bend schnell überdrüssig werde: „Wo bist du heute skigefahren?" An diesem Sport habe ich mich zwar ein paar Mal versucht, als Skifahrerin betrachte ich mich aber nicht.

Wenn immer mir diese Frage gestellt wird, antworte ich schlicht: „Ich fahre nicht Ski." Das führt regelmäßig zu einer fast schon unangenehmen Reaktion, denn die fragende Person ist so sprachlos, dass sie sich sofort mit der gleichen Frage an jemanden anderen wendet. Jemanden, der – ja, wie soll ich's sagen? – mehr „Bend" ist. Ich bekomme mit, wie andere, sportlichere Partygänger von ihren Bergeroberungen berichten, und ich bin erstaunt, wie leicht es ihnen fällt, die Standardfrage begeistert und überaus ausführlich zu beantworten. In der Gegend gibt es zwei offizielle Skigebiete: Hoodoo und Mount Bachelor. Langlaufen auf Waldwegen ist auch beliebt. Die Skifahrer fahren am Wochenende überall im Westen herum, um verschiedene Pisten und Loipen auszuprobieren. Skitouren machen sie auch, das heißt, sie klettern einen Berghang hoch und fahren auf Skiern wieder hinab.

Wenn eine „Bendite" verkündet, wo sie heute zum Skifahren gewesen ist, nennt sie nicht einfach nur den Ort. Wie der Wortschatz der Inuit angeblich an die 100 Bezeichnungen für Schnee kennt, haben auch die „ski bums" und „snowboard dudes"[3] in Bend unzählige Bezeichnungen für Schnee: Neuschnee, Wildschnee, Pulverschnee, Altschnee, Pappschnee, Sulz, Nassschnee, Filzschnee, Faulschnee, Windharsch, Harsch, Bruchharsch, Griesel, Eislamellen-Schnee, Firn, Firnspiegel, Gletschereisschnee …

Natürlich sind nicht alle Einwohner in meinem Alter. Junge Familien ziehen nach Bend und auch Senioren. Die meisten kommen aus Kalifornien[4]; sie entfliehen den lähmenden Verkehrsstaus in Los Angeles oder den immer weiter steigenden und immer unbezahlbareren Mieten San Franciscos. Überwiegend kommen die Zugereisten wegen der Outdoor-Sportmöglichkeiten: Skilaufen, Golfen, Mountainbiking. Oder sie freuen sich einfach über die vielen Sonnentage, an denen sie den Fluss entlangwandern und die herrliche Bergaussicht genießen können. Da das Baugeschäft floriert, kommen auch Bauarbeiter in größeren Zahlen. Ich selber gehöre einer Minderheit an, nicht weil ich von der Ostküste stamme, sondern wegen des Anlasses für meinen Umzug nach Bend: einem Stellenangebot, dazu noch in einem Büro. Im Gegensatz zu den Sportfanatikern weiß ich gar nicht, was ich mit meiner Freizeit anfangen soll.

Nach Freundschaften sehne ich mich, nach Freunden, mit denen ich Bücher besprechen kann; nach Faulenzern, die kein Problem damit haben, erst gegen 14 Uhr zu brunchen. Nach Freunden, die sich am Ende einer langen Arbeitswoche mit einem Film und einer Flasche Wein begnügen und auf eine gewaltige Fahrradtour von 60 Meilen guten Gewissens verzichten können. Nach Freunden mit lauten, politischen Meinungen!

Verzweifelt auf der Suche nach einem weniger athletischen Natursport, melde ich mich für einen Keramikkurs am Dienstagabend an der nahegelegenen Volkshochschule an. Der Gedanke an Jagdausflüge ist mir fern, und doch bedeutet das Einschreiben an dem Community College auf überraschende Weise einen bedeutenden Schritt – wenn auch um einige Ecken – in Richtung Jagd.

Am Morgen nach meinem 24. Geburtstag, einem Freitag, kehre ich auf dem Weg zur Arbeit kurz in einem Kaffeeladen ein. In Bend kann man keine zwei Straßen fahren, ohne auf einen Coffeeshop zu stoßen. An einer Kreuzung gibt es gar je einen solchen Shop an drei der vier Straßenecken. Normalerweise trinke ich das Zeug nicht, aber am Vorabend habe ich zu viele süße Getränke mit einigen Kolleginnen und Kollegen genossen, sodass ich etwas benommen bin. Außerdem denke ich mir, ach was, du willst dich den hiesigen Gewohnheiten sowieso anpassen. Während ich an der Kasse den Kaffee zahle, höre ich jemanden meinen Namen rufen.

„Lily! Hi!"

Eine hochgewachsene, sportliche, ältere Frau um die 60 herum winkt mir zu und nähert sich vom anderen Ende des Ladens. Ich kenne sie flüchtig vom Töpfereikurs, aber mir fällt ihr Name nicht ein. Ich staune, dass sie sich an meinen erinnert.

„Hallo, wie geht's dir?", grüße ich zurück, während ich mein Gedächtnis nach ihrem Namen durchforste. Barb? Nein, die trägt die Haare länger. Ann vielleicht? Oder Annie?

„Ich freue mich so, dich zu sehen", sagt sie, als ob wir seit langem befreundet wären. „Deine Telefonnummer brauche ich, denn ich möchte dich mit jemandem bekanntmachen."

Was!? In New York haben Freundinnen gelegentlich versucht, mir ein Blinddate aufzuschwatzen, aber sie haben mich vorher gefragt, ob mir das recht wäre. Ich habe stets abgelehnt. Und woher weiß diese Frau überhaupt, dass ich ledig bin?

„Eine Visitenkarte genügt schon", setzt sie hinzu.

Immer noch um eine Antwort verlegen, lange ich automatisch in die Handtasche und hole eine Visitenkarte heraus. Kaum hat mein

Gegenüber mir die Karte quasi aus der Hand gerissen, steigt in mir die Befürchtung auf: Jetzt gibt es kein Zurück mehr! Die Karte impliziert meine Einwilligung. Wie gebannt stiere ich auf das Pappkärtchen in ihrer Hand. Ungeschickt suche ich nach einer höflichen Ausrede, um die Karte zurückzubekommen. Ich stecke jedoch fest in der Klemme.

„Danke. Na ja, er heißt Scott und ist sooo süüüß." ‚So süß' spricht sie aus, als ob sie von einem kleinen, knuddeligen Welpen spräche. Kein gutes Zeichen.

Mist. Mein Wildwestabenteuer hat eine prekäre Wende genommen. Ich steige in meinen Pick-up, und der Vorfall ist bald gänzlich vergessen. Am Montag wieder im Büro, höre ich meinen Anrufbeantworter ab.

„Hallo, Lily. Hier spricht Scott. Ich bin ein Kollege von Janet Windman."

Aha, Janet. Nicht mal ansatzweise …

„Janet hat mir Ihre Nummer gegeben und gesagt, Sie seien neu in Bend. Also dachte ich, wenn Sie Lust auf einen Kaffee oder ein Glas Bier oder sonst was haben, rufen Sie mich an."

Das befürchtete stressige Blinddate löst sich auf einmal auf wie eine Luftblase, denn nun erahne ich die Chance, eine neue Freundschaft zu schließen. Scotts Nummer notiere ich mir. Am selben Abend verabreden wir uns für den kommenden Donnerstag in einem beliebten Lokal, der Deschutes Brewery.

Am Donnerstag steige ich nach der Arbeit aufs Fahrrad – ich bemühe mich immer noch, mich wie die Einheimischen zu benehmen – und fahre die fünf Straßen zur Brauereikneipe. Während ich niederhocke und das Fahrrad anschließe, suche ich die Vorderseite des Restaurants mit den Augen ab. Vor der Wirtschaft stehen kleine Menschengruppen im Alter von etwa 30 oder 40, die auf einen Tisch warten. Eine männliche Gestalt von vielleicht Mitte 20 lehnt sich gegen die Wand nahe der Eingangstür. Sie trägt eine Sonnenbrille, Jeans, ein weißes Hemd mit roter Fließweste. Die Hemdsärmel sind ein Stückchen hochgekrempelt. Der etwa 1,80 Meter große Mann hat volles, braunes Haar und ist leicht sonnengebräunt.

„Scott?", frage ich, ohne mich allzu hoffnungsvoll anhören zu wollen.

„Lily?"

„Ja. Hallo. Nett, Sie kennenzulernen." Wir geben uns die Hände zur Begrüßung und gehen dann hinein. Scott lässt uns auf eine Warteliste für einen Tisch setzen. Dann holen wir uns ein Bier von der Bar.

„Ihr Beitrag in der heutigen Zeitungsausgabe gefällt mir", fängt er an, sich auf einen Artikel über den unerwarteten Zuwachs einer gefährdeten Krötenpopulation einer hiesigen Gattung beziehend.

„Danke. Es hat Spaß gemacht, den ganzen Tag im Schlamm herumzuwühlen. Was haben Sie gemacht?"

Scott holt tief Atem, bevor er antwortet.

„Na ja. Eigentlich musste ich mich einer Steuerprüfung unterziehen."

Wir lachen beide laut auf.

„Echt?"

„Echt. Nun ist es aber vorbei."

„Nun dann, Prosit!"

Wir stoßen an.

„Danke."

Janet und Scott arbeiten bei einer kleinen, gemeinnützigen Organisation, die mit Bauern und Ranchern aus der Umgebung zusammenarbeitet, um das Ökosystem des Deschutes Flusses, dessen Hauptarm durch die Stadt fließt, wiederherzustellen. Jeden Sommer werden 97 % des Wassers in Bewässerungsgräben abgeleitet. Janet arbeitet als Volontärin, Scott als Projektleiter. Er hilft, die Bewässerung landwirtschaftlicher Flächen durch eine bessere Abdichtung von Bewässerungsgräben effektiver zu machen, z. B. durch den Ersatz der offenen Gräben durch Rohre, sodass weniger Wasser auf dem Weg zu den Feldern in den Boden versickert, oder durch das Aushandeln von Kauf- und Pachtverträgen für Wasserrechte, damit möglichst viel Wasser in den Fluss zurückgeleitet wird. Im Kielwasser seiner Tätigkeit gewinnt Scott Einblicke in die Fisch- und Wildpopulationen. Erst später werde ich den Wert dieser Erfahrungen zu schätzen lernen.

Scott ist im Willamette Valley aufgewachsen. Den Namen habe ich von einem populären Computerspiel aus der Grundschulzeit gut in Erinnerung: „Der Oregon Trail". Um das Spiel zu gewinnen, muss man den langen Weg bis in das Willamette-Tal westlich von Bend jenseits der Kaskadenkette bewältigen. Mich wundert, wie Scott den Namen ausspricht: Will-AM-it. Das hört sich grober an als die weiche Aussprache der Nichteinheimischen: Willa-MET. Dann pflegen die Oregoner die „Unwissenden" zu korrigieren: Will-LAM-it, DAM-it!

Scotts Vorfahren mütterlicher- wie väterlicherseits gelangten nach Westen über den Oregon Trail. Seine Eltern wuchsen in einem Städtchen unweit von Bend auf und verliebten sich bereits auf der Highschool ineinander. Nach der Hochzeit zogen sie nach Portland, wo sie es über die Jahre zu einer Reihe von Bekleidungsgeschäften brachten. Jeden Sommer und, so oft wie möglich, auch die Wochenenden verbringt Scott jedoch bei seinen Großeltern hier im östlichen Teil von Oregon. Hier – im sonnigen Wüstenhochplateau, wo es nach Wachholderstrauch und Sagebrush duftet – ist er wirklich zu Hause. Nach wie vor erkundet er am Wochenende die Gegend, im Winter auf Skiern, im Sommer mit Fliegenrute und Wathose.

Nach einer Weile werden wir an einen freien Tisch gewiesen, setzen uns hin, bestellen Burger und Bier und reden ungestört weiter. Dann bin ich dran. Ich erzähle Scott von meiner Kindheit in Takoma

Park MD, einer Stadt von 17 000 Einwohnern, im Nordosten direkt an Washington D. C. angrenzend. Die Einwohner haben Spitznamen für Takoma Park: die „Volksrepublik von Takoma Park" oder „Berkeley Ost". Das gesellige Zentrum der Stadt ist der Bauernmarkt, knapp zwei Straßen entfernt von dem kleinen Haus, in dem ich zur Welt gekommen bin, und auch mein älterer Bruder Nathan und meine jüngere Schwester Gretchen (so ist es, wir waren Hausgeburten mit traditioneller Hebamme.)

Bekannt beziehungsweise berüchtigt ist Takoma Park wegen seiner vier- und auch zweibeinigen Sonderlinge. Da war z. B. „Motor Cat", ein gescheckter Kater mit spezialangefertigtem Schutzhelm, der mit seinem Besitzer Motorrad fuhr, indem er sich in einem dicken, vor dem Fahrer befestigten Stück Berberteppich festkrallte. Schon lange ehe es hip war, Hühner zur Eigenversorgung mit Eiern im Hinterhof zu halten, erschien ein Wildgockel in Takoma Park. Die Einwohner adoptierten ihn, gaben ihm sogar einen Namen: Roscoe. Er wanderte zwischen den kleinen Stadtparks und den noch kleineren Vorder- und Hinterhöfen der Häuser umher. Manchmal stolzierte er selbstbewusst mit anderen Passanten den Bürgersteig entlang. Dies ging einige Jahre lang, bis man ihn eines Morgens plattgequetscht auf der Hauptstraße fand. Die ergrimmten Nachtrauernden beschuldigten den verantwortungslosen Fahrer eines dicken SUV, zweifelslos ein Republikaner! Ein Denkmal errichtete man zu Ehren des Gockels und eine Pizzeria nannte sich um in „Roscoe".

Während meiner Schuljahre verblassten jedoch all diese Eindrücke von Takoma Park, als mich die Lesewut in andere Welten verschlug: nach Green Gables, Narnia oder in einen geheimen Garten. Bücher verschlang ich, wie sich eine Verhungernde auf die lang ersehnte Mahlzeit stürzt. Keine Woche war ohne einen Besuch der Stadtbibliothek komplett. Zu meiner Lieblingslektüre zählte die Bücherreihe *Little House on the Prairie* von Laura Ingalls Wilder, fast eine Vorahnung meines Ausbruchs in den Westen. Zunächst waren es die detaillierten Beschreibungen des Lebens im Grenzbereich, die mich faszinierten: die Herstellung von Butter, das Räuchern von Fleisch, der Bau eines Grassodenhauses. Je älter ich wurde, desto mehr interessierten mich die emotionalen Dimensionen der Erzählungen, etwa wie der Wunsch einer Mutter nach einem stabilen Familienleben in Konflikt gerät mit der Wanderlust des Vaters.

Scott hört ruhig zu. Dann empfiehlt er mir ein Buch, das mich jetzt wohl ansprechen dürfte: *Angle of Repose* von Wallace Stegner, einem seiner Lieblingsautoren. Als er den Inhalt des Buches zusammenfasst, überkommt mich ein wohlwollendes Gefühl. Hier sitzen wir in einer Kneipe in Bend und unterhalten uns über Bücher! Was für eine Überraschung!

Gegen Mitternacht teilen wir uns die Rechnung und gehen hinaus. Wir sperren die Fahrräder auf – Scott ist auch mit dem Fahrrad gekommen – und schieben sie neben uns her, während wir heimwärts schlendern. Allzu schnell erreichen wir meine Haustür, obwohl ich absichtlich schon langsamer als üblich gegangen bin. Zum Abschied geben wir uns die Hand und verabreden uns auf den kommenden Samstag, an dem wir ohnehin beide auf das Grillfest einer meiner Kolleginnen eingeladen sind.

Die Nacht verbringe ich unruhig, wälze mich im Bett hin und her. Gedanken an Scott halten den Schlaf fern. Er erscheint mir zugleich sportlich naturverbunden und als intellektueller Stubenhocker, ausgelassen und ernsthaft, klug und gutmütig. Als er von seinen Großeltern erzählte, war seine Liebe zu ihnen deutlich spürbar, fast mit Händen zu greifen. Ich musste laut loslachen, als Scott zugab, einige Male versehentlich an festlichen Umzügen teilgenommen zu haben: Einmal bogen er und sein Bruder falsch ab und fanden sich mitten in einer Schwulenparade wieder.

„Was haben Sie gemacht", wollte ich wissen.

„Wir lächelten und winkten."

Unser Blinddate spielt sich in meinem Kopf ununterbrochen ab. Samstag – ja, übermorgen – kann mir nicht schnell genug kommen. Über Scott will ich *alles* wissen.

Unausgeschlafen schleppe ich mich am nächsten Tag durch die Arbeitsroutine. Am Abend finde ich zu Hause ein Taschenbuch gegen die Vordertür gelehnt. *Angle of Repose.* Daran eine handschriftliche Notiz: *Lily, herzlichen Glückwunsch zum Geburtstag! Angenehme Lektüre! Scott.*

Um mich zu bedanken, rufe ich Scott sofort an. Leider ist er nicht zu Hause, und so kann ich nur eine Nachricht hinterlassen. Dann rufe ich sofort Larrison an, um ihr vom Blinddate zu berichten und mit ihr die Bedeutung des nachgelieferten Geschenks zu erörtern.

„Ich glaube, er mag mich", schlussfolgere ich. „Wenn es nur um Freundschaft ginge, hätte er mir sein gebrauchtes Exemplar des Buches geliehen und kein neues gekauft."

Am Samstag holt mich Scott mit seinem uralten, roten Toyota Pick-up von meiner Wohnung zur Party ab. Später dann fahren wir zu ihm, wo ich seinen gigantischen, weißen Hund namens Bob kennenlerne. Bob grüßt kaum, denn in ungeduldiger Vorfreude aufs Gassigehen greift er nach seiner Leine. Wir schließen uns an. Dunkle Straßen laufen wir hinunter, durch leere Stadtparks, über Brücken, die den schwarz dahinfließenden Fluss Deschutes überqueren, vorbei an Häusern mit hell erleuchteten Fenstern, in denen sich Familienszenen abspielen: Geschirr abspülen, Kinder fürs Bett fertig machen. Wir laufen verweilend und schlendernd auf Wegen und Stegen, angeblich, um Bob Zeit zum „Zeitungslesen" zu lassen, tatsächlich aber, um die Zeit miteinander zu verlängern, zu plaudern, zu erzählen, zu witzeln – das Beisammensein zu genießen.

Während der ganzen nächsten Woche rase ich nach der Arbeit nach Hause, um mir schnell etwas zum Abendessen zuzubereiten und dann sofort zu Scott zu eilen. Gemeinsam gehen wir mit Bob überallhin spazieren. Wir plaudern, lachen und hören uns gegenseitig zu, bis es endlich Zeit ist, Abschied zu nehmen. Dann werden wir ungewohnt still, etwas verlegen und schüchtern. Neun Tage vergehen so – unzählige Plauderstunden über alles denkbar Mögliche –, ehe wir den Mut finden zu einem Abschiedskuss. Ich möchte bitte nicht falsch verstanden werden: Der erste Kuss ist herrlich und erregend, voller Verheißung künftiger Ekstase. Aber ein Kuss reicht einfach nicht.

Für den nächsten Abend hat Scott Eintrittskarten für eine Lesung des Autors David James Duncan besorgt. Scott ist ein Fan, ich kenne den Autor nicht. Auf dem Weg zum Tower Theater, einem alten Gebäude im Art-déco-Stil, erzählt mir Scott einiges über den philosophischen Roman über das Fliegenfischen, *The River Why* (1983)[5]. Anstatt natürliche oder künstliche Köder zu verwenden, binden Fliegenangler zu saftigen Insekten umgestaltete Fellfetzen oder Federn an den Angelhaken, um ihre Beute anzulocken. Viele Fliegenfischer wollen den gefangenen Fisch nicht einmal behalten, angeln nur um des Kitzels der Jagd willen und lassen den Fisch am Ende wieder frei.

Scott angelt aus Leidenschaft. Scheinbar ist er damit nicht allein in Bend, denn das Theater ist proppenvoll. Wir gelangen hinein und nehmen unsere Plätze ein. Ich achte darauf, dass sich unsere Arme auf den Seitenlehnen leicht berühren.

Vor der Leseprobe erzählt David J. Duncan, dass eine seiner Schülerinnen kürzlich irritiert war, als das Fangen und Freilassen eines Fisches geübt wurde. Das gleiche einem Verhöhnen des Fisches, habe sie moniert, denn der Fang sei nutzlos und geschehe ohne sinnvollen Grund wie etwa die Gewinnung eines Nahrungsmittels. Duncan reagierte auf diese Kritik mit einer witzigen, aus der Perspektive des Fisches erzählten Anekdote:

Ein Fisch frisst wie üblich Insekten auf der Wasseroberfläche, als ein bestimmtes Insekt ihn furchtbar schmerzhaft in die Lippe sticht. Der überraschte Fisch gerät in Panik, verrenkt und windet sich, um den kleinen Peiniger loszuwerden, aber der hat sich festgekrallt. Aus dem Nichts erscheint plötzlich ein gutmütiger Angler, der den Fisch von seinem Leiden befreit, ihn wieder ins Wasser setzt und frei davonschwimmen lässt.

Als wir auf dem Heimweg gemächlich Arm in Arm gehen, frage ich Scott, ob er mich mal zum Fliegenangeln mitnehmen würde. Doch tatsächlich ist Angeln, bis wir meine Wohnung erreicht haben, gar nicht das, was mir durch den Kopf geht.

„Möchtest du mit reinkommen?", frage ich sanft.

„Klar", kommt blitzschnell seine Antwort.

Ich schließe die Tür auf – sehr langsam, weil ich hoffe, dass mir noch irgendetwas einfällt, was ich als Nächstes sagen kann. Soll es etwas Witziges sein? Soll ich offen über meine Gefühle für ihn sprechen? Selbstverständlich, ohne allzu aufdringlich zu wirken oder lang abzuwägen. Hinter uns fällt die Tür mit einem lauten Klick ins Schloss. Wir stehen uns gegenüber, schauen uns in die Augen.

Nein, ich brauche keine geistreichen Worte … Ich brauche ihn!

Wir fallen uns drängend in die Arme wie zwei Schwarze Löcher im Weltall – voller chaotischer, verschlingender Energie. Körperteile fliegen wild durcheinander: Lippen, Zungen, Hände, Arme, Beine, Lenden. Die Zeit fehlt, mit einem ersten zarten Kuss anzufangen und dann behutsam, nach und nach, die Leitersprossen des Verlangens zu nehmen. Das Chaotisch-Eruptive bricht über uns herein! Zeit genug haben wir mit doofen, intellektuellen Gesprächen bei Wanderungen schon vergeudet. Sehnsüchtig und mit entfesselter Leidenschaft stürzen wir aufeinander, um der körperlichen Anziehungskraft nach unserem bisherigen weitschweifigen, geistigen Umwerben gierig nachzugeben.

Der Sommer ist da. Die Tage werden länger und sind doch nie lang genug. Auch die Nächte sind viel zu kurz. Jedes Wochenende verbringen wir gemeinsam. Manchmal bleiben wir lang im Bett, gehen erst gegen elf Uhr zum Frühstücken. (Na ja, in New York ist das immerhin 14 Uhr nachmittags, sage ich mir.) Als die Schneedecke des Black Butte verschwunden ist, folgen wir einer hiesigen Faustregel und pflanzen einen Garten in Scotts Hinterhof an. Dann, an einem bedeutungsvollen Wochenende, nimmt Scott mich zum Fliegenfischen mit. Bedeutungsvoll, weil sich das Fliegenfischen als Einstiegsdroge für die Jagd erweisen wird.

Nördlich am Deschutes River entlang fahren wir, dem Fluss stromabwärts etwas mehr als eine Stunde folgend, bis wir das Ende einer Wüstenschlucht erreichen. Den Pick-up stellen wir seitwärts ab. Scott holt zwei Paar Neopren-Wathosen hervor. Beine und Latz bestehen aus dem wasserdichten Gummistoff, wie man ihn bei Regenmänteln findet. Die Füßlinge sind aus einem Neopren, das auch für Taucheranzüge verwendet wird. Meine Wathose ist mir viel zu weit. Ich sehe aus, als ob ich auf ein Hummerboot gehöre, sage ich scherzend. Wir laufen in die Schlucht hinein, die Fliegenruten sind leicht wie getrocknetes Schilfrohr.

Beim Fliegenfischen, erklärt Scott, versucht man, dem Fisch möglichst viele Vorteile zu gewähren, ohne sich selbst dabei total zu benachteiligen. Dies wird sich als viel komplizierter erweisen als das gelegentliche Angeln in meiner Kindheit, das so aussah: Wurm an den Haken, ins Wasser werfen und warten. Und warten.

Scott hat eine Trockenfliege ausgesucht und bindet sie nun an meine Angelschnur. Vom Weg oberhalb des Flusses aus hilft er mir, einen geeigneten Platz zum Fliegenfischen ausfindig zu machen. Eine Vertiefung im Flussbett vielleicht, wo die Fische Schutz vor der heißen Sonne suchen? Oder seichte Stromstellen, an denen sie sich mit den von der Strömung erfassten Insekten den Bauch vollschlagen können? Auch ein ins Wasser gestürzter Baumstamm bietet den Fischen Deckung, erklärt Scott. Freilich verfängt sich an dessen Zweigen die Fliegenschnur schnell.

Um die passenden Wasserzonen zu erreichen, muss ich die Fliege auswerfen. Mit dem Bild von Brad Pitt in *A River Runs Through It* im Kopf bitte ich um eine Demonstration. Scott watet einige Schritte in den Fluss hinein und wirft seine Leine mit anmutigen Bewegungen einige Meter hinaus. Die Schnur schnellt vor ihm, hinter ihm und wieder vor ihm hin und her. Mit jeder Armbewegung zieht seine elastisch federnde Rute noch mehr Leine von der Rolle. Ist genug Leine abgespult, lässt er die Fliege mit einer letzten graziösen Armbewegung sanft ins Wasser herabgleiten.

„Nun bist du dran", sagt er, während er seine Leine wieder einzieht.

„Uff, das kann ich nicht."

„Na, du kannst dich langsam hocharbeiten. Glaub's mir."

Ich spüre die Kälte des Wassers an den Beinen, als ich in die Strömung hineinwate. Es ist ein seltsames Gefühl, ins Wasser zu steigen, ohne wirklich nass zu werden. Scott bezieht direkt hinter mir Position, drückt seinen Körper auf ganzer Länge eng an meinen und legt seine Arme um meine Arme. Ich spüre seinen Atem im Nacken, als er meine Arme beim Abspulen der Fliegenschur lenkt, und ich fühle, wie meine von ihm geleiteten Bewegungen gleichsam osmotisch auch graziös werden, so leicht und natürlich, als ob Fliegenfischen längst meine zweite Natur wäre.

Dann lässt Scott los, damit ich es mal allein versuche. Zunächst lasse ich zwei Meter Angelleine abspulen, lasse die Rute rückwärts- und dann vorwärtszucken. Fliege und Leine plumpsen in einem Knäuel vor meine Beine.

„Na, nicht schlecht", meint Scott. „Das nächste Mal halt mal dein Handgelenk gerade."

Als es mir endlich gelingt, die Schnur gerade zu führen und die Fliege auszuwerfen, bin ich mächtig stolz – bis mir bewusst wird, wie nahe bei mir die Fliege im Wasser liegt. Jeder Fisch, der sie sieht, kann auch meine Beine sehen.

Nochmals werfe ich die Fliege aus und sehe zu, wie sie stromabwärts an mir vorbei dahintreibt.

„Verdammt noch mal", sage ich leise.

„Wenn du die Fliege zweimal an etwa den gleichen Punkt wirfst und nichts passiert", schlägt Scott vor, „geh einige Schritte weiter stromabwärts, bevor du es wieder probierst. Es hat keinen Sinn, es an der gleichen Stelle immer wieder zu versuchen."

„Aber die Fische schwimmen doch hin und her dort unten, nicht wahr?" Dort unten sehe ich nämlich eine stark befahrene Fischautobahn und meine Fliege landet eben oben drauf. Ein Fisch pendelt zwar recht uninteressiert vorbei, aber der nächste kommt schon und wird sicher zupacken.

Scott sieht mich fassungslos an. Scheinbar hat er eine andere Vorstellung von der Unterwasserwelt.

„Hm", sagt er langsam, „sie schwimmen zwar, aber nicht überall und nicht unentwegt. Je mehr Wasseroberfläche du abdeckst, desto mehr Fische sehen deine Fliege."

Beim nächsten Wurf verfängt sich der Angelhaken an einem Zweig hinter mir. Scott befreit ihn rasch. Nach einer Weile ist er mit meinen Wurfversuchen so weit zufrieden, dass er es wagt, selbst mit dem Fliegenfischen zu beginnen, und watet dazu flussabwärts ein Stück weg. Mir ist jedoch klar, wie hölzern meine Bewegungen immer noch sind.

„Mach nur so weiter", sagt er, seine Augen auf eine vielversprechende Untiefe, ein Riffle, geheftet. „Melde dich, wenn was ist."

Einige Würfe später findet mein Angelhaken einen dornigen Rosenstrauch und will ihn nicht mehr loslassen. Scott ist zu weit weg –

etwa 400 Meter schätze ich –, um helfen zu können, und außerdem ganz in seine eigenen virtuosen, weiten Würfe versunken. Beim Versuch, die Fliege aus den Dornen zu befreien, zerkratze ich mir die Arme. Nicht nur der Haken, sondern auch die Schnur hat sich im Gebüsch verwickelt. Mit einiger Anstrengung gelingt es mir schließlich, Haken und Schnur aus dem Strauch zu lösen.

Nach einer weiteren Übungsstunde fühlt sich mein rechter Arm müde an, obwohl die von Scott geliehene Rute nicht mal ein halbes Kilo wiegt. Und doch zwingt mich etwas – ich weiß nicht recht was –, die Rute erneut vor- und zurückschnellen zu lassen und die Schnur in großen Bögen noch einmal auszuwerfen. Dann noch ein einmal.

Ich erinnere mich, was Scott mal gesagt hat: „Fliegenfischen ist ein Sport für Optimisten."

Die ganze Zeit über hat sich kein einziger Fisch gezeigt. Aber Scott hat betont, ich müsse fest daran glauben, dass da unten Fische sind. Wenn ich mir die Zeit nähme, darüber nachzudenken, würde ich es ihm wohl glauben. Aber das beschäftigt mich gar nicht, denn ich bin viel zu sehr in meine Übungen mit der Fliegenrute vertieft: Ich konzentriere mich auf die Haltung meines Arms, meines Handgelenks, versuche, etwas mehr Schnur auszuwerfen, suche ständig die Wasseroberfläche nach Erfolg versprechenden Riffles ab. Das alles lässt gar keinen Platz für Gedanken an mögliche Beute!

Während meine Fliege an mir vorbeitreibt, wiederhole ich Scotts Ratschläge, um sie zu verinnerlichen: Wurfbewegung aus Ellenbogen und nicht aus der Schulter, nicht aus dem Handgelenk; so viel Schnur wie möglich von der Wasseroberfläche abheben, ehe du noch mehr Schnur weiter stromaufwärts abspulst; die Schnur muss sich in der Luft entfaltet haben, bevor du sie in eine andere Richtung schnellen lässt; lass die Fliege so lange wie möglich auf der Wasseroberfläche treiben, denn du kannst keinen Fisch in der Luft fangen!

So in diese Gedanken versunken, entgeht mir fast, dass der grellfarbige Bissanzeiger an meiner Angelschnur plötzlich abtaucht. Ich sehe es zwar und spüre sogar ein leises Zucken der Rute, aber ich begreife nicht, was da passiert. Scott begreift es vor mir.

„Hey, du hast einen!" Er eilt stromaufwärts auf mich zu.

Fisch. Ach du lieber Gott. Ich habe die Fische vergessen. Ein Adrenalinstoß ändert alles.

„Halt die Rute hoch", sagt Scott im ruhigen Ton. „Und halt die Leine straff. Wenn der Fisch zieht, lass ihm so viel Schnur, wie er will. Aber sobald er zu ziehen aufhört, hole wieder Schnur ein."

Langsam drehe ich die Rolle. Der leichte Ruck wird kräftiger, unruhiger. Etwas schießt vor mir aus dem Wasser, zappelt wild hin und her, ehe es ins Wasser zurückfällt. Es dauert einige Sekunden, bis ich kapiere, was eben geschehen ist, was das Sichelförmige war: ein Fisch! Mein Fisch! Eine glitzernde, lebende Kreatur am anderen Ende dieser dünnen Plastikschnur. Er ist zum Greifen nah!

„Einholen!", reißt Scott mich aus meiner Träumerei. Ich kurble wieder, ziehe den Fisch mit jeder Umdrehung der Rolle näher an mich heran. Scott nähert sich der Beute mit einem Kescher, um sie einzufangen, doch in letzter Sekunde startet der Fisch einen letzten Ausreißversuch. Dieses Mal dreht sich die Spule so heftig, dass meine linke Hand mit dem Bremsen überfordert ist. Die Knöchel kriegen Verletzungen ab.

Sobald die Rolle sich wieder langsamer dreht, hole ich die Schnur erneut ein. Scott fasst die Fliegenschnur mit der Hand.

„Alle Achtung, ein Prachtfisch!" Er beugt sich vor, taucht die Händen ins Wasser und löst den Fisch vom Haken. Dann hebt er ihn hoch: Der Fisch hat goldfarbene Flecken und auf beiden Seiten schimmernd grüne und rote Streifen. Es ist tatsächlich ... schön! Nie wäre ich bis dahin auf die Idee gekommen, einen Fisch als „schön" zu bezeichnen.

„Möchtest du ihn halten?", fragt er.

Aus irgendeinem Grund – da ist dieses glitschige Ding in Scotts Händen und mir so nah – lehne ich ängstlich ab. Ich weiß nicht, ob ich mich vor dem Fisch fürchte oder vor mir selbst.

„Nein, danke. Muss nicht sein." Doch sofort spüre ich die Enttäuschung über die eigene Mutlosigkeit. Wovor habe ich denn Angst?

„Moment! Ich will ihn mal anfassen."

„Okay, aber zuerst die Hände nass machen."

Ich tauche eine Hand ins Wasser und lasse die tropfenden Finger an der gespannten Seite des Fisches entlangfahren. Eine klare, dünne Schleimschicht bleibt an meiner Hand zurück. Ich reibe mir die Hände, um mir das eigenartige Gefühl des Schleims einzuprägen.

„Ich muss ihn jetzt loslassen", meint Scott. „Er ist lang genug an der Luft gewesen."

„Ade, Fisch."

Scott taucht den Fisch gegen die Strömung ins Wasser und hält ihn einen Augenblick lang. Der Fisch schnappt eine Sekunde lang nach Luft, ehe er aus Scotts Händen flitzt und im Nu verschwindet. Ich hatte keine Ahnung, dass sich ein Lebewesen so blitzschnell bewegen kann.

Eine oder zwei Wochen später sind wir mit einigen von Scotts Freunden wieder an der gleichen Stelle des Flusses. Ich bin erstaunt, wie bekannt sie mir vorkommt. Orientierungspunkte sind für mich nicht die üblichen Häuser, Schilder und dergleichen mehr, denn solche von Menschenhand geschaffene Dinge gibt es hier nicht. Noch vor wenigen Monaten hätte ich diese Gegend als öde bezeichnet: ein Fluss und sonst nichts. Heute jedoch bemerke ich den dicht bemoosten Felsen, auf dem ich bei meinen Wurfübungen gestanden bin. Den gigantische Erlenbaum, dem hintereinander gleich zwei meiner Fliegen zum Opfer gefallen sind. Den Baumstumpf, auf den ich mich gesetzt habe, um meine verheddete Schnur zu entwirren, nachdem sich Scott flussabwärts entfernt hatte.

Ende Juli begleitet mich Scott für ein langes Wochenende an die Ostküste, um meine Eltern und die Familie kennenzulernen. Meine Mutter leiht uns ihren Kombiwagen für einen Ausflug. Am Beltway, auf den Weg nach Washington D. C., fragt Scott mich plötzlich: „Welchen Fluss haben wir gerade überquert?"

Ich antworte nicht gleich. Macht er Spaß?

„Was? Wir haben einen Fluss überquert?"

„Ja. Wie heißt er?"

„Keine Ahnung." Ich komme mir doof vor. In all den Jahren, die ich hier gelebt habe, ist mir nie aufgefallen, dass diese Autobahnstrecke über eine Schlucht führt. Eine Landkarte habe ich nie zur Hand genommen, um den Namen des darin fließenden Flusses nachzuschlagen. Nie habe ich die Ufer dieses Flusses so erfahren wie das Ufer des Deschutes Rivers nahe Bend.

Den ganzen Sommer hindurch zelten wir fast jedes Wochenende und gehen fliegenfischen. Ich beginne, Flüssen mehr Aufmerksamkeit zu schenken: Überquere ich eine Brücke, schaue ich auf das Wasser und suche nach einem Namenschild. Ich achte darauf, ob die Ufer abgebrochen und der Erosion ausgesetzt oder durch Weidenholzbepflanzung befestigt und geschützt sind. Da ich nun weiß, was die Unterwassertierwelt mag, achte ich auf Riffle-Pool-Abschnitte in den Flussverläufen, in denen das Wasser stärker beziehungsweise eher ruhig fließt. Sind wir zu Fuß unterwegs, setze ich mir meine polarisierende Sonnenbrille auf und prüfe, ob sich dunkle, schlanke Gestalten leicht über dem Grund des Flusses bewegen. Denn das sind, wie ich inzwischen weiß, Fische, obwohl das ungeübte Auge nur Schatten oder Pflanzen sieht oder Trugbilder vermutet. Ich überlege mir, an welcher Stelle ich fliegenfischen würde, wenn ich meine Rute und etwas mehr Zeit hätte. Nun fasziniert mich ein Fluss, weil ich gelernt habe, einige seiner Geheimnisse zu enträtseln. Fliegenfischen hat mich gelehrt, mir ein Bild von zumindest einem Teil des Lebens unter der Oberfläche eines Gewässers zu machen.

Mehr als zwei Jahre wird es dennoch dauern, bis ich eines Tages vom Fluss aufblicken und in das umliegende Tal schauen werde. Und mich fragen werde, ob das Tal auch eine Sprache hat, die ich nicht verstehe? Durch einen reinen Glücksfall bin ich zu einem neuen Leben an diesem Ort gelangt, aber dieser Ort wird mich bald ganz in sich aufnehmen, mich zu einer einst unvorstellbaren Entscheidung führen. Vermag die Jagd mir beizubringen, die Natur so zu lesen, wie das Fliegenfischen mich Fluss und Bach zu verstehen gelehrt hat?

KAPITEL 2

Ja zur Jagd

Nach nur wenigen Wochen habe ich erkannt, dass meine neue Heimat aus zwei getrennten Welten besteht: Die Stadt, in der ich lebe, und die ländliche Umgebung, in der ich arbeite, sind grundverschieden. Bend boomt, ist ein Musterbeispiel des neuen Westens. In den 1960er- und 1970er-Jahren waren gut zehn Prozent der 12 000 Stadtbewohner in zwei Sägewerken beschäftigt.[1] Andere verdienten ihr Geld als Holzfäller und -transporteure. Heute sind die Sägewerke Läden wie Gap oder Victoria's Secret gewichen oder haben Platz für ein Theater gemacht. Fast alles ist nun Teil eines Einkaufszentrums namens „Old Mill District".

Tourismus und Baugewerbe haben die Holzwirtschaft als wichtigsten Wirtschaftsfaktor ersetzt und dem einst schläfrigen Städtchen eine neue urbane Erscheinung verliehen. Protzige Eigenheime, gepflegte Skipisten, Mountainbike-Trails und Pilates-Studios locken städtische Urlauber oder wohlhabende Rentner. Neuankömmlinge suchen größeren, in der Großstadt unbezahlbaren Wohnraum, aber doch nicht so viel, dass die Unterhaltskosten zur Last werden könnten. Um dem Wohnraumbedarf und dem Bauboom zu entsprechen, wurden ohne langes Zögern Bauernhöfe, Weideland und Waldflächen in Baugrundstücke von vier, einem oder nur einem Fünftel Hektar Größe aufgeteilt. Die Zeitung ist voll von Bau- und Beschwerdestorys, vom steilen Anstieg der Grundstückskosten, vom endlosen Strom der Zuwanderer.

Ökonomisch ist die Lage recht gut. Wir Neuankömmlinge bringen Geld mit und schaffen neue Verdienstmöglichkeiten. Aber wir verursachen eine Art Identitätskrise. Wir aus anderen Gegenden hierher verschlagenen Großstädter und Großstädterinnen werden allmählich zur Einwohnermehrheit in Bend.

In meinem beruflichen Zuständigkeitsbereich liegen zwei gemeindefreie Zentren des ländlichen Raums: das gemeindefreie Sunriver und das Städtchen La Pine. Ansonsten besteht mein Gebiet aus riesigen Ranches und bundeseigenen Hochland-Waldreservaten. Sunriver liegt nur fünfzehn Meilen südlich von Bend. Im Zweiten Weltkrieg war hier ein Militärlager angesiedelt, heute hat sich die Ortschaft in einen dicht besiedelten, vornehmen Ferienort mit geteerten Fahrradwegen zwischen schicken Häusern, Golfplätzen, Reitställen und Restaurants verwandelt.

La Pine auf der anderen Seite ist ein lockeres, kaum definierbares Potpourri aus Ansiedlungen, die 30 Meilen südlich von Bend beginnen. Ab den 1950er- und 1960er-Jahren wandelte man die ursprünglichen Viehfarmen nach und nach in Wohngebiete um. Das typische Haus steht auf einem Acker und ist meist ein Mobilheim mit drei bis vier dazugehörigen Kleinbauten. Die Besitzer sind in der Regel ehemalige Waldarbeiter oder Sägewerksangestellte – frühpensioniert, weil die Holzwirtschaft um 1985 weitgehend zusammenbrach.

Nach weniger als einem Monat Journalistinnendasein bin ich schon gewohnt, an Sunriver vorbei direkt nach La Pine zu fahren.

La Pine scheint mir die interessanteren Geschichten zu bieten. Die Armut, die halb verkommenen Häuser, die Nostalgie vergangener Glanzzeiten des Holzwirtschaftswunders: Das ist der Stoff für einen Erfolgsroman … oder zumindest einen lesbaren Zeitungsartikel. Die allmorgendliche Fahrt nach La Pine fühlt sich an wie eine Zeitreise nach Bend in den 1980er-Jahren, als die Gemeinde nach dem Niedergang der Waldwirtschaft um ihre Existenz kämpfte.

An einem frühen Morgen besuche ich einmal ein Ehepaar von vielleicht Mitte 60, um für einen Artikel über einen Vermessungsstreit in ihrer Siedlung zu recherchieren. Der Mann arbeitete früher in einer Sägemühle und erlitt dort einen Unfall. Was genau geschah, weiß ich nicht. Ein Auge und ein Ohr hat er dabei verloren. Eine glatte, durchscheinende Haut bedeckt die Augenhöhle – eine deutlich schlichtere Lösung als die übliche Augenbinde, denke ich mir. Die Ehefrau trägt eine Brille und ihre kurzen Haare in Locken. Sie führt das Wort, nachdem mir beide zur Begrüßung die Hände geschüttelt, mich ins Haus geführt und mir eine Tasse löslichen Kaffees angeboten haben. Wir sitzen an einem alten, metallenen Küchentisch.

In ihrer Kindheit verbrachte die Frau den Sommer hier bei einer Tante, der dieses Grundstück gehörte. Die Frau kann sich daran erinnern, wie ein Wünschelrutengänger das Grundstück auf der Suche nach einer passenden Bohrstelle für einen Wasserbrunnen kreuz und quer absuchte. Den Brunnen benutzen sie heute immer noch. Als junge Frau erbte sie das Grundstück von der Tante, und hier bauten sie und ihr Mann ihr Traumhaus. Als sie das Wort „Traumhaus" ausspricht, weist sie mit der Hand stolz auf ihre Umgebung. Ich folge dem Fingerzeig und schaue mich um: eine kleine Küche, abgewetzter Linoleumboden, Küchenschränke mit abgeplatzter Farbe, ein massiver, gusseiserner Ofen, der ein Drittel des trotzdem noch kühlen Raumes einnimmt, ein Kattunvorhang vor dem einzigen Fenster. Ich staune über die bescheidene Ausstattung des Traumdomizils.

Während die Frau spricht, steht ihr Mann auf, geht zum Ofen und öffnet dessen Tür. Ich spüre die Wärme der bernsteinfarbenen Flammen am anderen Küchenende im Gesicht. Der Mann greift nach einem Eimer und schüttet dessen Inhalt in die glühende Höhle. Ein Stück Orangenschale und ein zerknitterter Fetzen Plastikfolie fallen auf den Boden.

Müll! Der Mann verbrennt Abfall, um sein Haus zu heizen. Ich höre auf, mir Notizen zu machen, und schaue genauer zu, wie er sich beugt, Orangenschale und Plastikfolie aufliest und sie in den Ofen wirft. Dann schließt er die Ofenklappe und setzt sich wieder an den Tisch. Bald füllt sich die Küche mit Rauch. Der Mann öffnet das Fenster und setzt sich wieder hin; es nützt wenig, denn der Ofen qualmt jetzt noch heftiger. Die Frau redet ununterbrochen weiter. Nach einigen Minuten steht der Mann erneut auf, um einen alten Lüfter aus Draht anzuschalten.

„Gehen wir lieber ins Wohnzimmer rüber", sagt er, ohne sich zu mir umzudrehen.

„Eine gute Idee", ergänzt die Frau munter.

Während der nächsten paar Jahre werde ich beim Verfassen meiner Zeitungsartikel oft an dieses Ehepaar denken müssen. Ich stelle mir vor, wie sie jeden Morgen die Zeitung lesen, ehe sie sie Blatt für Blatt an das gusseiserne Monstrum verfüttern. Ich bemühe mich, ihre Fragen im Voraus zu erahnen, und ein bestimmtes Wahlverfahren oder eine neue Lokalverordnung so zu erklären, dass sie leichter verstehen, wie diese Dinge ihr Leben im Traumhaus zum Besseren oder Schlechteren wenden. Ich stelle mir auch vor, wie sie mein Leben betrachten würden – die mit Designermode überfüllten Kleiderschränke, meinen iPod, meinen Laptop – und diesen Überfluss wohl belächeln würden.

＊✳＊

Obwohl ich weiterhin Artikel über La Pine schreibe, lade ich mir im selben Herbst ein neues Sachgebiet der Zeitung auf: Naturgüter und Umweltfragen. In diesem Zusammenhang lerne ich einen recht ruppigen, stämmigen Holzfäller im Nordosten Oregons kennen. Wir fahren gemeinsam mit einem Bus, um verschiedene Holzernteprojekte zu besichtigen, plaudern angelegentlich über unser Leben, als der Mann mir auf einmal offenbart: „Wissen Sie, die Western-Lärche ist mein Lieblingsbaum." Was?! Dieser Mann hat einen „Lieblings-baum"?! Wie er das erzählt, erinnert er mich eher an ein über eine neue Entdeckung aufgeregtes Kind als an einen abgestumpften Waldarbeiter. Die Lärche gefällt ihm aus sentimentalen Gründen am besten und nicht wegen ihrer Verwertbarkeit (das Holz ist weich wie Tannenholz, aber witterungsbeständig und daher für Eisenbahnschwellen gut geeignet). *Larix occidentalis*, oft auch „Tamarack" genannt, ist eine seltene Mischung aus Laub- und Nadelbaum.[2] Im Frühjahr trägt sie federähnliche Büschel aus hellgrünen Nadeln, die im Herbst braun werden und dann abfallen. Im nächsten Frühjahr treiben dann neue Nadeln aus.

So peinlich es ist, muss ich doch zugeben, dass ich angenommen hatte, ein Mensch, der seine Tage mit dem Fällen herrlicher Baumriesen verbringt, empfinde weniger Respekt und Hochachtung für Bäume als ich. Der Mann hatte einen Beruf gewählt, der ihn tagtäglich in den Wald führte und von ihm verlangte, Baumarten nach ihrem Marktwert zu beurteilen und qualitätsmindernde Merkmale zu erkennen. Seine pragmatische Einstellung zum Nutzwert von Holz ließ aber dennoch Raum für ein fast romantisches Verhältnis zu den Bäumen selbst.

Langsam durchdenke ich meine gewohnheitsmäßigen Ansichten über die Umweltschutzbewegung im Allgemeinen und das Abholzen von Wäldern im Besonderen. Bis um die Mitte der 1980er-Jahre hatte man den alten Baumbestand in Zentraloregon bereits weitgehend abgeholzt. Umweltschützer strengten Gerichtsverfahren an, um weitere Abholzungen zu verhindern beziehungsweise zu verlangsamen. Sie argumentierten, dass solche Kahlhiebe die Wildtiere verdrängen, zur Erosion der Hänge führen und Flüsse und Bäche belasten. Die Alteingesessenen machen daher die Umweltschützer für den Niedergang der örtlichen Holzindustrie verantwortlich.

Nach meinem Umzug nach Bend hatte ich zunächst wenig Verständnis für die Holzfällerperspektive. Was für Menschen wären wir denn, wenn wir bereit wären, diese prachtvollen Wälder mit ihrem Wildtierleben für Toilettenpapier und Bauholz aufzuopfern?

Inzwischen sehe ich das anders. Die Großfirmen haben ihre Geschäftstätigkeit in Oregon eingestellt, dafür neue Werke in Litauen und Bolivien errichtet, wo die Umweltvorschriften weniger streng und Arbeitskräfte billiger sind. Gemeinden wie La Pine müssen sich mit wenig begnügen. Dabei muss ich wieder an den entstellten Waldarbeiter und seine Frau mit ihrem dürftigen Einkommen denken. Von einer Wiederbelebung der Holznutzung und mehr Sägewerken würden sie nicht unanständig reich, aber es ginge ein wenig besser.

Außerdem hängt unser Leben doch auch vom Holz und dessen Nutzung ab, wie lieb auch immer die einzelnen Baumindividuen uns sind. Woher sonst kommt das Holz für die Böden und Wände unserer Häuser? Woraus sonst unsere Möbel, das Papier für unsere Drucker, der Brennstoff für unsere Kamine? Auch meine Karriere bei der Zeitung wäre ohne Holz undenkbar. Wenn zumindest ein Teil unserer Holzprodukte aus der Lokalindustrie stammte, könnten wir die Rohstoffnutzung besser kontrollieren und gewissenhafter für die Nachhaltigkeit der Ressourcen sorgen. Ansonsten verlagern wir die Umweltschäden doch einfach in andere Länder.

Zu meiner Überraschung sind die Holzfäller nicht die einzigen, mit denen ich zu sympathisieren beginne.

Jim Court, der damalige Stadtbrandmeister, ist der erste leibhaftige Jäger, dem ich begegne. Nach dem ersten Interview mit ihm frage ich beiläufig nach seiner Familie, nach seinen Hobbys und dem, was er nur zum Spaß tut.

„Na ja", sagt er etwas abwertend selbstironisch, „recht gern bin ich viel draußen im Freien. Weißt du, angeln, Bogenjagd ...“

„Bogenjagd?!" Ich habe ihn wohl falsch verstanden. „Wie? Mit Pfeil und Bogen auf die Jagd gehen?"

„Ja. Was hast du denn gedacht?"

Ich zucke mit den Schultern. Was ich nicht zu sagen wage, ist: „So etwas tut man tatsächlich?!"

Wir sitzen am Schreibtisch im Büro des Feuerwehrhauptmanns. Plötzlich trennt uns nicht nur ein Möbelstück. Angst auch. Court ist Jäger. Er ist also fähig, einem Mitgeschöpf das Leben zu nehmen. Und er ist Waffenbesitzer dazu! Und so ein Compoundbogen ist doch um einiges kräftiger als meine Schreibfeder ...

Einen weiteren Unterschied gibt es zwischen uns. Und der überrascht mich gleichfalls.

Court fährt mit seiner Erklärung fort. Die Bogenjagd setzt im Gegensatz zur Büchsenjagd voraus, bis auf mindestens 30 Meter an die Beute heranzukommen. Man muss sich dem Tier langsam und still nähern, um eine Erfolgschance zu haben. Das verlangt gute Kenntnisse der Verhältnisse im Jagdgebiet und der wildlebenden Tiere, von Glück nicht zu reden. Später bin ich dankbar, dass mein erstes Gespräch über die Jagd mit einem Bogenjäger stattfindet. Wenn Büchsen nicht Teil der Diskussion sind, fällt es mir schwerer, auf die negativen Stereotypen zurückzugreifen, die meine althergebrachte Meinung über den modernen Jäger bestimmen.

Früher kannte ich keine Jäger. Über sie habe ich wenig gehört, und sie waren nie ein Gesprächsthema. Unbewusst hat mich aber eine Flut von Antijagd-Propaganda von klein auf begleitet.

Der erste Spielfilm, den ich im Kino sah, Disneys *Bambi* (1942)[3], hat mich bekannt gemacht mit dem bösen Wilderer, der Bambis Mutter tötet, und mit den unmoralischen Jägern, die einen Waldbrand legen, um Bambi und die anderen Rehe aus den Einständen zu drücken. Looney Tunes zeigt Elmer Fudd, den einfältig albernen Jäger im Gegensatz zum schlauen Hasen Bugs Bunny. In seriöseren Schilderungen wie dem Roman *Herr der Fliegen* (1954)[4] artet bürgerliche Ordnung in dem Moment in mörderisches Chaos aus, als die Jungen auf Wildschweinjagd gehen[8]. In allen Fällen werden Jagende und Gejagte als feindliche Gegenspieler empfunden. So fiel es leicht, zu glauben, alle Jäger stünden in der Regel ihrer Jagdbeute feindlich gegenüber.

Solche Jagdschilderungen waren weit entfernt von meiner Lebenswelt, in der Tiere „liebe" Gefährten sind. Wie die der meisten Amerikanerinnen und Amerikaner heute hatte ich meine engsten Tierbeziehungen zu Haustieren. In der Kindheit adoptierten meine Schwester Gretchen und ich eine ganze Reihe von Wüstenrennmäusen und Hamstern. Wir feierten deren Geburtstage und kauften ihnen Weihnachtsgeschenke. Das aber waren nur die Nagetiere! Das Zentrum unseres Tieruniversums bildete Daisy, ein hochgewachsener Top-Model-Typ von einem Köter, den mein Bruder als Streuner entdeckte und nach Hause brachte, als ich erst fünf Jahre alt war. Daisy bezogen wir Kinder in unsere Fantasiespiele mit ein. Mit ihr teilten wir unser Eis am Stiel.

Im Lauf meiner Schulzeit half ich an einer Tierklinik aus, dann arbeitete ich in einem veterinärmedizinischen Forschungslabor. Abseits meines Zuhauses und bei der Arbeit dachte ich aber nur flüchtig darüber nach, welche Rolle Tiere im alltäglichen Leben spielen. Einerseits versuchte ich zwar, Kosmetika und Hygieneartikel zu vermeiden, die auf der Basis von Tierversuchen entwickelt worden waren, andererseits war ich aber nicht gegen den Einsatz von Tieren zur medizinischen Forschung. Vor Vegetariern hatte ich lange Respekt, weil ich sie für konsequente Tierfreunde hielt. Ich selbst sehne mich allerdings trotzdem nach einem Hamburger wie ein Vampir sich nach Blut sehnt, wenn ich einige Wochen lang kein Fleisch hatte.

Courts Beschreibung, wie er sich in Kiefernzweigen herumwälzt, um seinen Geruch zu überdecken, und mit bemalten Gesicht durch den Wald pirscht, erinnerte mich an Indianergeschichten von der Verschmelzung der Jäger mit ihrer Umgebung, sodass sie den Wildtieren stärker ähnelten als Menschen.

Trotz meiner ausgesprochenen Abneigung gegen die Jagd machte ich immer eine Ausnahme für Indianer. Vermutlich, weil ich in der Grundschule lernte, dass sie jeden Teil eines Tiers verwerteten. Oder vielleicht, weil sie ursprünglich keine Schusswaffen führten. Oder vielleicht aus Hemmung, die Lebensweise von Völkern zu kritisieren, die infolge der Taten meiner europäischen Vorfahren fast ausgestorben sind. Jedenfalls hört sich „Bogenjagd" indianisch an, also nach ursprünglichem Jagen im Gegensatz zur Büchsenjagd meiner Kindheit à la Disney.

Nach jenem Gespräch mit dem Brandmeister lerne ich fast jeden Tag immer mehr Jäger kennen. Sicher, einige entsprechen durchaus dem negativen Bild des Waffenfanatikers, mit dem ich aufwuchs. Häufiger aber sind es Jäger, die auf erstaunliche Weise über ihre Beutetiere nachgedacht haben. Sie kennen die kleinsten faszinierenden Details ihres Wildes und verstehen es, dieses Wissen auch in thematisch nicht relevanten Gesprächen anzubringen.

Wenn ich – ernsthaftes – Interesse zeige, sprechen sie etwas lauter. Bald schon vergessen sie, sich aus Höflichkeit zu unterbrechen, um mir die Gelegenheit zu einem Beitrag oder einer Frage zu geben. Sie reißen ihre Augen immer weiter auf, gestikulieren aufgeregt, total versunken in der Welt der Tiere. Diese Jäger erinnern mich an die enthusiastischen, freiwilligen Dozenten im Tierpark: Sie sind keine testosterongefluteten, waffenverrückte, Typen. Im Gegenteil: Sie lehren mich wider Erwarten, die Jagd, von mir reflexhaft als Zeitvertreib der „Rednecks" abgestempelt, mit anderen Augen ganz neu zu sehen. Nach und nach verändert meine neue Denkweise auch meine Einstellung zur neuen Heimat. Neben meiner Liebe zu Scott bewegt mich nicht zuletzt auch die Jagd dazu, länger als die ursprünglich geplanten zwei Jahre in Bend zu bleiben.

Im Herbst des gleichen Jahres schließt eine Reihe kleiner Geschäfte in La Pine, und Schilder hängen in ihren Fenstern: GESCHLOSSEN BIS ZUM 8. NOVEMBER. Das Geschäft für Bodenbeläge. Der Imbissbus mit der aufgemalten Kuh, der mit Sandwiches und Espressogetränken im Angebot herumfährt. Die Häusermaler. Sogar der Mechaniker schließt seine Werkstatt.

„Was ist los?", frage ich eine Anwohnerin, die Alleswisserin ist.

Sie schaut mich fassungslos an, als hätte ich gefragt, in welchem Jahr wir leben. „Wapitijagdsaison", antwortet sie schnippisch.

„Ah. Okay. Klar." Obwohl ich inzwischen viele Jäger kenne, erwähnten sie nie etwas wie Schon- und Jagdzeiten für bestimmte Wildarten.

Auf der Rückfahrt nach Bend, wo man so viel Notiz von Jagdzeiten nimmt wie von der „Nationalen Woche der Bleivergiftungsverhütung" (die findet scheinbar auch in der letzten Oktoberwoche statt)[5], denke ich an all die Jäger, die ich im Laufe meiner Arbeit kennengelernt habe.

An den 25-jährigen Mann, der ein Gabelantilopenrudel im Spätsommer verfolgt, sodass er am ersten Tag der Jagdzeit dessen Aufenthaltsort kennt und genau weiß, welches Stück er am liebsten erlegen möchte. Auch denke ich an den 50-jährigen Waidmann, der mir sagte: „Die meiste Zeit ist es mir egal, ob ich einen Wapiti erlege oder nicht. Klar, das Fleisch ist lecker und ich freue mich auf die Möglichkeit, den Tiefkühlschrank aufzufüllen, aber mir geht es hauptsächlich darum, im Freien zu sein." Mich erstaunt, zu hören, dass das Erlegen eines Tiers nicht unbedingt das Ziel des Jagdausfluges ist. Diese Leute sind keine kaltherzigen Killer, sie sind vielmehr Laienbiologen, Umweltschützer aus Praxiserfahrung. Und die Umwelt ist etwas, das mir besonders am Herzen liegt.

Seit eh und je betrachte ich mich als Umweltschützerin. Die Liste meiner Aktivitäten ist allerdings recht überschaubar, muss ich nach kurzem Nachdenken eingestehen. Zwar rede ich gerne von meiner Liebe zu alten Bäumen, kaufe Biosalat und mache mich über die Fahrer unsinniger SUV lustig, und das erschien mir bis jetzt genug des Protests. In letzter Zeit fallen mir jedoch einige merkwürdige Angewohnheiten auf. Beispielsweise rede ich von der Zerstörung der Naturschätze, als ob ich persönlich nichts damit zu tun hätte. Die Gewinnsucht der *Holzeinschlagunternehmen* ist der Grund für die Kahlschlagwirtschaft, die *Ölkonzerne* bohren in den Meeresboden, der verbreitete Tagebau der *Gasfirmen* zerstört die Eigentümlichkeit der Rocky Mountains. Und doch drucke ich diese meine Beiträge auf Papier, wohne in einem Holzhaus, verbrauche Benzin im Auto und Gas in der Heizung. An *mir* liegt es! *Ich* bin die Ursache solcher Verwüstungen, wenngleich mir mein Lebensstil meinen Anteil daran nicht bewusst werden lässt. Bin ich an der Zerstörung der Natur unschuldig, weil ich nicht persönlich die Hand anlege? Nein. Nichtsdestoweniger „klebt" auch „Blut an meinen Händen", nicht weniger als an denen der Holzfäller oder Jäger.

Möglichweise sind die Jäger, die ich kenne, in gewisser Hinsicht so verantwortungsvolle Umweltschützer, wie ich mich selbst gern sehe. Sie werden direkt mit dem, was sie der Natur entziehen, konfrontiert. Sie haben ureigenes Interesse an der Nachhaltigkeit der Wildtierpopulationen. Sie verstehen viel besser als ich, wie jene Populationen zum lebensnotwendigen, gesamtökologischen Gleichgewicht beitragen. Allmählich beneide ich jene konservativen Waidmänner, die ich befrage und über die ich berichte. Ihnen sind Wald und Wiese eigentlich eine Art Arbeitsplatz, während sie für mich nur ein Spielplatz sind.

Schon merkwürdig, wie ich plötzlich zu den Jägern als vorbildlichen Umweltschützern aufsehe. Heutzutage tendieren Prominente wie der Jäger Ted Nugent und die Jägerin Sarah Palin dazu, sich für Waffenbesitz und erzkonservative Politik starkzumachen, für Umweltschutzmaßnahmen plädieren sie jedoch nie. Das war nicht immer so. Genau genommen waren Jäger die ersten Fürsprecher des modernen Natur- und Tierschutzes, unter ihnen der Jagdmeister Theodore Roosevelt. In der Biographie des Präsidenten, *The Wilderness Warrior* (2010), betont Verfasser Douglas Brinkley, dass Jagdverbände wie der Adirondack Club und Bisby Club in den 1870er-Jahren konkrete Projekte vorantrieben, um Privatreservate zu sichern, während der Dichter und Naturalist Henry David Thoreau seine Vorschläge dazu in den Seiten der *Atlantic Monthly*[6] nur beschrieb.

Im Jahr 1887, ein gutes Jahrzehnt vor seiner Wahl in das Oval Office, wurde Roosevelt als Mitbegründer des bodenständigen „Boone and Crockett Club" genannt. Dessen Ziel war es, Reservate zur langfristigen Sicherung der Populationen von Bison, Wapiti und Gabelantilope einzurichten.[7] Zwei Jahre nach der Präsidentenwahl erklärte Roosevelt die Pelikan-Insel in Florida, Brutstätte einheimischer Vogelarten, zum bundesstaatlichen Schutzgebiet. Bis zum Ende seiner Amtszeit 1909 hatte Roosevelt 150 Nationalwälder, vier Wildtierreservate, sechs Nationalparks und 18 Nationalmonumente ausgewiesen.[8] Insgesamt schützte er fast 9,5 Millionen Quadratkilometer der wertvollsten Landschaftsteile vor industrieller und kommerzieller Erschließung. Roosevelts Ziel war, wie Gifford Pinchot, sein Freund und Mitstreiter für die Erhaltungswürdigkeit der Artenvielfalt es formulierte, „das höchste Gut in der größtmöglichen Menge für die längste Zeit" zu sichern.[9]

Wegen seiner häufigen Trophäenjagdreisen wurde Roosevelt von manchen verurteilt, vor allem von Mark Twain, seinem erbittertsten Kritiker[10]. Andere Amerikaner kümmerte ein Foto des Präsidenten, der hoch über seinem erlegten Opfer thront, herzlich wenig. Heutzutage wird die Jagd selbstverständlich längst nicht mehr so einfach akzeptiert. Ursache dafür ist vor allem das Phänomen einer zunehmenden Urbanisierung der Menschen. Stadtbewohner gehen in der Regel nicht auf die Jagd und sie kennen auch niemanden, der es tut. Im Jahr 1950 wohnten Zweidrittel aller Amerikaner in Großstädten mit deren Vororten[11]. Mittlerweile leben vier von fünf Amerikanern in 366 dicht besiedelten Ballungsräumen.[12]

Unser Verhältnis zur Natur und das ökologische Bewusstsein begannen sich in den 1960er-Jahren zu verändern[13], als Folge von Rachel Carsons Hinweis auf die Gefahren industrieller Verschmutzung in *Silent Spring* (1962, dt. *Der stumme Frühling*) und der Prognose einer allgemeinen Umweltzerstörung infolge des extremen Bevölkerungswachstum in Paul Ehrlichs *The Population Bomb* (1968, dt. *Die Bevölkerungsbombe*,1973). Beide Bücher wurden Bestseller. Die Menschen – also auch Jäger und Jägerinnen – wertete man nun als zunehmende Bedrohung für die Natur. „Die Natur scheint am sichersten zu sein", schreibt der Historiker Richard White, „wenn sie vor menschlichen Eingriffen geschützt ist."[14]

Die populär-kulturelle Umkodierung veränderte auch die Einstellung der Gesellschaft speziell zur Jagd. Erst als Erwachsene erfuhr ich, dass sich der Disney Film *Bambi* an den Roman *Bambi. Eine Lebensgeschichte aus dem Walde* (1928)[15] des Österreichers Felix Saltens anlehnt. Wie im Film erzählt der Roman die Geschichte des Waldes aus der Perspektive eines vermenschlichten Rehbocks. Im Roman spielt der Tod eine zentrale Rolle. Menschen bringen Vögel und Rehe um, darunter Bambis Mutter. Auf sich allein gestellt, muss das Kitz u. a. lernen, Fallen auszuweichen. Ein Fuchs erbeutet am hellen Tag vor den Augen Bambis einen Fasan und andere Tiere. Eine Krähe fängt und zerfleischt ein Häschen, das langsam und qualvoll stirbt. Ein Frettchen verletzt ein Eichhörnchen, das verblutet, ehe Elstern anfliegen, um sich satt an ihm zu fressen. Im Bambi-Roman ist das Leben im Wald zugleich schön, grausam und hochgradig gefährlich.

Disneys Film verwandelt das alles in ein fröhliches Dasein. Die Tiere töten nicht, kopulieren nicht, kacken nicht einmal. Und sie haben einen einzigen Feind: den Menschen. Obwohl im Film Menschen nicht direkt auftreten, handeln sie unethisch und auch gesetzeswidrig. In der bekanntesten Filmszene wird Bambis Mutter in der Schonzeit im Frühling mit Bambi an ihrer Seite erschossen. Später setzen die Jäger abgerichtete Hunde ein, um das Wild aufzuscheuchen, und legen einen Brand, um es aus dem Wald zu zwingen. Die Personen sind also gar keine Jäger, sondern Wilderer. Auch in der Realität wären sie Wilderer und würden die Jagdkultur und -ethik genauso wenig repräsentieren wie Bilderfälscher echte Künstler sind. Dennoch meint der Anthropologe Matt Cartmill, der Name „Bambi" sei „praktisch zum Synonym für Reh" geworden und habe die allgemeine Einstellung zur Jagdausübung in Amerika entscheidend mitgeprägt.[16]

Erst nach einem Jahr in Bend gönne ich mir eine Woche Urlaub, um an einem Familientreffen in Recife, Brasilien, teilzunehmen. Dort hat mein Bruder Nathan eine Stelle als Englischlehrer angenommen. Wenige Monate vor meinem Umzug nach Oregon hat er Washington D. C. für diese Strandmetropole im afro-karibischen Nordosten Brasiliens verlassen. Das Befremdende seiner neuen Heimat steht in krassem Gegensatz zu meinem jetzigen Leben in Bend. Nach einem knappen Jahr spricht er fließend Portugiesisch und genießt wie ein Einheimischer die lokalen Gerichte aus gegrilltem Fleisch, Bohneneintopf und exotischen Früchten. Auch die lässige Auffassung von Zeit hat er sich angewöhnt (tschüss Armbanduhr!). Ich dagegen habe keine derart steile Lernkurve hinter mir. Ich musste nur lernen, ohne vietnamesische Speisen auszukommen und nette Plaudereien mit Cowboys und Holzfällern zu meistern.

Nathans Engagement für seine Um- und Mitwelt macht mich nachdenklich. Auf meine Reise- und Unternehmungslust war ich immer recht stolz, Fremdem begegne ich auf Reisen mit purer Neugierde. Offen, ja bewundernd sauge ich alles gierig auf: neue Gerüche, Geschmäcke und lokale Geschichten. Aber sobald ich wieder daheim bin, verflüchtigt sich die Wissbegierde. Zumindest war es immer so. Ich denke daran, was mir alles in Takoma Park gleichgültig war, auch die Flüsse, die mir nicht einmal auffielen. Und ich denke nach über meine Veränderungen seit meiner Ankunft in Bend: die Anpassungsversuche an die neue Heimat, die Gewohnheit, Café Latte zu bestellen, die Absicht, Mountainbike- und Skifahren zu lernen. All das stellt mich auf eine Stufe mit den neu Hinzugezogenen des vergangenen Jahrzehnts, aber nicht auf diejenige der Alteingesessenen. Mit den Einwohnern von La Pine, meinem Orientierungspunkt für den alten Westen, habe ich immer noch wenig gemeinsam.

Oft beschweren sich die Alten über die fortgesetzte Verstädterung von Bend. „Warum ziehen die Leute überhaupt hierhin, wenn sie die Stadt dann umgestalten möchten in das, was sie hinter sich lassen wollten?", fragt mich einer der Alten. Meine Antwort klingt zunächst defensiv. Ich will doch Zentraloregon nicht in etwas verwandeln, was es nicht ist … Oder?

Dann frage ich mich, wie mir zumute wäre, wenn Takoma Park plötzlich überrannt würde von neuen Bürgern, die den Hippie-Konsumverein schließen, das ausgelassene Vierte-Juli-Fest abschaffen und die sonstigen lokalen Traditionen, die ich seit meiner Kindheit kenne, beseitigen wollten.

Bend ist ein Magnet für sportliche Typen, die sich für Jogging, Yoga, Fahrradtouren, Golf und – klar – Abfahrtsskifahren und Skilanglauf interessieren. Für all die Aktivitäten also, denen man auf gepflegten Grünflächen, auf aufwändig präparierten Wegen, Skipisten und -loipen oder gar in einer Halle nachgehen kann. Angeln und Jagen kann man auf der anderen Seite nur in einer belebten, atmenden Natur nachgehen. Diese Beschäftigungen machen dreckig und nass, sind komplizierter. Über ein großes Maß an Wissen muss man verfügen, wenn man Erfolg dabei haben will: Einsichten in die Ess- und Wandergewohnheiten, in das Rudelverhalten der freilebenden Tiere. Das Angeln und die Jagd verkörpern in einem gewissen Sinne das ländliche Amerika. Zwar nicht gerade dessen idyllische Romantik, deren Reizen sich auch der Stadtmensch kaum entziehen kann, sondern das harte, zweckorientierte Authentische des rauen Landlebens.

Das Ansehen der Jagd ist in Zentraloregon gesunken. Wir Zugezogenen sind die Ursache dafür, dass weite Strecken der Naturlandschaft in eine Kulturlandschaft verwandelt wurden. Hinzu kommen die neuen Schießverbotsverordnungen in der weiteren Umgebung. Es ist ja ein einfaches Gesetz der Geometrie, dass die immer größere Zunahme von Siedlungsflächen, Wanderwegen und Erholungsgebieten immer weniger Raum für die Jagd lässt. So überrascht es nicht, dass das Interesse an der Jagd landesweit – nicht nur in Oregon – kontinuierlich abnimmt.[17] Andersherum steigt der Altersdurchschnitt der Jagdausübenden, weil ältere Jäger den anstrengenden Sport gegen leichtere Aktivitäten wie Wandern und Vogelbeobachtung tauschen und so immer seltener ihren Nachwuchs an die Jagd heranführen.[18] Umfragen zufolge wird nur noch eins von vier Kindern jagender Eltern ebenfalls Jägerin oder Jäger.

Bei meiner Rückkehr aus Brasilien holt mich Scott vom Flughafen ab. Auf der Fahrt nach Hause schaue ich mir die inzwischen bekannte Landschaft an: verstaubte Wacholdersträucher, Quarter-Horse-

Mischlinge mit Senkrücken hinter Stacheldrahtzäunen. Ich schließe die Augen und nehme mir fest vor: Meine neue Heimat will ich von nun an mit sehenden Augen betrachten. Die Hochwüste werde ich von nun an als neugierige Touristin erkunden. Besser noch, mit den Augen einer Einheimischen erleben.

Im darauffolgenden Sommer sitze ich eines Abends am Esstisch und bin gerade dabei, ein Stück von der Hühnerbrust abzuschneiden, die Scott gegrillt hat. Plötzlich fällt mir ein Gespräch ein, das ich vor gut zwölf Jahren als Teenager mit meiner Tante Nina geführt habe. Ich bin zeit meines Lebens Fleischesserin, sie überzeugte Vegetarierin. Ich fragte sie, warum sie kein Fleisch äße? Nach kurzer Überlegung antwortete sie: „Wenn es so weit käme, glaube ich nicht, ein Tier töten zu können. Ich fände es heuchlerisch, jemanden dafür zu bezahlen, dass er es an meiner Stelle tut."

Daran hatte ich nicht gedacht. Plötzlich sah ich den Kauf einer Hühnerbrust im Lebensmittelgeschäft als Outsourcing an einen Auftragskiller: nicht nur grausam, sondern gleichzeitig auch feige.

Die Jagd – dieses Thema, das mich nicht mehr loslässt, diese Schnittmenge aus Kultur, Politik und Geschichte – bietet, wie Michael Pollan schreibt, die Chance, „eine Mahlzeit zuzubereiten und zu genießen im vollen Bewusstsein deren Gesamthintergrundes."[19] Ich spieße ein Stück Huhn auf und schaue es ganz bewusst an. Wie ein Feuerwerkstrahl blitzt ein Gedanke in meinem Kopf auf: „Bin ich mutig genug, mein Essen selbst zu jagen?"

Der gleiche Gedankengang, der meine Tante zur Vegetarierin machte, bewegt mich, ein Gewehr in die Hand zu nehmen und auf die Jagd zu gehen – mir das Abendessen selbst zu besorgen. Nach mehr als 26 Jahren als Fleischesserin will ich wissen, ob ich das Zeug habe, den Auftragskiller außen vor zu lassen und die eigene Verantwortung zu akzeptieren.

Als ich damals nach Bend zog, dachte ich, kurzfristige Berufserfahrungen zu sammeln – beiläufig auch einige Abenteuer im Westen zu erleben – und nach zwei Jahren wieder nach New York zu ziehen. Aber ich habe mich verliebt – in einen Mann … und nun wohl auch in eine verführerische Landschaft. Zudem hat mein ehemaliges, oberflächliches Ziel, ein echter Naturbursche zu werden, Platz gemacht für seriöseres Nachdenken über die Frage, was für ein Verhältnis zur Natur ich eigentlich haben möchte. Meine Erfahrungen in La Pine überzeugten mich, dass das ländliche Leben Traditionen hat, die vielleicht doch erhaltenswert sind – inklusive der mir persönlich unangenehmen Traditionen wie der Jagd. Aber ohne sie wirklich zu verstehen, kann ich sie vor dem Untergang kaum bewahren helfen.

In Bend, wo das vorherrschende Denken mit den eigenen Werten übereinstimmt, fällt es leicht, die alten Traditionen abzulehnen, sie mit einem Handstreich abzutun. Ein wichtiger Aspekt, den man damit aber ebenso leichtfertig ignoriert, ist, selbst für das eigene Essen zu sorgen, und die Fertigkeiten, die es dazu braucht. Wir laufen Gefahr, etwas Wesentliches zu verlieren, wenn wir die Kultur des Alten Westens gedankenlos durch den Import eines „Fremdkörpers" namens Neuer Westen ohne Rücksicht auf die alten Lebensweisen übertünchen. Abgesehen davon trauere ich als Liberale um jede aussterbende Art, selbst wenn sie getarnt und bewaffnet ist. Es ist höchste Zeit, dass ich mit dem bloßen Gequatsche aufhöre und wirklich handele. Zeit, mir darüber klar zu werden, wo und wie ich selbst natürliche Ressourcen verbrauche und wie ich positiv zu deren Erhalt beitragen kann.

Ich entschließe mich zu einem radikalen Schritt: Jagen will ich lernen.

Als ich Scott die Entscheidung mitteile, ist er perplex.

„Wenn du wissen möchtest, woher das Essen kommt, arbeite doch in einem Mastbetrieb oder auf dem Schlachthof", meint er.

Aber es ist nicht nur eine Frage der Nahrungsmittel. Die Jagd kann mir vielleicht beibringen, Waldlandschaft zu lesen, wie das Fliegenfischen mich die Sprache des Flusses gelehrt hat. Sie kann eine Brücke zum Verständnis der Landeskultur meiner neuen Heimat schlagen. Und nicht zuletzt verschafft mir das Jagen in freier Natur vielleicht größere Klarheit über das Spannungsverhältnis zwischen zunehmender Urbanisierung und Umweltschutz, die mich beide – immer stärker auseinanderklaffend –auf der Arbeit seit über zwei Jahren stark beschäftigen.

„Ich helfe, wo ich helfen kann", murmelt Scott. „Aber ich will selber nicht auf die Jagd gehen."

Er erzählt mir von seiner Erfahrung aus der Kindheit. Er hat ein Murmeltier erschossen und gehäutet. Er kam sich damals wie ein Pionier vor. Das Erlegen des Tieres war abenteuerlich, doch seither plagt ihn ein Schuldgefühl.

Auch meine Entscheidung für die Jagd verbinde ich mit dem Bild „Abenteuer erleben". Doch zugleich bewegt mich insgeheim die Frage, ob auch ich das Töten eines Tieres ein Jahrzehnt lang bereuen werde.

KAPITEL 3

Schussscheu

Recherchearbeit ist einer Journalistin täglich Brot. Mit Erfahrung lernt man, die richtige Quelle ausfindig zu machen. In meinem Fall ist sie der Hirschjäger Tony, den ich von meinen Ausflügen in die Gegend kenne. Tony und seine Frau betreiben das Geschäft in jenem Imbisswagen, auf den sie eine schwarz-weiße Kuh gemalt haben. Damit fahren sie durch die Stadt, bieten Sandwiches und Kaffee an.

"Was würdest du an meiner Stelle tun?", frage ich Tony. "Was macht man als Erwachsene, die nie auf die Jagd gegangen ist, es aber gerne mal probieren möchte? Wo fange ich an?"

Tony denkt nach, streicht sich dabei über den Bart und spitzt die Lippen.

"Keine Ahnung", sagt er schließlich. "Geh hinaus und probier es einfach."

Mag sein, dass man am besten lernt, indem man etwas einfach probiert. Und durch Jagen lernt man wohl auch zu jagen. Aber ich habe keine Ahnung, wie ich anfangen soll. Wohin? Mit welcher Waffe? Und wie schießt man überhaupt!? Ich durchstöbere einige Buchläden vor Ort ergebnislos nach Jagdbüchern, weil die in Bend gar nicht gefragt sind. Mit dem großen Angebot zu Pilates und Wanderschuhen ist der Platz auf den Bücherregalen sowieso eng. Als Nächstes ist ein Besuch in der Stadtbibliothek dran, wo das Angebot zum Thema Jagd allerdings zu spezialisiert ist – etwa *Mule Deer Hunting in Eastern Oregon* (*Die Maultierjagd im Osten Oregons*) und bereits Fachkenntnisse voraussetzt. Das fehlt mir ja gerade! Eine Internetsuche bleibt ähnlich ergebnislos. Alle abgerufenen Webseiten, die vom Jagdwesen handeln, richten sich an erfahrene Jagdpraktiker. Langsam geht mir ein Licht auf: Im 21. Jahrhundert ist die Jagd eine echte Rarität, die man in keinem Buch und auf keiner Webseite lernen kann. Es gibt kaum Einsteigerbücher à la „Jagen für Dummys". Entsprechende Kurse werden an der lokalen Volkshochschule auch nicht angeboten.

Die meisten Jäger tun so, als ob ihr Sport für jedermann und -frau offen sei. Doch ich stelle jetzt fest, dass Jäger gewissermaßen eine „geschlossene Gesellschaft" darstellen. Die Jagd ist weniger eine frei gewählte Liebhaberei als vielmehr eine Art „Erbe". Sie ist eine Kulturtradition, die von Generation zu Generation weitergegeben wird. Dazu gehört ein Lehrer, und dieser Lehrer ist meist der Vater. Was mache denn ich? Meine Eltern machen keinen Hehl aus ihrem Widerwillen gegen das Töten freilebender Tiere. In mir wächst die Befürchtung, dass mein Entschluss, jagen zu lernen, womöglich eine Fehlentscheidung ist. Wird man wohl als Jäger geboren? Eines ist klar: Ich bin sicher *keine* geborene Jägerin!

Eines Tages lädt mich Scott zum Mittagessen mit ihm und seinem Mitarbeiter Andy Fischer, einem drahtigen, rothaarigen, ehemaligen Profirennradfahrer, ein. Andy stammt aus Montana, wo er oft angeln und jagen gegangen ist. Er und sein jüngerer Bruder Kit wuchsen mit der Regel auf: Was du erlegst, musst du auch essen. Einmal zwangen die Eltern die beiden Brüder sogar, ein paar Eichhörnchen, die sie aus Spaß getötet hatten, herunterzuwürgen. Das Fleisch schmeckte überraschenderweise gar nicht so schlecht, erzählt Andy. Als später die Eltern einmal Freunde zum Abendessen eingeladen hatten, servierten die Brüder den Gästen mit Theriak gewürztes Grillfleisch vom Eichhörnchen, ohne zu verraten, was für ein Fleisch es war. Je mehr Andy von seiner Kindheit erzählt, desto wilder, abenteuerlicher, ja sogar idyllischer hört sich das für mich Großstädterin an.

Zunächst kann mir Andy auch keine Tipps für den Einstieg in das Waidwerk geben. Als ich aber dränge und nach seiner jagdlichen Ausbildung frage, sagt er etwas, das mich aufmerken lässt:

„Ich war wohl elf oder zwölf Jahre alt, in der sechsten oder siebten Klasse, als etliche Freunde einen Kurs über Sicherheitsregeln für Jagd und Waffenhandhabung belegten. Also meldete ich mich auch an."

Jagd und Sicherheit. Es stellt sich heraus, dass jeder Bundesstaat in den Vereinigten Staaten einen derartigen Kurs anbietet. Die Kurse haben einen langen, offiziellen Titel, sind aber inoffiziell bekannt als „Hunter Education" oder „Hunter Safety." Zielgruppe der meisten sind Jugendliche, denn zumindest in Oregon müssen alle Minderjährigen den Kurs erfolgreich absolvieren, ehe sie einen Jagdschein ausgehändigt bekommen. Erwachsene müssen allerdings keine ähnliche Voraussetzung erfüllen.

Am nächsten Tag rufe ich das Oregon Department of Fish and Wildlife an, um mich für den Kurs anzumelden.

Die Frau am Apparat teilt mir mit, dass ich den Anmeldungstermin für den alljährlich stattfindenden Erwachsenenkurs für das laufende Jahr um einige Wochen verpasst habe. Es ist Spätsommer. Entweder warte ich elf Monate auf den nächsten Erwachsenenkurs oder ich nehme an einem Kurs für alle Altersgruppen teil. Der beginnt in der nächsten Woche in Culver City, einer Ortschaft unweit von Bend. Culver hat größere Ähnlichkeit mit La Pine als Bend, ist aber dichter besiedelt als die Gegenden, in denen ich die meiste Zeit verbringe. Der Unterricht findet zweimal wöchentlich am Abend statt.

Sofort gebe ich der Frau am anderen Ende der Leitung meinen Namen und meine Telefonnummer und verspreche hoch und heilig, die fünf Dollar – die Teilnahmegebühr für den gesamten vierwöchigen Kurs! – zum ersten Treffen mitzubringen. Dann gebe ich zu, dass ich mich etwas geniere, einen Kurs zu belegen, der auf Kinder ausgerichtet ist.

„Keine Sorge", spricht die Dame mir Mut zu, „ auch Erwachsene schreiben sich regelmäßig in den Kurs ein."

Eine Woche später betrete ich das Rathaus von Culver City – es ist zugleich die Feuerwehrzentrale – und stoße auf eine Schar von etwa 20 Kindern. Das sind mehr, als ich erwartet habe. Einige Männer stehen im Zimmer auch herum, zwei davon sind offensichtlich die Lehrer. Ich fasse also einen dritten ins Auge, der etwa zehn Jahre älter als ich aussieht, und setze mich auf einen Plastikstuhl neben ihn. Der Mann lächelt mich freundlich an. Ich lächle zurück, deute seine entgegenkommende Reaktion als Zeichen, dass auch er Kursteilnehmer ist, und entspanne mich ein bisschen.

Einer der Lehrer schlängelt sich zwischen zwei Stuhlreihen hindurch und verteilt Formulare. Als er meinen Nachbarn erreicht, schüttelt der verneinend den Kopf: „Ich begleite nur meinen Sohn."

Er legt den Arm um einen schmalen, etwa zehnjährigen Jungen, der auf der anderen Seite neben ihm sitzt. Ich lasse meinen Blick durchs Zimmer schweifen. Ach du lieber Himmel – ich bin die einzige Erwachsene mit einem Formular in der Hand!

Die beiden Kursleiter stellen sich vor. Der erste ist E. V., Culvers Einmann-Stadtwerke. Er spricht seine Initialen wie den Mädchennamen „Evi" aus. Lang und gerade gewachsen, mit gepflegtem, grauem Bart und Brille, scheint er ein strenger, nüchterner Vetreter zu sein. Der rothaarige andere heißt Jack, ein ungemein kinderfreundlicher Typ, dessen endlose Geduld schon sein gewaltiger Bauch andeutet. Er ist der County Sheriff.

Schnell wird mir klar, Hauptzweck des „Hunter-Safety"-Unterrichts ist es, diesen kleinen, immerhin bald gefährliche Waffen tragenden Kindern eine gesunde Portion Vorsicht und Respekt vor Waffen einzuimpfen. Aber auf mich, eine Erwachsene mit Todesangst vor Waffen, wirkt die heraufbeschworene Atmosphäre der Angst lähmend. Wir beginnen mit einem untertitelten Film, *The Last Shot* (*Der letzte Schuss*), in dem ein 13-jähriger Knabe seinen Busenfreund aus Nachlässigkeit erschießt. Am Ende spricht Jack eine letzte Warnung aus, falls uns die Ernsthaftigkeit des Films irgendwie entgangen sein sollte.

„Jener Knabe", sagt er und deutet auf die Leinwand, auf der in der letzten Szene im Krankenhaus Polizisten auf den Todesschützen zugehen, nachdem sein Freund für tot erklärt worden ist, „wird nie wieder eine Jagderlaubnis bekommen. Merkt euch das!"

Im Zimmer herrscht Totenstille. Aber ich bezweifle, dass wirklich jemand an die verhunzte Jagdkarriere des Jungen denkt. Der Junge wird vor allem nie wieder richtig schlafen können! Oder sich im Spiegel ansehen. Oder ein Eis genießen, ohne tief im Bauch ein fürchterliches Schuldgefühl zu spüren. Nach dem Kurs hinterfrage ich einige Tage lang meinen Entschluss erneut, diesmal aus rein sicherheitsrelevanten Gründen. Letzten Endes geht es auch um die Frage der Waffen. Lohnt es sich wirklich, mit geladenem Gewehr durch den Wald zu schleichen?

E. V. beginnt die zweite Unterrichtsstunde mit einem Befehl: „Wer älter ist als zwölf, Hand hoch!"

Ich gehorche, wie etwa die Hälfte der anderen auch. Die unter Zwölfjährigen nimmt E. V. mit, um mit ihnen die im Umgang mit Sportwaffen notwendigen Sicherheitsbestimmungen und -vorkehrungen zu üben, während wir „reifen" Älteren zurückbleiben, um ein Kapitel aus dem Lehrbuch durchzunehmen.

An sich ist das „Buch" eher eine dicke Broschüre mit Kapiteln über Tiergattungsmerkmale, Überlebensstrategien in der Wildnis und Grundkenntnisse unterschiedlicher Gewehrtypen. Heute geht es um die Gewehre: verschiedene Büchsentypen, Lademaß, Kaliber, Bestandteile. Vor kurzem habe ich zufällig den Unterschied zwischen einer Flinte und einer Büchse gelernt, als die öffentlichen Medien endlos über Dick Cheneys Jagdunfall berichteten. Bei der Jagd auf Feldhühner feuerte der Vizepräsident einem Freund aus Unachtsamkeit einen Schuss ins Gesicht. (Dennoch vermochte er den harten Konsequenzen, die im Film drastisch verdeutlicht wurden, zu entgehen.)

Die Munition für eine Schrotflinte heißt Patrone und besteht aus einer Plastikhülse, die mit kleinen Metallkörnern gefüllt ist. Schrotgarbe heißt die Gesamtheit der Kügelchen. Wegen ihrer Streuung muss man nicht so genau zielen wie mit einer Büchse oder einer Pistole, die jeweils nur eine Kugel abfeuern. Deshalb eignet sich die Schrotflinte für sich schnell bewegende Beute wie einen vorüberstreichenden Vogel. Ein paar wenige Schrotkügelchen reichen aus, einen Vogel zu töten, solange sie stark genug im Durchmesser sind und genug Geschwindigkeit haben. Die Kaliberbezeichnung von Flinten gibt Auskunft über den Durchmesser des Laufs, allerdings in einer Art umgekehrtem Verhältnis: je höher die Nummer des Kalibers, desto geringer ist der Laufdurchmesser. Bei seiner missglückten Feldhuhnjagd trug Cheney eine kleine Schrotflinte des Kalibers 28. Hätte er stattdessen eine kräftige, großkalibrige Flinte im Kaliber 12 benutzt – typisch für die Gänsejagd –, hätte sein Freund den Schuss wohl nicht überlebt.

Verständlicherweise besitzen Jäger in der Regel mehr als eine Schusswaffe, denn es gibt keine Einheitswaffe für alle Jagdzwecke.

Man fängt mit einer Büchse für die Hirsch- oder Gabelantilopenjagd an. Für Weißwedel- oder Maultierhirsche braucht man ein anderes Kaliber als für Gabelantilopen.

Eine Schrotflinte im Kaliber 12 eignet sich wiederum für Hasen und Truthähne. Kleine Beutetiere wie Feldhühner sollen nicht in Stücke gerissen werden, also nimmt man hierfür Flinten eines kleineren Kalibers wie zum Beispiel 20 und eine geringere Schrotstärke, damit das Wildbret nicht entwertet wird.

Im Unterricht über Waffensicherheit werden nur Büchsen behandelt. Jack erklärt uns, dass eine Schusswaffe aus mehreren Teilen besteht, aber mir scheinen nur vier besonders wichtig:

1. Der Abzug: Mit ihm wird der Schuss ausgelöst. Finger weg!
2. Die Laufbohrung. Durch sie fliegt das Geschoss bis zur Mündung des Laufes. Nie davorstehen oder hineinschauen!
3. Kammer und Schlagbolzen: Die Kammer ist ein bewegliches Metallstück, das bei Repetiergewehren die Patrone in das Patronenlager am hinteren Laufende befördert und dort fixiert und überdies das Schlagstück spannt, sodass das Geschoss abgefeuert werden kann. Ist die Kammer „offen", kann kein Schuss abgefeuert werden.
4. Die Sicherung: Ist die Sicherung aktiviert, kann die Waffe nicht (versehentlich) abgefeuert werden. Entsichert wird das Gewehr erst, wenn man die Beute im Visier hat und den Schuss wagen möchte. Waffenkenner sehen, ob eine Waffe gesichert ist. Jack ermahnt uns aber mehrmals, immer im Hinterkopf zu haben, dass eine Sicherung auch einmal defekt sein kann.

Jack versäumt keine Gelegenheit, die Notwendigkeit von Vorsichtsmaßnahmen in seinen Lektionen zu betonen. Im Film, den er uns am ersten Unterrichtstag zeigte, sprachen die beiden Jungen recht abschätzig von ihrem Gewehr: Es sei ja nur Kaliber .22. Das zeigte ihre Fehleinschätzung der Gefährlichkeit jeder Schusswaffe. Sogenannte Kleinkalibergewehre wie Kaliber .22 oder weniger nennen die Jäger auch „Varmint gun" („Schonzeitwaffe"). Diese Waffen sind zu schwach, um ein Tier über Grauhörnchen- bis maximal Fuchsgröße zu erlegen, und werden vor allem in der Schonzeit zur Jagd auf kleinere Beutegreifer verwendet. Doch betont Jack gebetsmühlenartig: Jede Schusswaffe ist stark genug, um wirklich ernst genommen zu werden!

„Kaliber .22 ist nie einfach nur ein Gewehr im Kaliber .22", brummt er. „Ihr dürft auch so eine Waffe niemals auf die leichte Schulter nehmen, denn auch sie kann jederzeit tödlich sein!"

Einmal erwähnt Jack, dass nur zwei Teilnehmer den Waffensicherheitsgrundkurs nicht bestanden hätten. Sie seien durchgefallen, weil sie nicht die nötige charakterliche Reife für das Jagen bewiesen hätten. Ich bin zehn Jahre älter als mein ältester Kurskamerad und sogar 14 Jahre älter als das Durchschnittsalter der gesamten Gruppe. Und doch bin ich in Sorge, dass ich es nicht schaffe.

Das geringe Alter der übrigen Kursteilnehmer stimmt mich jedenfalls nachdenklich. Ein alter Spruch lautet: Höre nie auf zu lernen! Im Grunde genommen ist es aber gerade für Erwachsene doch schwer, etwas wirklich Neues zu lernen. Je älter wir werden, desto mehr Verantwortung tragen wir und desto knapper wird die Zeit. Das ist aber nur ein Teil des Problems. Auch die Liste der Dinge, die sich als „Neuland" eignen, wird mit zunehmendem Alter kürzer: Sag deinen Freunden „Hey, ich lerne Französisch", werden sie vermutlich dich und deinen Mut loben. Erwähne aber, dass du Anfängerunterricht im Kunstturnen nimmst, erntest du ganz sicher verwunderte Blicke. Auch Sportarten, die man wie z. B. Tennis doch ein ganzes Leben lang betreiben kann, werden fast immer schon im Kindesalter begonnen und dann bis ins reifere Alter hinein geübt. In unserem Waffensicherheitskurs wird mir klar, warum. Je älter ich werde, desto weniger bereit bin ich, an etwas festzuhalten, das ich schlecht mache. Als Kind hat man keine Wahl, Kinder sind Profianfänger, sind in allem Neulinge. Schilt sie der Lehrer, nehmen sie es auf die leichte Schulter. Sie sind halt Kinder. Öffentlich kritisiert zu werden, ist praktisch ihre Aufgabe. Aber für mich, die Erwachsene? Mir kommt es demütigend vor.

Ehe wir zur zweiten Unterrichtsstunde mit E. V. übergehen, wird eine kurze Pause eingeschaltet, und ich und eine weitere Teilnehmerin gehen auf die Damentoilette. Ich sitze schon in einer Kabine, als ich eine Stimme von nebenan höre.

„Du", beginnt sie leise, „wie alt bist du denn überhaupt?"

„26."

„Oh mein Gott!", sagt sie und zieht hörbar die Luft ein. Offenbar überrascht sie mein „greisenhaftes" Alter. Nach einer Pause fügt sie kleinlaut hinzu: „Ich bin 13."

Als wir aus den Kabinen kommen, stellen wir uns einander vor. Sie heißt Jade, trägt dick aufgetragenes Mascara in Schwarz, ihre Lippen glänzen dank Lipgloss transparent. Beim Verlassen der Toilette fragt sie: „Äh, was willst du denn eigentlich hier?"

Ich stutze. Wie soll ich meine hinreißende Faszination von Umweltschutzproblemen, Diätfragen, von der Suche nach einem gerechten Verhältnis zur Natur ... wie soll ich das alles knapp und bündig erklären? Ein Teenie macht mich momentan sprachlos.

„Weißt du", seufze ich schließlich, „das ist mir auch nicht so klar."

Wir nehmen Platz vor E.V, der, wie wir alle wissen, bald Waffen verteilen wird. Stille herrscht im Zimmer. E. V. verliert keine Zeit; er wendet sich uns zu und bringt die Stimmung auf den Punkt: „Wer hat Angst vor Schusswaffen? Hände hoch!"

Spontan hebe ich den Arm in die Luft, ohne zuerst einen prüfenden Blick um mich zu werfen. Ich bin die einzige Person mit erhobener Hand. Die anderen haben kein Problem mit Waffen … oder sie sind schlau genug, ihre Angst nicht öffentlich einzugestehen. Mein Geständnis nämlich stört E. V. Er wird mich bis zum Ende des Kurses ununterbrochen damit aufziehen. Jeden Abend fragt er mich erneut, ob ich immer noch Angst vor Waffen habe? Jeden Abend begehe ich den gleichen Fehler, ehrlich zu antworten.

„Aber du fährst Auto", fleht er mich, deutlich irritiert, am Ende der vierten oder fünften Unterrichtsstunde an. „Hast du nicht jedes Mal Angst, wenn du ins Auto steigst?"

„Nein."

„Aber Autos töten jahrein jahraus weitaus mehr Menschen als Gewehre."

„An Autos bin ich gewöhnt." Schon mein ganzes Leben lang, schon bevor ich gehen und sprechen konnte, hat mir das Anschnallen im Auto das Risiko des Autofahrens verdeutlicht, und ich habe dieses Risiko einfach stillschweigend akzeptiert. Nicht so bei Waffen. Waffen sind für mich ein großer, plötzlicher Sprung ins Unbekannte.

Langsam sieht E. V. ein, dass es mehr als einige Abendlektionen braucht, um meine Angst zu beseitigen. Er ändert seinen Kurs und will nun an meinem Wortschatz arbeiten.

„Wenn dich das nächste Mal jemand fragt, ob du Angst vor Waffen hast", schlägt er gutmütig vor, „sag ihm: ‚Ich habe Respekt vor Schusswaffen'. Das ist nicht falsch, denn du sollst und musst Respekt vor Waffen haben."

Zwar bin ich zu 99 Prozent überzeugt, dass E. V. derjenige sein wird, der mir die Frage das nächste Mal stellt, antworte aber doch: „Okay. Mache ich."

An diesem Abend geht E. V. zu dem Waffenschrank, um die Büchsen zu holen und zu verteilen: Gewehre im Kaliber .22 mit wuchtigem Vorhängeschloss, damit sie gar nicht geladen werden können. E. V. erklärt, dass die Schlüssel zu den Vorhängeschlössern verloren gegangen sind. Damit sind diese Gewehre zum ewigen Einsatz im Dienste der Ausbildung nervöser Anfänger verurteilt. Das klobige Schloss zerstreut mein Bedenken keineswegs. Heute ist zu oft erwähnt worden, wie leicht es zu einem unbeabsichtigten Schuss kommen kann, wie schnell trotz aller Vorsichtsmaßnahmen jederzeit Bedienfehler passieren. Was, wenn mein Gewehr genau dasjenige mit noch einer Patrone im Patronenlager ist, die nur darauf wartet, durch meinen nervös am Abzug zuckenden Finger ausgelöst zu werden?

Als ich an die Reihe komme, streckt mir E. V. eine lange Büchse entgegen. Ich schwitze stark: Meine Handflächen sind so feucht, dass ich befürchte, die Waffe rutscht einfach hindurch.

„Kammer offen und gesichert", sagt er und wirft zunächst einen Blick auf ein Loch, in das – Gott behüte! – die Patrone geladen wird, dann auf ein kleines Metallstück. Jetzt schaut er mir direkt in die Augen: „Hast du sie?"

Mit beiden Händen greife ich die Büchse.

„Ja, ich hab sie."

Die Waffe wie eine giftige Schlange so weit wie möglich von meinem Körper wegstreckend, reihe ich mich langsam bei den anderen bewaffneten Auszubildenden ein.

Handhabung üben wir: Büchse aufheben und hinlegen. Dann tun wir, als ob wir über einen Zaun klettern, Laufmündung nach unten. Wir üben, einander das Gewehr über einen fingierten Bach hinweg zu übergeben, Laufmündung nach oben. Wir üben, wie man das Gewehr trägt, wenn man nebeneinander hergeht. Während all dieser Übungseinheiten ist mir bange. Erst als ich E. V. die Büchse zurückreiche – „Hast du sie?" „Ich hab' sie." – und er sie in den Schrank einsperrt, entspanne ich mich.

Die anderen Azubis geben es nicht zu, doch viele sind ebenso wie ich ängstlich beim Umgang mit den Gewehren. Viel wichtiger als der Altersunterschied ist die Furcht, die die Teilnehmer in zwei Gruppen trennt. Die „Hasenfüße" verraten sich durch das nervöse Kauen an der Unterlippe, während sie die Langwaffe geschultert tragen. Das Gewehr bewegen sie häufiger als normal hin und her, scheinbar auf der Suche nach einer bequemen Haltung, ohne sie jedoch zu finden. Einige der Kinder – kleinformatige Spiegelbilder von mir! – sind ebenfalls völlig unbedarft, was Waffen angeht. Doch sind sie nicht wie ich in der Nähe von Washington D. C. aufgewachsen, während dessen Schreckenszeit als Metropole mit der weltweit höchsten Mordrate. Polizisten verkündeten in meiner Schule regelmäßig Botschaften wie „Falls ihr eine Pistole auf der Straße findet, nicht anfassen! Bleibt weg davon und ruft die Polizei!". Wenn von Waffen in der Zeitung berichtet wurde, handelte es in der Regel um illegale Schusswaffen. Es gab fast nur durch die Bank schlechte Nachrichten, meist grausam und tragisch. In seltenen Glücksfällen ließ sich die Berichterstattung nur darüber aus, was alles hätte schiefgehen *können*.

Uns „Angsthasen" – wir stellten etwa die Hälfte der Kursteilnehmer – schien folgende Gleichung mathematisch bewiesen: Waffe = Todesfall. Quod erat demonstrandum (QED). Auch wenn eine Waffe vielleicht nur harmlos dazu dient, eine Zielscheibe aus Pappe zu durchlöchern, haben solche Übungen doch den Charakter einer Vorbereitung auf das Totschießen. Auch der Schusswaffeneinsatz zur Bekämpfung von Nagern – auch lästigen kleinen Nagern, die Wertvolles wie eine Ernte oder Singvögel schädigen – erschreckt mich durch die Endgültigkeit des Todes dieser Tiere.

Unsere Lehrer lassen keine Chance aus, immer wieder zu warnen, indem sie so etwas sagen wie „Wenn ihr einmal abgedrückt habt, könnt ihr den Schuss nicht mehr zurücknehmen!".

Gern wiederholen sie auch folgenden Satz: „Seid ihr mit geladener Büchse unterwegs, geht ihr immer ein Risiko ein."

„Ihr könnt euch keine einzige Unaufmerksamkeit erlauben", ergänzt E. V. dann regelmäßig.

Genau das aber erschreckt mich am meisten an der Idee, zu jagen: Ich kann mich nicht erinnern, jemals irgendetwas vollkommen fehlerfrei getan zu haben.

In gewissem Sinne habe ich E. V. mit meiner Bemerkung übers Autofahren die Unwahrheit gesagt. Ich setze mich zwar fast täglich gedankenlos ins Auto, habe aber, wenn ich es genau bedenke, tatsächlich Angst vor diesen Gefährten. Wie viele andere Autofahrer habe auch ich unbedeutende Auffahrunfälle hinter mir, auch Beinahe-Unfälle, die gegebenenfalls schwer wiegende Folgen gehabt hätten. Dass ich am Steuer bislang niemanden – auch nicht mich selbst – ernsthaft verletzt habe, hat also genau genommen nur einen offenkundigen und wenig schmeichelhaften Grund: Ich hatte Glück! Mit so viel Glück darf ich beim Jagen vermutlich nicht rechnen.

Dann gibt es noch die andere Hälfte der Kursteilnehmer, die Furchtlosen. Sie begreifen unsere traurig schlichte mathematische Gleichung gar nicht. Klar, die Schusswaffe ist ein Tötungsinstrument. Aber sie verschafft auch fesselnde und familienverbindende Jagderlebnisse. Grayson gehört zu dieser Gruppe. Er ist ein dünner Viertklässler, der kaum bis an meine Taille reicht, mit Grübchen, kurz geschorenen Haaren und breitem Lächeln. Mit Waffen kennt er sich eindeutig aus, am Unterricht nimmt er nur wegen der für den Erwerb eines Jagdscheins geforderten Bescheinigung teil. Wenn er die Büchse aufnimmt, schaut er nach, um sicherzustellen, dass sie ungeladen ist, und bei der Übergabe an einen anderen Teilnehmer richtet er den Lauf ganz automatisch in eine ungefährliche Richtung. Er erlebt keinen Moment des Schreckens, weil er plötzlich merkt, dass – um Gottes willen! – die Mündung direkt auf seinen Kumpel gerichtet ist! Und muss dann nicht schuldbewusst herumhantieren und seinen Fehler wiedergutmachen. Der sichere Umgang mit einem Gewehr ist nicht das Ergebnis einer geradezu panischen Reaktion auf Fehler, sondern ist ihm angeboren. Sein Gesichtsausdruck und seine Körperhaltung drücken vollkommene Entspannung aus. Für Grayson ist ein Gewehr nur eine Sache, ein Werkzeug. Denkt er an ein Gewehr, denkt er sofort und zugleich an das gemeinsame Jagen mit seinem Vater und viele damit verbundene angenehme Erlebnisse. Die eigene Büchse kann er ohne weiteres auseinanderbauen und säubern. Und er kann bereits seine Beute (einige Vögel und Nagetiere) ausweiden und abbalgen, wie er mir mal zurückhaltend mitteilt.

Hältst du Schusswaffen für mächtige Dinge, warte nur, bis du eine in den Händen eines Kindes siehst!

Nachdem ich Graysons Umgang mit seinem Gewehr 30 Sekunden lang beobachtet habe, bin ich überzeugt, nie eine richtige Jägerin werden zu können, selbst wenn ich meine Stelle bei der Zeitung aufgäbe, in die Wildnis zöge und mich nur noch mit der Jagd beschäftigte! Ich kann nicht so werden wie Grayson. Manchmal schaue ich mich im Zimmer um, gefüllt mit Menschen klein und groß (Eltern und Großeltern kommen ab und zu, um ihrem Nachwuchs zuzuschauen) und überlege mir, wen ich mit vollem Vertrauen zum Jagdpartner aussuchen würde. Wenn er oder sie und ich gemeinsam mit geladener Büchse in den Wald zögen, dann müsste es mit einem Gefühl der Geborgenheit durch eben die Gemeinsamkeit geschehen. Wer könnte mir dieses Gefühl geben?

Meistens wähle ich Grayson. Unser Lehrer weiß sicherlich viel über erste Hilfe und Überlebensstrategien in der Wildnis. Und der Vater eines der Azubis ist Polizist. Aber Grayson ist angenehm gelassen und gleichzeitig neugierig. Zumindest scheint er mir sicher und erfahren im Umgang mit Waffen zu sein.

Das Bild von Grayson mit der Waffe in den Händen beruhigt mich auf merkwürdige Weise. Er ist ein musterhaftes Vorzeigekind für diejenigen, die die Auffassung vertreten, dass Kinder erfolgreich zum Respekt vor Waffen und zu deren sicherer Handhabung erzogen werden können.

Selbstverständlich sind Kinder und Schusswaffen oft genug unter einem Dach, ohne dass etwas Verhängnisvolles geschieht. Im Jahr 2009 zum Beispiel sind in den Vereinigten Staaten gleichwohl 138 unter 18-jährige Kinder durch unbeabsichtigte oder fehlgegangene Schüsse ums Leben gekommen. Diese Zahl, ja jede Zahl größer als Null, ist zweifelsohne höchst tragisch. Dennoch sind im gleichen Jahr siebenmal so viele Kinder – 1 056 – unfallhaft ertrunken. Im Vergleich zu den 6 683 Kindern, die Autounfällen zu Opfern fielen, verblassen die schusswaffenbedingten Todesfälle geradezu.

Im Grunde genommen ist die Zahl tödlicher Unfälle durch Schusswaffen angesichts des immensen Waffenbestands in den USA – ca. 250 Millionen Waffen befinden sich in Privatbesitz – erstaunlich gering. Unsere Reaktion auf die Gefahr des Ertrinkens von Kindern besteht nicht darin, sie vom Wasser fernzuhalten, sondern darin, Kinder zur Vorsicht zu erziehen und ihnen das Schwimmen beizubringen. Unsere Reaktion auf die Unfallgefahr durch Gewehre und Pistolen fällt vollkommen anders aus: Wir bringen den Kinder bei, Waffen komplett zu meiden.

Die Todesfälle durch unglückliche Schüsse stellen nur einen verschwindend kleinen Anteil an der Zahl aller schusswaffenbedingten Todesopfer, im Jahr 2007 waren es etwa zwei Prozent. Fast drei Fünftel machen Suizidopfer aus. Kurz gesagt ist es unwahrscheinlich, durch eine Schusswaffe zu sterben. Umgerechnet auf die durchschnittliche Lebenserwartung stehen die Chancen dafür bei 1 : 306; die Chancen, durch einen verunglückten Schuss ums Leben zu kommen, bei 1 : 6 309. Und wie steht es mit der Wahrscheinlichkeit, an Krebs zu sterben? Sie beträgt 1 : 7, an Herzinfarkt 1 : 6, und an was auch immer zu sterben 1 : 1.

Warum es in unserem Land so unglaublich viele Waffen gibt, ist eine ganz andere Geschichte. Sie hat recht wenig mit der Jagd zu tun. 40 Prozent der Haushalte in den USA besitzen wenigstens eine

Schusswaffe. Jeder vierte Erwachsene besitzt zumindest eine, doch nur elf Prozent dieser Haushalte gehen auf die Jagd. 89 Prozent geben die Selbstverteidigung als Haupterklärung für den Waffenbesitz an.

Mir erscheint diese letzte Begründung verrückt. Je mehr Erfahrungen ich mit Schusswaffen mache, desto unsinniger finde ich das Argument. Um eine Schusswaffe zur Selbstverteidigung oder Verteidigung der Familie wirklich benutzen zu können, muss sie bereits schussbereit oder mit Munition im Magazin oder zumindest leicht und rasch zugänglich in einem unverschlossenen Schrank aufbewahrt werden. Das aber wären in jedem Haushalt höchst gefährliche Verhältnisse – mit oder ohne Kinder!

Trotz meiner Furcht vor Waffen gefällt mir der Kurs. Vor allem gefallen mir meine Mitstreiter und -streiterinnen. Zunächst haben sie sich über die „alte Frau" in ihren Sitzreihen amüsiert, mich nach einer Weile jedoch wie ihresgleichen behandelt. Eines Abends erscheint einer der Knaben recht stolz, weil er früher am Tag das Pfeifen gelernt hat. Er führt mir sein neues Kunststück vor: tief und lang einatmend bringt er einen Ton hervor, bis er die Luft wieder auslassen muss. Ich gratuliere ihm.

„Kannst du pfeifen?" Die Frage stellt er nicht provozierend, er ist einfach nur neugierig.

„Ja." Ich pfeife eine einfache Melodie.

Er reißt seine Augen weit auf. „Boah, bist du aber gut!"

„Danke. Ich habe viel Zeit zum Üben."

Als ich später ein Gewehr aufnehme, ohne mich zuvor zu vergewissern, dass es nicht geladen ist, schimpft E. V. Mein neuer Kumpel beruhigt mich lachend: „Na ja, wenigstens kannst du gut pfeifen."

Einer der anderen Azubis wohnt mit seiner großen Familie weit draußen auf einer abgelegenen Farm. Er erhält Heimunterricht, weshalb ihm der vollgepackte Lehrgangsraum ulkig vorkommt. Mir erzählt er, dass seine Familie „pygmy fainting goats", auf Deutsch etwa „kleinwüchsige Ohnmachtsziegen", züchtet. Die Tiere werden so genannt, weil sie klein von Statur sind und abrupt stillstehen und ohnmächtig umfallen, wenn sie Angst bekommen.

„Was? Wirklich?" Ich weiß nicht, ob er mich auf den Arm nimmt.

„Yep. Man macht nur so", er schlägt die Handflächen zusammen, „und sie kippen einfach um."

Ich bin baff und kann es kaum erwarten, Scott von meinem neuesten Freund aus dem „Hunter-Safety"-Kurs zu erzählen.

Die letzten beiden Unterrichtstage verbringen wir auf dem Schießstand. Genau genommen ist es nicht das erste Mal, dass ich eine Waffe abfeuere. Während der Highschoolzeit besuchten mein Freund Nick und ich mit Nicks Vater einen Schießstand mit Waffengeschäft neben einem Gefängnis in Jessup, Maryland. Nicks Vater lieh uns eine Waffe aus – Kaliber 9 mm oder vielleicht auch nur .22 –, ich weiß es nicht mehr genau. Egal. Auf alle Fälle war es eine halbautomatische Pistole. Der Angestellte hinter der Ladentheke zeigte uns, wie sie funktioniert. Zunächst führte er vor, wie man das Magazin von unten in das Griffstück schiebt. Dann erklärte er die sogenannte „Schieben-Ziehen-Technik": Halt die Pistole mit beiden Händen und verschränkten Fingern. Dann mit einem Handballen die Waffe nach hinten abstützen und mit dem anderen den sogenannten Schlitten zurückziehen. und wieder vorgleiten lassen – geladen! Er ermahnte uns noch, die Beine auf Schulterbreite zu spreizen und die Arme direkt vor uns auszustrecken.

Wir wechselten uns ab. Nick ging an eine Schießbahn, leerte das Magazin auf die papierene Silhouette eines Menschen. Er trat zurück und gab mir die Waffe. Ich leerte mein Magazin ebenfalls. An viele Einzelheiten kann ich mich nicht erinnern, gewärtig ist mir aber immer noch die Erwartung, wohl etwas ganz Besonderes zu fühlen. Ich hatte ja *Pulp Fiction* im Kino gesehen und wusste, dass man wohl einfach gern mit Waffen herumstolziert. Ich jedoch hatte nur Schiss. Allein das Gefühl der Pistole in meiner Hand verursachte mir einen Schweißausbruch.

Heute ängstige ich mich noch mehr. Heute kommt mir meine Präsenz auf einem Schießstand viel folgenreicher vor als der damalige Ausflug als Schülerin. Damals probierte ich halt gedankenlos etwas Neues aus. Diesmal bereite ich mich auf eine Erfahrung vor, in die ich schon viel Zeit und Energie investiert habe.

Ehe die Einzelschusswaffen verteilt werden, rekapituliert E. V. mit ernster Miene die Grundsätze des sicheren Umgangs mit Waffen. Dann stelle ich mich mit den Kindern in einer Reihe auf, um das Gewehr in Empfang zu nehmen. Plötzlich kommt mir eine Horrorszene in den Sinn: Anstatt auf die Scheibe zu zielen, könnte sich eins der Kinder umdrehen und auf der Stelle einfach auf uns losfeuern. Der Gedanken lässt mich erschauern. Dann fasse ich mich wieder und denke daran, dass das blinde Vertrauen in die Bereitschaft anderer Menschen, das Richtige zu tun, keineswegs ungewöhnlich ist. Uns allen liegt die Sicherheit am Herzen. Vertrauen zu anderen ist eine alltägliche Erfahrung. Als ich in New York City wohnte, hätte mich zum Beispiel ein Pendler in der U-Bahn (zufällig oder absichtlich) vor einen einfahrenden Zug stoßen können. Jederzeit. Ohne Vorwarnung. Aber meist – eigentlich immer – geht man davon aus, dass so etwas nicht passiert.

Trotzdem erscheint mir diese „Sicherheitsübereinkunft", der ich mein Wohlergehen anvertraue, etwas brüchig zu werden, wenn ein Erwachsener kleinen Schulkindern Gewehre in die Hände gibt. Dann fällt mir Grayson auf, weil er sich so gefasst und ruhig verhält. Ich hole tief Luft. Seit vier Wochen zeigen mir diese Kinder, dass sie mehr Respekt vor Schusswaffen haben als viele Erwachsene, von denen man in der Zeitung liest. Ich wische meine Bedenken beiseite. Jetzt ist die Zeit zum Abdrücken!

Zum Schutz meiner Augen setze ich eine Plastikbrille auf. Dazu gigantische, Kopfhörern ähnliche Kapseln auf die Ohren, um mein Gehör gegen den starken Knall abzuschirmen. Die Stimmen um mich herum hören sich jetzt zwar gedämpft an, dafür aber schlägt mein Herz in der Brust umso lauter. Ich lege das Gewehr auf einen kleinen Tisch und laufe weit in die Schießbahn hinein, um meine Pappzielscheibe mit dem schwarz markierten Zentrum anzubringen. Mein Herz schlägt noch heftiger, als ich wieder zum Stand zurückgehe: da-dum, da-dum, da-dum. E. V. geht hinter der Tischreihe auf und ab und hilft uns, die richtige Körperhaltung am Tischchen zu finden und das Gewehr korrekt zu halten. Damit die Waffe fest und unbeweglich liegt, werden Füße, Po, Ellenbogen und Vorderarme so auf dem Boden, dem Tisch und dem Stuhl abgestützt, dass ungewollte Körperbewegungenen möglichst ausgeschlossen sind. Ich presse die rechte Wange gegen den kalten Hinterschaft der Büchse und fasse Kimme und Korn ins Auge, um den schwarzen Lauf exakt auf die schwarze Zielscheibenmitte auszurichten. Neben mir auf dem Tischchen steht ein kleiner Holzblock mit Löchern, aus denen fünf kleine Kupferpatronen schauen.

„Wenn ihr so weit seid, könnt ihr anfangen, eure Schüsse abzugeben", schnauzt E. V. in Richtung der Gruppe.

Sofort geht das Geballere los. Durch den Gehörschutz klingen die Schüsse gedämpft, klingen eher nach auf den Boden fallenden schweren Büchern als nach Explosionen. Tief einatmend schiebe ich die erste Patrone in das Patronenlager und hole noch mal tief Luft, ehe ich mit dem Finger am Abzug ziehe. PENG! Gesicht, Arme, Oberkörper – alles im Kontakt mit dem Gewehr – rucken kurz nach hinten. Die abrupte Bewegung überrascht mich, denn das Gewehr ist kleinkalibrig und, wie uns E. V. versicherte, rückstoßfrei. Ich rieche Schießpulver, richte mich auf, schaue mich um. Dann nehme ich erneut meine Schießhaltung ein und lade die nächste Patrone.

In Erwartung des Rückstoßes bin ich diesmal angespannter. Ich drücke auf den Abzug. PENG!

Ich lade ein weiteres Mal, aber ehe ich schießen kann, hockt sich E. V. neben mich hin.

„Lily, du schließt die Augen."

Ja. Und!?

„Pass um Gottes willen auf: Wenn du mit offenen Augen abziehst, triffst du das Ziel womöglich sogar." Sehr witzig ... E. V. steht auf und geht zum nächsten Lehrling.

Ehe ich die letzten drei Schüsse abgebe, bemühe ich mich, meine Atmung zu kontrollieren, um mich zu beruhigen, und zwinge mich, die Augen weit aufzuhalten. Aber jedes Mal zuckt es bei geschlossenen Augen.

Erst nachdem alle Kursteilnehmer ihre fünf Patronen abgefeuert haben, fordert uns E. V. auf, unsere Zielscheiben zu holen, um zu sehen, wie erfolgreich wir waren. Ich setze den Gehörschutz ab und entspanne mich, als das gewohnte Quietschen von Sportschuhen und das Geflüster der Kinder die Schläge meines Herzens übertönen. Fünf Male habe ich die Scheibe getroffen, einmal sogar fast ins Schwarze! Auf meine Leistung bin ich echt stolz, und ich denke mir, dass mein bester Schuss fast ins Schwarze wohl der erste war, weil mein Finger da noch entspannt am Abzug lag, bevor ich mich dann aus Angst vor dem Rückstoß und dem lauten Knall regelmäßig verkrampfte.

Nach einem zweiten Besuch des Schießstands legen wir am letzten Kurstag im Unterrichtsraum eine Multiple-Choice-Prüfung ab. Gegen Ende dreht sich das Kind neben mir zu seinem hinter uns sitzenden Vater um und fragt leise: „Wie buchstabiert man unseren Familiennamen?"

Die Benotung des Examens dauert nicht lange. Dann geben unsere Lehrer bekannt, dass wir die Sicherheitsunterweisung für Jungjäger ausnahmslos bestanden haben. Wir jubeln laut und klatschen uns gegenseitig ab. E. V. liest die Namen der Teilnehmerinnen und Teilnehmer vor, und die treten darauf einzeln zu ihm nach vorn. Nach einem Händeschütteln überreicht E. V. jeweils ein kleines Zertifikat in Karteikartenformat.

Sobald ich zu Hause bin, zeige ich Scott stolz mein Zertifikat. Beigefügt ist ein Brief an „die Eltern der Absolventin des ‚Hunter-Safety'-Kursus", in dem daran erinnert wird, dass Sicherheit in der Handhabung von Schusswaffen eine lebenslange Angelegenheit sei. Nach der Schilderung meiner Klassenkameraden und der lustigen Erlebnisse mit ihnen findet Scott die ganze Sache nun recht amüsant. Er begeistert sich allmählich für meine bevorstehenden Jagdausflüge.

Sein wachsendes Interesse ermuntert mich, einen lange hinausschobenen Schritt zu wagen: meinen Eltern von meiner Schnapsidee endlich zu erzählen. Im nächsten Monat, im Oktober, besuchen sie uns für eine Woche in Bend. Am ersten Tag lade ich sie in einen kleinen, leeren Kaffeeladen ein, wo wir bequeme Plätze auf zwei Sofas beziehen. Da mir keine kluge Einleitung einfällt, platze ich mit der Nachricht unvermittelt heraus: „Mom und Dad", sage ich mit angehaltenem Atem, „ich lerne zu jagen."

Diese Botschaft wirkt wie ein Schlag, macht sie sprachlos. Mit ausdruckslosen Mienen starren mich meine Eltern an. Ich muss an einen Freund denken und an das, was er wohl empfunden haben muss, als er sich seinen erzkonservativen Eltern gegenüber outete. Eigentlich ist mein Geständnis, zumindest flüchtig, eine bizarre Version des Sich-Outens. Meine Hippie-Eltern stammen aus einem liberalen Bundesstaat mit eindeutig ablehnender Haltung gegenüber Jagd und Jägern, die sie für herzlose Erzkonservative halten. Und ich verkünde, dass ich Jägerin werde! Ein Schock höchsten Grades!

Mein Vater bricht als Erster das Schweigen.

„Na, dann wirst du ja zum Liebling des rechten Flügels", sagt er beißend ironisch; er kann seine Abscheu nicht verhehlen.

„Dad, es ist nicht, was du denkst."

Die nächsten Stunden verbringen wir mit der Erörterung meiner Gründe. „So wie ich die Sache sehe", erläutere ich abschließend, „wird die Jagd aus mir eine besser informierte Umweltschützerin machen."

Meine Eltern hören sich meine Argumente geduldig an, und ja, sie scheinen sich mit meiner Einstellung anfreunden zu können. Meine Mutter macht sich Sorgen wegen der Waffen, ist aber doch etwas beruhigt, als sie von meinem „Hunter-Safety"-Zertifikat erfährt. Beide amüsieren sich über meine Geschichten mit den Kindern. In den kommenden Jahren werden sie zu neugierigen, sogar begeisterten Zuhörern meiner Jagdberichte. Heute aber stockt das Gespräch, als ich zugebe: „Eigentlich war ich noch nicht auf der Jagd."

„Woher weißt du denn dann, dass dir das Spaß machen wird?", fragt meine Mutter.

„Das kann ich nicht wissen, ohne es probiert zu haben."

Das Jagen konnte mir „Hunter Safety" nicht beibringen. Obwohl ich nun etwas entspannter mit einer Schusswaffe umzugehen vermag und über erste Kenntnisse der Jagdvorschriften verfüge, habe ich noch keine Ahnung, was die Jagd selbst bedeutet. Es ist, als ob ich den Führerschein gemacht hätte, ohne jemals am Autosteuer gesessen und den Schlüssel in das Zündschloss gesteckt zu haben.

KAPITEL 4

Mitschwingen!

Im Herbst beschließen Scott und ich, zu heiraten. Ich habe keinerlei
Zweifel, dass er der Richtige ist, bin aber dennoch überrascht, dass
ich jemanden eheliche, der tief in Zentraloregon verwurzelt ist, einer
Gegend, die mir mitunter noch fremd vorkommt. Durch die Heirat
werde ich wohl eigene Wurzeln schlagen an diesem steinigen Ort.

Studienfreunde fragen mich: „Meinst du, du kannst den Rest
deines Lebens in Bend verbringen?" Der Gedanke, irgendwo lebenslang zu bleiben, lässt mich kurz hyperventilieren. „Wer weiß?", antworte ich. „Auf immer ist eine lange Zeit."

Manchmal stört es mich, so weit weg von meiner Familie zu sein.
Mein älterer Bruder wohnt in Brasilien, meine jüngere Schwester
in Los Angeles. Meine Eltern leben immer noch an der Ostküste in
Maryland, weit weg von allen ihren Kindern, und ich mache mir
Sorgen darüber, was passieren wird, wenn sie älter werden. Meist
kann ich solche Bedenken verdrängen: Ich habe ja noch viel Zeit, und
so viel kann bis dahin noch passieren.

Wir beeilen uns, die Trauung im kleinen Kreis in der letzten Dezemberwoche zu organisieren, da meine Eltern und meine Schwester eine Reise planen und zu Weihnachten nach Bend kommen wollen. So kurzfristig aus Brasilien anzureisen, gelingt Nathan leider nicht. Er verspricht hoch und heilig, zu einem Empfang an der Ostküste zu kommen, den wir für Mai ansetzen.

„Vielleicht besuche ich euch auch in Oregon", meint er.

Meine ganze Familie sind Stadtmenschen, niemand aber ein so ausgeprägter wie Nathan. Sogar in Brasilien dauerte es Jahre, bis er sich dazu durchringen konnte, auf seine lässigen amerikanischen Stadtklamotten zu verzichten: Schlabberjeans mit hellbraunen Stiefeln der Marke „Timberland". (Inzwischen hat er sie gegen Bermudashorts und Badelatschen ausgetauscht.) Doch selbst Nathan zeigt seit etwa einem Jahr zunehmendes Interesse an meinem ländlichen Dasein in Oregon. Als Vielleser entdeckte er rein zufällig *The River Why* von David James Duncan, zu dessen Lesung mich Scott damals, am Anfang unserer Beziehung, einlud. Dieses Buch hat Nathans Interesse am Fliegenfischen geweckt, zumindest theoretisch, denn eine Angelrute hat er nie in den Händen gehalten.

Nachdem Scott mich im Frühjahr auf der Reise nach Brasilien begleitet hat, weiß er, was für eine komische Figur mein Bruder in Watstiefeln und mit Fliegenrute abgeben würde. Aus Spaß denken wir uns etwas aus, um Nathans von ihm selbst oft betontes Interesse an dem ausgeprägt technischen und oft mühsamen Sport auf die Probe zu stellen: Wir nehmen ihn auf eine nächtliche Floßfahrt mit. Nathan hat wenig Erfahrung mit Outdoor-Aktivitäten und den damit verbundenen Details wie Insekten und Schlammgruben. Mit seiner hellen Haut wird er sich schnell einen Sonnenbrand holen. Ihm wird die Geduld reißen nach vielen fehlgeschlagenen Würfen und einer mehrfach verwickelten Angelschnur. Allerdings hat Nathan mich auch früher schon häufiger überrascht. Wer weiß?

Im März meldet sich mein Bruder mit einer Nachricht, die das Sensationelle meiner Hochzeit weit übertrifft: Seine Freundin Luciana erwartet im September ein Kind. Nathan ist verrückt nach Kindern und wollte immer eigene. Allerdings kommt diese Schwangerschaft unerwartet, wie er mir stockend mitteilt. Gegen Ende des Telefonats entschuldigt er sich: Zu unserem Empfang an der Ostküste wird er nicht kommen können.

„Na ja. Schon in Ordnung", sage ich, noch zu voll des Hochgefühls einer Frischverheirateten, um ihm böse sein zu können. „Keine Ursache."

Das Verhältnis zwischen uns gleicht einem schwingenden Pendel. Als er schon die Highschool und ich die Mittelschule besuchte, schauten wir zeitweilig gemeinsam bis in die Nacht hinein alte Episoden von The World's Strongest Man (Der stärkste Mann der Welt) im Kabelfernsehen an. Dabei kommentierten wir das Geschehen und versuchten, den Sprachklang der Schauspieler nachzuahmen, was zu so heftigen Lachausbrüchen führte, dass wir nach Luft schnappen mussten. Später erlebten wir Zeiten, in denen wir einander kaum ertragen konnten und uns gegenseitig nur anschnauzten. Da war er bereits auf der Universität, ich besuchte noch die höhere Schule. Seit Nathans Auswanderung nach Brasilien und meinem Umzug nach Oregon haben wir uns einander eigentlich noch mehr entfremdet. Unsere Beziehung mutierte zu einer befremdenden Gleichgültigkeit.

Die Nachricht von Nathans bevorstehenden Vaterschaft macht die emotionale Entfremdung noch deutlicher. Ohne recht zu wissen, was wir einander zu sagen haben, plaudern wir über Bagatellen, um die peinliche Situation zu überspielen. Unsere große räumliche Distanz zueinander macht es schwer, die innere zu überwinden. Doch deshalb mache ich mir wenig Sorgen. Zumindest vorläufig. Heiß und kalt sind halt die zwei Seiten unseres geschwisterlichen Verhältnisses seit eh und je. Ich sage mir schlicht: Nathan ist Familie.

Er wird immer für mich da sein und ich für ihn. Irgendwann wird der Funke wieder überspringen, werden wir uns wieder nähern. Denn ein Pendel schwingt unentwegt hin und her.

Im Nu ist das Jahr 2007 nicht nur angebrochen, sondern bereits halb vorbei. Wenn ich es mit der Jagd ernst meine, wird's höchste Zeit, damit anzufangen. Als die Sommertage immer kürzer werden, hecke ich einen Plan aus. Mit Vögeln werde ich anfangen, und wenn mir Vögel zu schießen Spaß macht, werde ich die nächste Stufe betreten. Meine Idee ist einfach: Ein kleines Tier ist weniger „präsent" und verstörend. Ein weiteres Plus ist, dass bei der Federwildjagd Hunde eingesetzt werden. So oder so, die Anschaffung eines Gewehrs bleibt mir nicht erspart.

Als Scotts Familie von meinem Interesse an der Jagd erfuhr, boten mir einige seiner Verwandten ihre Büchsen aus altem Besitz unter der Bedingung, dass ich sie bei mir zu Hause aufbewahre. Die Angebote lehnte ich ab. Die Idee, eine Waffe im Haus zu haben, gefiel mir gar nicht. Wochenlang zerbrach ich mir den Kopf über eine Lösung. Wie kann ich das Jagen lernen, ohne ein Gewehr zu Hause haben zu müssen? Soll ich mir eins leihen? Oder einen Lagerraum mieten? Oder es einfach im Kofferraum meines Autos verstauen? Langsam wird mir klar, dass ernst gemeintes Jagen zumindest den Kauf einer eigenen Jagdwaffe verlangt. Und die verantwortungsvollste Lösung ist, sie zu Hause zu lagern: weggeschlossen, ungeladen und mit separater Aufbewahrung der Munition, versteht sich.

In Bend gibt es einige Waffengeschäfte. In der Erwartung, dass das größte Outdoorgeschäft wohl das reichste Angebot hat, gehe ich zuerst dorthin.

Schüchtern betrete ich den Laden. Die Gewehrabteilung ist mit einer langen Theke versehen, hinter der etliche Büchsen in Ständern zur Schau gestellt sind. Eine Gruppe aus Männern und Teenagern steht dicht nebeneinander an der Theke. Sie zerlegen Büchsen. Ich warte ca. 15 Minuten etwas abseits, bis ein Verkäufer frei wird.

„Was darf es sein?", fragt er brüsk.

„Na, ja, da bin ich nicht sicher. Ich suche eine Schrotflinte, Kaliber 20."

„Okay. Die Schrotflinten sind da drüben." Er geht voraus, ich folge.

„Kaufen Sie sie für sich?"

„Ja. Meine erste."

Er nickt. Seine Miene spricht Bände. In etwa: Guter Gott, warum hetzt du so eine ausgerechnet auf mich? Die schlimmstmögliche Kundin, die null Ahnung hat, der man alles erklären und die man mit Glacéhandschuhen anfassen muss. Und am Ende eines nervtötenden Beratungsgesprächs gibt sie so gut wie kein Geld aus oder kauft auch gar nichts!

Ich werde den Mann auch insofern enttäuschen, als ich unfähig bin, mit der Begeisterung über die neue halbautomatische Barrett zu quatschen, wie es der Mann zu meiner rechten Seite mit dem anderen – glücklicheren! – Verkäufer tut.

„Was wollen Sie mit der Waffe?"

Ich stutze. Was meint er? Wozu verwendet man denn eine Schusswaffe!?

„Hm. Jagen gehen? Vögel schießen?"

Er seufzt. „Was für Flugwild?"

„Das weiß ich nicht. Alle Sorten?"

„Sie sollten eine in Kaliber 12 kaufen." Er dreht sich um, holt sich eine Flinte vom Ständer hinter der Theke herunter und legt sie vor mich hin. „Die hier ist für den Einstieg gut geeignet, ein Vorderschaftrepetierer. Der Gewehrkolben ist aus Holz, schwarz oder camouflagefarben."

„Ich glaube, ich möchte lieber eine 20er-Flinte."

„Warum? Sie können mit dem größeren Kaliber mehr anfangen."

„Hm. Na ja …"

Der Mann wird sichtlich ungeduldig.

„Ich will keine so schwere Flinte mit mir rumschleppen müssen. Und lieber eine möglichst rückstoßarme."

„20 haut stärker als 12", sagt er kalt.

Das Thema wird sich durch meine ganze jagdlicher Lehrzeit ziehen: Jäger sind nicht einig, wenn es um die Frage des Rückstoßes geht. Manche sind schlicht und einfach überzeugt, dass ein größeres Kaliber mehr Rückstoß bedeutet. Andere sind der Auffassung, dass eine größerkalibrige und damit in der Regel schwerere Waffe, dem Gesetz der Trägheit folgend, weniger „schlägt". Wieder andere vertreten die etwas kompliziertere Theorie, nach der in einem Lauf größeren Durchmessers ein rascherer Energieabbau stattfindet, sodass der Rückstoß deutlich vermindert wird. Ich glaube gern, dass eine qualitativ hochwertig konstruierte Waffe grundsätzlich rückstoßärmer ist als eine „Billiggewehr". Nachdem ich später verschiedene Schusswaffen ausprobiert habe, bestätigt sich aber genauso eine andere Anfangsvermutung: Je kleiner das Kaliber, desto milder fällt – bei vergleichbarer Fertigungsqualität der Waffen – der Rückstoß aus. Und ich bin nachträglich froh, nicht auf diesen ersten Verkäufer gehört zu haben.

„Sagen wir halt, dass ich eine Flinte mit Kaliber 20 kaufe. Welches Modell würden Sie empfehlen?"

Er gibt unwillig nach und legt eine Auswahl von Flinten so auf die Theke, die Laufmündungen auf ihn gerichtet sind.

Etwas zögerlich nehme ich eine, drehe sie um und lege sie fast sofort wieder auf die Theke. Ich weiß gar nicht, worauf ich achten muss. Der Verkäufer schmunzelt. Aha, endlich habe ich Anlass zur Freude gegeben!

„Na, was meinen Sie dazu?"

Ich habe keine Ahnung, was ich von den Flinten halten soll. Außer den Preisen habe ich keine Idee, nach welchen Kriterien ich die Qualität der dargebotenen Auswahl beurteilen könnte. Ich weiß nicht einmal, wie man die Waffen halten soll. Ich bedanke mich rasch und verlasse den Laden etwas zu eilig.

In einem zweiten großen Outdoorgeschäft zeigt sich der Verkäufer hilfsbereiter. Anstatt mir Kaliber 20 auszureden, überreicht er mir ohne Getue eine entsprechende Flinte. Während er sie auf die Theke legt, erklärt er mir die Vorderschaftrepetierfunktion und andere Eigenschaften.

„Mit der können Sie eigentlich nichts falsch machen", beendet er seine Erläuterungen. „Die Verarbeitung ist sehr gut; die Bauteile sind langlebig."

„Darf ich sie in die Hand nehmen?"

„Ja gern, bitte. Sie haben noch nie eine Flinte abgefeuert, nicht wahr?"

„Nein."

„Es ist leicht", sagt er, ohne aus der Ruhe zu geraten.

Er legt den Kolben mit Schaftkappe an meine rechte Schulter an und drückt mit der Hand meinen Kopf sanft herunter, bis meine rechte Wange die kalte Schaftbacke berührt.

„So ist es richtig."

Dann deutet er auch zwei kleine Metallkügelchen hin, eine sitzt nahe meinem Gesicht auf der Laufschiene, die andere an der Laufmündung. Diese beiden Kügelchen, erfahre ich, muss ich in eine Linie mit dem Ziel bringen. Die „Visierlinie" verläuft also vom Auge über die Laufschiene mit den beiden Kügelchen zum Ziel.

Der Verkäufer richtet sich auf.

„Nun richten Sie die Flinte mal auf mich."

„Was?" Ich hebe den Kopf. „Nein. Tue ich nicht. Das passt mir nicht."

„Wie soll ich sonst feststellen können, ob Sie die Flinte richtig halten?"

Für einen Moment verschlägt es mir den Atem. Vielleicht sollt man die Szene filmen und im Gun-Safety-Unterricht als abschreckendes Musterbeispiel falscher Waffenhandhabung vorführen.

Regel Eins der sicheren Handhabung: *Behandle eine Schusswaffe stets, als ob sie geladen und schussbereit ist.*

Regel Zwei: *Achte darauf, dass die Mündung der Waffe jederzeit in eine sichere Richtung zeigt.*

Mein Kurs und diese Vorschriften bestimmen bis dato mein Bewusstsein als Jägerin, sind meine einzigen Leitlinien. Wenn ich sie nun leichtfertig missachte, nur um hier nicht als der Dummkopf dazustehen, der ich eigentlich bin – was bleibt dann noch von meinen inneren Überzeugungen?

„Tut mir leid. Es geht nicht."

Er hebt die Hände hoch, was wohl bedeutet: Ich geb's auf.

Der Mann holt noch ein paar andere Modelle hervor. Er stellt fest, dass eine Flinte für Jugendliche besser zu mir und meinen Körpermaßen passt als eine Erwachsenenflinte.

„Etliche Frauen kaufen das Jugendmodell, weil es besser zur weiblichen Körperform passt", erläutert er. Er scheint zu glauben, dass es mir komisch vorkommt, ernsthaft eine Waffe für Jugendliche in Betracht zu ziehen. Aber gerade diese Idee erscheint mir sympathisch, irgendwie sicherer. Ich bedanke mich beim Verkäufer und verlasse das Geschäft mit leeren Händen.

Einige Tage danach gehe ich in einen kleinen Laden unweit meiner Wohnung, der Schrotflinten und Ausrüstung fürs Fliegenfischen anbietet. Im Geschäft ist nur ein einziger Angestellter: ein hoch gewachsener, rundlicher Mann mit gepflegtem, weißem Bart. Seinem Hemd fehlt ein Knopf. Ich bin die einzige Kundin. Ich erkläre, dass ich auf der Suche nach meiner ersten Flinte bin, Kaliber 20. Nichts Besonderes. Etwas für eine Jagdanfängerin.

„Kein Problem", sagt er. Er holt eine Flinte vom Ständer hinter sich und erklärt: „Hier habe ich eine Benelli, die genau Ihren Vorstellungen entsprechen dürfte."

Sofort erkenne ich, dass das hier anders zugehen wird als bei meinen bisherigen Kaufversuchen. „Schauen Sie, ich öffne mal den Verschluss", erklärt er, „damit Sie sehen können, dass die Flinte nicht geladen ist. Dann lasse ich sie offen, während wir uns das Gewehr genauer ansehen."

Der Verkäufer heißt Russ, ist pensionierter Musiklehrer, der die Sicherheitsmaßnahme so genau beachtet, dass er wohl ohne weiteres einen „Hunter-Safety"-Kurs leiten könnte. Ich finde seine Art so ermutigend, dass ich mich sofort entscheide, bei ihm eine Flinte zu kaufen.

Er erklärt, dass ihm dieses Modell so gut gefällt, weil es so einfach ist. Auch die Benelli ist ein Vorderschaftrepetierer: Man schiebt den Vorderschaft schnell vor und zurück, um die nächste Patrone ins Patronenlager zu laden. Sie hat keine halbautomatischen Teile, die nach einigen Jahren oder infolge vieler Einsätze bei feuchtem Wetter reparaturanfällig werden können. Dann zeigt mir Russ, wie man die Flinte auseinanderbaut – richtig: das Gewehr besteht aus Einzelteilen und kann zerlegt werden – und dann wieder zusammensetzt. Die Möglichkeit des Zerlegens ist nützlich, wenn es ums Reinigen geht.

Der Verkäufer zeigt mir auch, wie man die Waffe richtig hält. Das tut er, ohne mich zu aufzufordern, ihm die Mündung ins Gesicht zu halten.

„Sind Sie Rechtshänderin?", fragt er, und als ich bejahend nicke: „Wissen Sie, welches Auge dominant ist?"

„Mein rechtes."

„Sind Sie sicher?"

„Ja." Im Unterricht über die sichere Handhabung von Schusswaffen haben wir gelernt, wie man dies feststellt. Beide Arme ausstrecken, nach vorn drehen, mit Daumen und Zeigefingern ein Dreieck formen. Dann durch dieses Dreieck mit den beiden Augen auf einen Gegenstand in einer Entfernung von etwa vier bis fünf Metern schauen. Hände zurück bis ans Gesicht ziehen – sie werden automatisch an das dominante Auge gelangen.

Russ meint, Frauen neigen eher als Männer dazu, als Rechtshänderinnen ein linkes dominantes Auge zu haben, oder halt umgekehrt. Bei Männern seien Hand und Auge fast immer auf der gleichen Seite dominant.

Russ' Unterweisung ist so entspannend, dass ich mich an alle meine Fragen erinnere, die mir bei den ersten beiden nervenden Gesprächen in den Outdoor-Großläden nicht mehr einfallen wollten.

Obwohl er keine Flinte für Jugendliche vorrätig hat, glaubt auch Russ, dass eine kleinere Flinte wohl geeigneter für mich wäre. Er setzt mich nicht unter Druck, irgendetwas zu kaufen, legt mir aber nahe, den Schützenverein in der Nähe zu Schießübungen aufzusuchen, wenn ich kaufe. Es stellt sich heraus, dass Russ regelmäßig an Wettbewerben im Wurfscheiben- beziehungsweise Tontaubenschießen teilnimmt. Er ist sogar bereit, mir einige Videos über Schießtechniken mit der Flinte auszuleihen.

Aus Neugier schaue ich mir einige der anderen, feiner verarbeiteten Flinten an. Im Kontrast zum mattschwarzen Metall derjenigen, die zu kaufen ich in Betracht ziehe, bestehen deren Kolben aus fein geschliffenem und poliertem Kastanienholz. In den Schaftboden einer Flinte ist ein Silberplättchen mit Schmuckgravur eingelegt; die Gravur stellt zwei Hunde auf Federwildjagd dar. Russ öffnet den Verschluss und reicht mir die Flinte zur genaueren Betrachtung. Mit den Fingern berühre ich leicht das glatte Holz und die zarte Gravur. Zum ersten Mal begreife ich, dass eine Schusswaffe gleichzeitig ein Kunstgegenstand sein kann. Ich drehe das Preisschild um: Mehr als 2 500 US-Dollar! Rasch reiche ich Russ das Gewehr zurück.

Beim Verlassen des Ladens habe ich zum ersten Mal das Gefühl, dass aus dem Besuch etwas wird. Mit jemandem wie Russ als Lehrprinzen könnte mir der Zutritt in die geheime Welt der Jagd vielleicht gelingen. Am nächsten Tag melde ich mich bei Russ und bestelle das Gewehr, das er mir zuerst gezeigt hat, die Vorderschaftrepetierflinte von Benelli, aber in der Ausführung für Jugendliche. Später gehe ich noch mal in den Laden, um die Hälfte des Verkaufspreises von 419 US-Dollar als Anzahlung zu hinterlegen. Dies ist für meine finanziellen Verhältnisse keine geringe Summe. Die Waffe kostet ungefähr so viel wie mein wöchentlicher Nettoverdienst.

Eine Woche später teilt Russ mir am Telefon mit, die Flinte sei angekommen. Mein erster spontaner Gedanke ist: Mist! Bin ich wirklich darauf gefasst, Waffenbesitzerin zu sein? Russ aber hört sich sehr ausgelassen an. Sein Enthusiasmus steckt an, sogar durch die Telefonleitung hindurch.

Nach der Arbeit fahre ich zum Geschäft. Russ winkt mir beim Eintritt fröhlich zu, bückt sich nach unten und zieht unter der Theke eine weiße Schachtel hervor, die wie ein extralanger Verpackungskarton für ein Brettspiel aussieht. Ich hatte absolut keine Idee, dass Langwaffen in Schachteln geliefert werden.

„Diese kleine Flinte wird Ihnen sooo gut gefallen", jubelt er. Eigentlich freue ich mich sehr darauf, die Flinte in Händen zu halten, bin ungeduldig festzustellen, wie sie passt und ob sie so leicht ist wie erhofft.

Zuerst aber müssen die Dokumente ausgefüllt werden: Name, Anschrift, Geburtsdatum, Führerscheinnummer, Sozialversicherungsnummer. Dann eine lange Fragenliste zu Vorstrafen, die mit Ja oder Nein zu beantworten sind. Leichte Aufgabe. Als Nächstes taucht Russ die Fingerspitzen meiner rechten Hand in Tinte und rollt die Fingerkuppen sorgfältig auf einem Blatt Papier von einer Seite auf die andere. Dann überprüft er den Fragebogen, um sich zu vergewissern, dass alle Kästchen abgehakt sind. Er verlangt meinen Führerschein und überprüft die Richtigkeit meiner Antworten auf dem Fragebogen. Anschließend geht er ans Telefon und wählt eine Nummer.

„Dauert nur eine Sekunde …"

Am Telefon liest er meine Antworten laut vor und ich verängstigte Zimperliese höre mit feuchten Händen zu. Immer diese verschwitzten Hände! Einen Moment lang denke ich mir: Wie, wenn ich den Hintergrundcheck nicht bestehe? Aber noch ehe ich mich selbst in Sträflingskleidung ausmalen kann, legt Russ auf.

„Alles in Ordnung. Good to go!"

Mit einem funkelnagelneuen Gewehr, drei ausgeliehenen DVD des Schießlehrers Todd Bender und ansonsten komplett ahnungslos schickt Russ mich nach Hause. In den DVD fällt mir als Erstes auf, wie Benders Kopf mit Wange während des ganzen Schießvorgangs am Schaftrücken ruht. Sein Gesicht ist zudem auffällig asymmetrisch. Ob das eine Folge dieses langjährigen, festen „Anschmiegens" ist?

Einige Wochen später treffe ich Russ am „Redmond Rod and Gun Club" zum Tontaubenschießen. Mein Auto stelle ich am Ende einer langen Reihe von amerikanischen Pick-Up-Trucks auf dem Schotterparkplatz ab. Vor kurzem habe ich meinen Ford Kleintransporter verkauft und dafür einen gebrauchten Kleinwagen von Toyota erstanden. Nun denke ich mir, dass ich in dieser Parkreihe wohl weniger auffiele, wenn ich nicht so viel Wert auf niedrigen Benzinverbrauch legte. Als ich zum Kofferraum gehe, um mein Gewehr zu holen, sieht Russ mich und winkt mir zu. Er schlendert in meine Richtung. Die Westentaschen seiner alten, abgenutzten Jagdweste sind vollgestopft mit Schrotpatronen.

Das erinnert mich daran, dass ich keinerlei Tasche habe, in der ich die ein paar Tage zuvor gekaufte Munition tragen könnte. Schnell greife ich nach meiner Daunenjacke auf dem Vordersitz und öffne deren Reißverschlusstaschen. Ich ziehe die Jacke an, hole mein Gewehr und die Munition und folge Russ, der auf eine Gruppe älterer Männer an einem Picknick-Tisch zugeht. Die jüngsten sind im Russ' Alter, so um 60 herum. Die ältesten sind schon über 80. Die meisten tragen eine Baseballkappe mit einem Abzeichen irgendeines Veteranenvereins oder einer Militäreinheit. Russ stellt mich vor. Wir reichen uns alle die Hände und einzelne, offenbar wirklich Schwerhörige fragen mich noch mal nach meinem Namen.

Der Schießübungsplatz besteht aus einer riesigen Sagebrush-Fläche, die sich nach langjährigen Schießübungen – Schuss auf Schuss – in eine karge Kies-und Bleiwüste verwandelt hat. Als Büro dient ein Wohnmobil, in dem ich meine drei Dollar pro 25 Schuss Munition bezahle. Auf dem Grundstück verteilt stehen einige Schuppen, die an Außentoiletten erinnern. In diesen Nebengebäuden sind die Wurfmaschinen untergebracht, die die Tontauben wie auffliegende Vögel in die Luft schleudern.

Es gibt verschiedene Arten des Tontaubenschießens: Trap, Skeet, und „Sporting Clays" (so etwas wie „Golf" mit Flinte). Bei jeder Art nehmen die Schützen andere Stände ein. Immer aber geht man von einem Stand zum nächsten und schießt auf „Vögel" – das heißt die „Tontauben", die nichts anderes sind als Tonscheiben. Trap ist am einfachsten: Jeder Schütze bekommt an jeweils fünf Ständen einen „Bird", den er aus den beiden Läufen seiner Flinte zweimal beschießen kann.

Das „(Ton)Taubenschießen" zu Übungszwecken kam im 18. Jahrhundert in England auf. Damals schoss man auf echte Tauben, die man aus Boxen – „Traps" – fliegen ließ. Seit vielen Jahrzehnten schon wird auf Scheiben aus Ton geschossen. Deren Durchmesser ist standardisiert und die Scheiben sind mit grellem Gelb oder Orange bemalt. Sie werden mit einer Geschwindigkeit von 67,6 Stundenkilometern in die Luft geschleudert. Die Taubenwurfmaschine im sogenannten „Bunker" schwenkt innerhalb begrenzter Winkel von Seite zu Seite und von oben nach unten: Der Schütze kennt die Flugbahn der Tontaube deshalb zwar vage, kann sie aber niemals ganz genau voraussagen.

Auf dem Schießstand geht man rücksichtsvoll miteinander um. Beispielsweise stellt man die eigene Flinte ab, lehnt sie ungeladen in einen Waffenständer, bis man selbst an die Reihe kommt. Zuerst behagt mir diese Sitte nicht, weil mein Gewehr neu und teuer ist. Am offenen Waffenständer kann sich doch jeder an sie heranmachen und Gott weiß was damit tun. Dennoch, der Schießsportverein ist wie ein Verbindungshaus: Gegenseitiges Vertrauen ist elementar. Außerdem ist es unhöflich und widerspricht den Sicherheitsbestimmungen, mit Flinte herumzulaufen, während alle anderen ohne Waffe herumsitzen. Dann muss ich auch zugeben, dass meine 20er-Flinte in Jugendmodellausführung eher etwas lächerlich neben den Waffen dieser gewieften Wurftaubenschützen aussieht: Etliche von ihnen besitzen maßgeschäftete Flinten. Ohne Murren stelle ich also meine Flinte in den Waffenständer.

Während eine Schützengruppe ihre Taubenserie schießt, erzählt Russ, wie Trapschießen funktioniert. Fünf Schützen bilden jeweils eine Gruppe und verteilen sich auf die in einem Halbkreis angeordneten Stände. Der erste Schütze ganz links lädt zwei Flintenpatronen. Dann nimmt er seine Grundhaltung ein und ruft laut: „Hopp!" Daraufhin wird eine Tontaube in die Luft geschleudert. Der Schütze schwingt mit und feuert einen Schuss ab. Dann ruft er nochmal „Hopp!" und feuert auf eine zweite Wurfscheibe. Anschließend tritt er zurück, und die Person rechts von ihm kommt an die Reihe. Sind alle fünf Schützen einmal dran gewesen, wechselt die ganze Gruppe einen Stand weiter. Jeder darf von jedem der fünf Stände zwei Schüsse abgeben.

Bald wird mein Name ausgerufen. Ich hole schnell mein Gewehr. An jedem Stand gebe ich zwei Schüsse ab, ohne eine einzige Scheibe zu treffen. Sogar meine Stimme ist kleinlaut und zittrig, wenn ich „Hopp!" rufe. Das klingt eher nach einer Frage als nach einem Kommando. Als die Serie zu Ende ist, schleiche ich beschämt zum Tisch zurück. Russ klopft mir tröstend auf die Schulter.

„Lily, ich möchte dich mit jemandem bekanntmachen." Neben ihm steht ein älterer, kleiner Herr, der mir seine Hand entgegenstreckt. „Das ist Del, einer der besten Wurfscheibenschützen im ganzen Land."

Del nimmt mich zur Seite, bittet mich, mit der Flinte in den Anschlag zu gehen. Der Hinterschaft sollte dabei sanft am Körper nach oben zur Schulter gleiten. Dann gibt Del mir ein paar Tipps. Einige widersprechen dem, was in den ausgeliehenen DVDs vertreten wird. In den Filmen heißt es, man solle nicht direkt auf die Scheibe zielen, sondern bewusst etwas vor sie, das heißt „vorhalten". Mit anderen Worten muss man anhand von Geschwindigkeit und Flugbahn der Tontaube abschätzen, wo die Scheibe sein wird, wenn die Schrote ankommen, und nicht dorthin schießen, wo sie im nächsten Moment nicht mehr ist. Del winkt ab.

„Nein, nicht vor die Scheibe zielen", sagt er. „So weit weg von der Tontaube bist du nicht. Nimm sie einfach ins Visier und folge ihr etwas mit der Flinte – wir nennen das „Mitschwingen" –und drück dann ab."

Beim nächsten Aufruf begleitet mich Del zum Schießstand und bleibt einige Schritte hinter mir. Als ich an die Reihe komme, atme ich tief ein, nehme meine Flinte in Anschlag und rufe: „Hopp!"

Der „Vogel" fliegt vom Häuschen in die Luft. Ich visiere ihn an, schwinge mit und schieße. Peng! Der Ton zerspringt in viele Stückchen.

„Gut gemacht, Mädchen!", flüstert Del.

„Hopp!" Ich ziele, folge und ziehe ab. Peng! Nichts. Vorbei. Die Tonscheibe fliegt weiter, landet unbeschadet im Wüstenbeifuß. Del nähert sich, flüstert mir etwas ins Ohr.

„Beug deinen Oberkörper etwas vor. Du musst quasi über der Flinte stehen, nicht dahinter."

Ich schieße noch einige Trapserien und treffe unter Dels Anleitung etwa die Hälfte der Tontauben. Er gratuliert mir, und ich bedanke mich für seine Geduld. Im gleichen Monat besuche ich den Schießstand noch etliche Male zum Üben. Del grüßt freundlich und erteilt gelegentlich Ratschläge.

Ich bin überrascht, dass niemand der Herren auf dem Schießstand Jäger ist. Ihnen geht es einzig und allein um das sportliche Schießen, die Jagd interessiert sie nicht. Einige Wochen vor Beginn der Jagdzeit kommen jedes Jahr viele Jäger und Jägerinnen zum Übungsplatz. Ansonsten haben die Herren – und eine Handvoll Frauen – den Schützenverein für sich selbst. Sie organisieren Fahrgemeinschaften, um zu Schießwettbewerben zu gelangen. Sie unterhalten sich animiert und bewundern gegenseitig ihre Waffen.

Nicht selten haben Jäger und auch Nichtjäger ein fast schon „intimes" Verhältnis zu ihren Gewehren. Sie geben ihnen Kosenamen und besitzen oft weit mehr Waffen, als sie jemals brauchen können. Bei der Arbeit schreibe ich einen Artikel über einen Einbruch in La Pine, bei dem einem Ehepaar mehr als 50 Waffen entwendet worden sind. Das Paar hatte ein Zimmer als Waffenlagerraum eingerichtet. Andere Waffenbesitzer wie Scotts Verwandte besitzen geerbte Waffen, mit denen sie nichts anfangen können, wollen sie aber weder verschenken noch verkaufen.

Andy tauft meine Flinte „Die Friedensstifterin", womit er sich über ihre Größe als Jugendmodell lustig macht. Langsam gewöhne ich mich an den Spitznamen, obwohl ich selbst keine emotionale Beziehung zu der Waffe entwickele. Die meisten Leute, mit denen ich jagen werde, tragen elegantere Jagdflinten als die meine. Sie fragen mich, wann ich zum nächsten Modell „aufsteige"? Doch ich bleibe meiner schlichten Flinte treu. Sie reicht vollkommen für meine Zwecke. Ich habe nicht das Bedürfnis, eine Jagdwaffe anzuhimmeln.

Es dauert aber nicht lange, bis ich das Angebot eines Erbstücks von Scotts Vetter akzeptiere, eine Flinte Kaliber 12. Damit kann ich größeres Federwild bejagen. Die Tatsache, dass ich nun eine Wohnung mit zwei Gewehren teile, verdränge ich, so gut es geht.

KAPITEL 5

Von Zuschauerin
zur Akteurin

Schlagartig wache ich auf. Es ist der 1. September, der Tag meiner ersten Jagdtour. Es geht auf Trauertauben. Während ich auf Andy warte, der mich mit seinem Pick-up zum Treffpunkt bringen will, scherze ich mit Scott über die sonderbare Symbolik meines ersten Jagdwildes. Die Taube ist ja das internationale Friedenssymbol (Pablo Picassos Lithographie einer Taube adoptierte man als Emblem des Weltfriedenstreffens 1949 in Paris), und genau darauf jage ich heute.

Erlegen werde ich heute allerdings keine Taube. Ich trage grün-braune Kleidung und nehme eine Wasserflasche mit, aber die Waffe bleibt zu Hause. Strategisch begründen werde ich das damit, dass ich mich darauf konzentrieren will, die Jagdtechniken der anderen zu beobachten. Trotz aller mühevollen Vorbereitung finde ich die Idee, ein Lebewesen zu töten, immer noch schrecklich. Ich will mich von erfahrenen Jägern nicht unter Druck setzen lassen, etwas zu tun, wozu ich noch nicht bereit bin. Schlimmer noch wäre es, wenn ich vor ihren Augen einen Rückzieher machte.

Andy holt mich ab und wir fahren zu einem Bauernhof, wo sich etwa ein Dutzend Jäger treffen werden. Erst später erfahre ich, wie ungewöhnlich es ist, auf einem Privatgrundstück zur Jagd eingeladen zu werden. Das ähnelt fast einem Sechser im Lotto. Kennst du jemanden mit großem, privatem Grundbesitz und erlaubt er dir, dort zu jagen, hast du automatisch zwei Vorteile. Erstens sind relativ viel weniger Jäger unterwegs, als es in öffentlichen Revieren meist der Fall ist. Zweitens ist der Grundbesitzer in aller Regel auch der Jagdführer, und er kennt sein Land und die Wildtiere genau. Er weiß, welche Wechsel und Wege das Wild nimmt, wo seine Einstände sind und wann es sich dort aufhält.

Als wir ankommen, ist das Wetter frisch und klar. Marc, der Grundbesitzer, lädt uns zu einer Tasse heißen Kaffee und einem Stück gekauften Kuchen auf seine Veranda ein. Während Andy mit den anderen Jägern plaudert, probiere ich von dem Kuchen, bin aber zu nervös, um zu essen. Ich gehe ans Ende der Veranda und schaue zum Himmel, ob sich eine Taube zeigt.

Trauer- oder Carolina-Tauben (*Zenaida macroura*) sind Zugvögel, wenngleich einzelne Vertreter auch als Standvögel das ganze Jahr hindurch in der gleichen Gegend bleiben. In Oregon darf man Trauertauben einmal in Jahr etwa einen Monat lang bejagen: im Frühherbst zu Beginn ihres Zuges in Richtung Süden, wo sie in Mexiko, Arizona oder Südkalifornien überwintern.

Die Taubenjagd ist besonders beliebt in den USA. In den 1970er- und 1980er-Jahren erlegten Jäger nach Schätzung der Biologen 50 Millionen Tauben pro Jahr, mehr als von allen anderen Federwildarten zusammen. Trotz der hohen „jagdlichen Abschöpfung" (Biologenjargon für Töten durch Jagd) sind noch reichlich Tauben im Lande vorhanden. Die Ausfälle durch Straßenverkehr, durch

Prädatoren, Krankheit, Unwetter und einige andere Ursachen sind vier- bis fünfmal so hoch wie die Ernte durch die Jagd. Eine Studie aus dem Jahr 1993 schätzte beispielsweise, dass Hauskatzen für 70 % aller Taubenabgänge verantwortlich sind.

In Vorbereitung auf den heutigen Tag habe ich in der Woche zuvor meinen ersten Jagdschein erworben. In den Vereinigten Staaten ist das Wild Eigentum des Bundesstaates, und jeder Staat darf seine eigenen Jagd- und Angelvorschriften erlassen. (Die einzige Ausnahme betrifft die vom Aussterben bedrohten Arten des Bundesartenschutzabkommens, die in der Zuständigkeit des U.S. Fish und Wildlife Service oder der US-amerikanischen Wetter- und Ozeanografiebehörde liegen.) Eine Taube, die sich in meinem eigenen Garten befindet, gehört also nicht mir, sondern dem Bundesstaat Oregon. Wenn ich sie ohne Jagdschein oder außerhalb der Jagdzeit erlege, begehe ich Wilderei und eigne mir Staatseigentum an.

In den 1950er-Jahren fing der U.S. Fish und Wildlife Service an, den Jagdscheinverkauf in den einzelnen Bundesländern zu erfassen und nachzuhalten.[17] Einen Höhepunkt erreichte die Zahl verkaufter Jagdscheine im Jahr 1982, als knapp 16,7 Millionen Amerikaner und Amerikanerinnen die Jagdlizenz erwarben. Seitdem sinkt die Zahl fast jedes Jahr. 2006 gingen etwa 12,5 Millionen Menschen auf die Jagd, 25 Prozent weniger als noch 24 Jahre zuvor, trotz eines Bevölkerungswachstums von mehr als 30 Prozent.

Einen Jagdschein zu bekommen, ist recht einfach. Ich ging in ein Sportgeschäft und legte meinen Führerschein hin. Weil ich seit dem ersten Jahr in Oregon jährlich einen Anglerschein erwerbe, befanden sich meine Personaldaten bereits in der staatlichen Datenbank. Der Sachbearbeiter druckte den Schein aus, ich unterschrieb ihn, zahlte mein Geld und machte mich auf den Heimweg. Das war's!

Als die Morgenluft etwas wärmer wird, führt uns Marc einen Kiesweg entlang zwischen Wacholdern und einem Bewässerungsteich. Er erzählt uns, dass er die Vögel seit einigen Wochen beobachtet und sich ihre Gewohnheiten einprägt. Zurzeit fressen die Trauertauben in den naheliegenden Feldern Körner am Boden. Sie sind hinsichtlich der Ernährung anpassungsfähig und nutzen das reiche Angebot an Samen, Gräsern und Stauden. Jeden Morgen gegen 9 Uhr 30 überfliegen sie die Wacholder parallel des Kieswegs, erklärt er.

Die Jäger verteilen sich entlang des Weges, ich folge Andy. Alle sind damit beschäftigt, ihre Flinten zu laden. Deren Anblick macht mich unruhig. Es gibt zu viele Flinten, um alle im Auge behalten zu können und festzustellen, wohin jede gerade gerichtet ist. Um mich zu beruhigen, schaue ich auf einen kleinen Grashügel am Horizont rechts von mir. Dies lenkt mich nicht wirklich ab, weil ich mir auch wegen der Carolina-Tauben Sorgen mache. Hoffentlich werden einige die bevorstehende Schießerei überleben. Aber woher soll ich wissen, wie viele Überlebende genug sind? Dann mache ich mir Sorgen, dass meine Überlegungen ein Zeichen dafür sind, dass ich nicht zur Jägerin tauge und nie eine wirkliche werde. Wie viele Leute gibt es denn wohl, die morgens in aller Herrgottsfrühe aufstehen, um zur Jagd zu gehen, und sich dann die ganze Zeit Sorgen wegen der Überlebenschancen der bejagten Tiere machen?

Leise flüsternd unterbricht Marc meine Gedanken: „Sie kommen."

Ich kneife die Augen zusammen, um besser in den Himmel schauen zu können: „Wo?"

Ach ja, kaum sichtbare Pünktchen streichen über den Grashügel. Tauben! Ich reiße von meinem Schaumstoff Gehörschutzstöpsel ab und stopfe sie in meine Ohren. Andy lässt den Schaft seiner Flinte sanft am Oberkörper hoch zur Schulter gleiten.

Ein Flug Trauertauben heißt bei uns „dole" oder „dule". Es gibt Gegenden in Südamerika, wo solchen Dules aus Zigtausend Vögeln bestehen können. In Nordamerika sind diese Taubenscharen wesentlich kleiner, vielleicht 100 Vögel stark. Als die Tauben die Bäume direkt vor uns erreichen, merke ich, dass sie nicht mehr flattern, sondern sanft und lautlos durch die Luft segeln, wie in der bekannten Pose auf der Friedensfahne oder auf einer Glückwunschkarte (allerdings ohne Olivenzweig im Schnabel). Andy und die anderen Jäger feuern los. Es kostet mich Mühe, bei jedem schaudererregenden Knall ruhig zu bleiben.

Die Trauertauben sind schnelle, flinke Flieger. Aus dem Segelflug heraus können sie schlagartig wieder flatternd abstreichen. Aus meiner Perspektive zwar schwer zu erkennen, scheinen sie jedoch die Flugrichtung blitzartig zu ändern. Deshalb lieben die Munitionshersteller die Taubenjagd: Jede Jägerin, jeder Jäger muss mehrere Schüsse abgeben, um eine Taube zu treffen. Nachdem einige Minuten später ein paar Vögel aus dem Himmel gestürzt sind, während der Rest des Flugs scheinbar unbeirrt weiterfliegt, lassen die Jäger ihre Flinten wieder sinken. Andy läuft vor in den Wald, um seine Beute einzusammeln. Ich folge ihm. Andys Stimme klingt dumpf. Aha: die Ohrenstöpsel. Ich entferne sie und beruhige mich einigermaßen. Andy meint, eine seiner Tauben sei hier in der Nähe zu Boden gegangen.

Auf einmal fängt die Schießerei von neuem an. Noch ein Flug Carolina-Tauben ist am Himmel erschienen. Andy winkt mit den Armen und ruft: „Hey, passt auf, wir sind hier unten!" Dann erklärt er mir leichthin: „Ich will nur sichergehen, dass nichts passiert." Tatsächlich wirkt Andy völlig unbesorgt. Ganz im Gegensatz zu mir!

„Gefunden", sagt er, langt mit der Hand hin und hebt die Taube auf. „Ich bin ziemlich sicher, ich habe auch eine zweite erwischt", setzt er hinzu.

Wir schreiten weiter, aber anstatt den Blick auf den Waldboden zu richten, starre ich wie gebannt auf die baumelnde Vogelgestalt in Andys Hand. Er hält sie locker, mit dem Kopf nach unten. Das Köpfchen baumelt hin und her wie ein Bällchen an einer schlaffen Schnur.

Andy findet die zweite Taube. Als er sich bückt, um sie aufzuheben, höre ich etwas, das wie schwere Regentropfen klingt. Andy sieht mich erschrocken an.

„Schnell, raus!", sagt er.

Die „Regentropfen" sind Schrotkügelchen, die vom Himmel ins Gelände um uns herum fallen. Das macht Andy nervös. Schnell gehen wir wieder zum Kiesweg. Ich selbst wäre gern gerannt, aber das hätte Andy meine Angst verraten ... Kaum sind wir angekommen, übergibt mir Andy seine Tauben, um ungehindert den nächsten Flug beschießen zu können.

Ich fasse beide Vögel am Hals, der den Durchmesser eines Filzstiftes hat. Beide Tauben sind warm. Abwechselnd hebe ich die Vögel hoch, um sie besser betrachten zu können. Sie sind klein, ihre Augenlider sind blau. Bis auf den Stoß und die Flügel, beides ist schwarz-weiß gefleckt, ist ihr Körper von kleinen und feinen, graubraunen Federn bedeckt. So etwas habe ich nie gesehen. Die Spitzen der breitgefächerten Stoßfedern sind weiß, als hätte man sie in Farbe getaucht.

Andy schießt eine dritte Taube, trifft sie jedoch nicht tödlich. Sie zuckt noch leicht am Boden. Seelenruhig nimmt er die Taube mit beiden Händen und verdreht ihre Kopf, als öffne er ein Glas Marmelade. Im Nu bricht er der Taube das Genick, und alle ihre Glieder erschlaffen abrupt. Mir ist klar, dass Andy richtig handelt, aber seine Sachlichkeit schockiert mich trotzdem. Ich versuche, mir vorzustellen, was für ein Gefühl es wäre, wenn ich mit eigenen Händen einem Vogel den Hals umdrehte. Verglichen damit dürfte das Schießen einer Taube aus einer Entfernung von 20 Metern sogar ein Leichtes sein. Die Entfernung schafft auch innere Distanz, vermittelt das Gefühl, weniger am Geschehen beteiligt zu sein.

Am frühen Nachmittag sammeln sich die Jäger um eine Abfalltonne, um die Vögel abzubalgen. Wir werden sie – wie sich bald zeigen wird – zum Mittagessen verzehren. Ein untersetzter älterer Waidmann mit Bart zeigt mir, wie es geht. Er sucht eine Taube aus der Strecke aus und hält sie auf ihrem Rücken in der Hand.

„Diese Vögel sind so klein, dass es sich nicht lohnt, sie komplett zu häuten", erläutert er.

Ich starre auf den winzigen, perfekten Vogel in seiner Hand. Keine Spur von Blut ist sichtbar, kein Zeichen der tödlichen Schrotkugeln. Mit geschlossenen Augen sieht die Taube friedlich aus. Allerdings ist sie schon kalt.

„Die Brust öffnet man so." Er legt Daumen und Zeigefinger auf beide Seiten des Brustbeins. Den Vogel mit beiden Händen umklammernd, reißt er mit einem gewaltigen Ruck die Brust auseinander. Ich zucke zusammen. Die Haut geht wie ein Reißverschluss auf; es hört sich wie reißender Stoff an. Feste Muskeln sind nun bloßgelegt. Kein Blut ist im Innern zu sehen. Das Fleisch ist purpurfarben, viel dunkler als die Oberschenkel eines Huhns.

„Dann muss man das Fleisch entnehmen", sagt er und nimmt den Vogel wieder auf dem Rücken in die eine Hand, sodass dessen Haut zu beiden Seiten der Hand herunterhängt. Mit der anderen Hand führt er ein kleines Messer am Brustbein entlang, bis sich die eine Brust vom Körper löst. Das dunkle, purpurfarbene Fleischstück – kaum größer als ein Chicken Nugget – wirft er in eine Schale aus Edelstahl, die bereits halb voll ist von den Taubenbrüsten der anderen Jäger. Einige der Filets zeigen dunkle Flecken – die Einschusslöcher von Schrotkugeln. Sind die Kügelchen entfernt, ist das Fleisch absolut in Ordnung.

„Und damit hast du die ganze Kunst", kommentiert mein Unterweiser und macht sich gleich an die nächste Taube, deren Brüste auch bald den Weg in die Schale finden. Der Rest der Vögel landet in der Abfalltonne. Dann wischt sich der Mann Hände und Messer an einem kleinen Tuch ab.

„Fängt man mit dem Rest gar nichts an?", frage ich mit einem Blick auf den Haufen halb geernteter Vogelleichen im Eimer.

„Ach was. Es ist ja kein Fleisch mehr daran", bemerkt einer der anderen Jäger.

„Na, dann", sagt mein „Lehrer" und reicht mir eine Taube herüber. Ich packe die Brust mit beiden Händen zu beiden Seiten des Brustbeins, dann schaue ich zu ihm hinauf.

„Einfach auseinanderreißen?"

„Genau!"

Mit einem scharfen Ruck ziehe ich die Hände auseinander und bin überrascht, wie leicht sich die Haut trennt. Sie ist nicht dicker oder fester als ein Eichenblatt. Wie kann ein so zerbrechliches Lebewesen im harten Alltag der Natur bestehen?

Der bärtige Mann nickt anerkennend und reicht mir sein Messer. Mit dessen Spitze schneide ich von oben nach unten durch die Brust entlang des Brustbeinkamms. Zufrieden, dass ich den Schnitt richtig führe, befasst sich der Mann selbst mit einer anderen Taube und öffnet deren Brust.

Bis ich mit meiner zweiten Taube halbwegs zurechtgekommen bin, haben die anderen paar Jäger die ganze Taubenstrecke von insgesamt ungefähr 30 Vögeln versorgt.

Marc trägt die Schüssel mit den Taubenbrüsten in die Küche. Dort schneidet er das Wildbret in Stücke, mischt es mit zerkleinerten Hühnerschenkeln und brät alles unter Rühren in einem Wok kurz an. Eine halbe Stunde später sitzen wir in der Sonne und essen mit den Händen das in Salatblätter eingewickelte und mit Sojasoße reichlich gewürzte Fleisch mit knackigen Reisnudeln. Anfänglich noch etwas zaudernd, stelle ich sofort fest, wie köstlich die Mahlzeit ist.

Auf der Heimfahrt gibt mir Andy seine Enttäuschung über das Essen zu verstehen. „Wir konnten das Taubenfleisch selbst gar nicht schmecken vor lauter Soße und Hühnerfleisch", meckert er.

Ich dagegen behalte für mich, dass ich nach dem „Schlachten" der Tauben keinen rechten Appetit mehr hatte. Eigentlich war ich auch dankbar, dass der Geschmack nicht exotischer als der von Hühnerfleisch war, denn das ist seit langem mein „Trostessen".

Ich starre aus dem Fenster und frage mich wieder einmal, ob ich wirklich das Zeug zum Töten eines Tieres habe. Vor knapp zwei Generationen hätte fast jede Amerikanerin diese Frage vor ihrem 27. Lebensjahr längst beantwortet. Auch diejenigen, die nicht auf einem Bauernhof oder einer Rinderfarm lebten, hatten mit eigenen Augen gesehen, wie der Metzger das bestellte Fleisch in der Metzgerei in küchenfertige Kotelettes zerlegte und z. B. zu Hamburgern zerhackte. An der blutigen Schürze konnten die Kunden erkennen, welche Arbeit vorausging. In kürzester Zeit haben wir uns von den unschönen Details der Wahrheit über das, was wir essen, weit distanziert.

Mehr als 96 Prozent aller Amerikaner und Amerikanerinnen – also rund 298 Millionen – essen in einer Woche zumindest ein Stück Fleisch. Die meisten von uns essen sogar täglich mehrmals Fleisch: Räucherspeck zum Frühstück, Sandwiches mit Putenbrust zum Mittagessen, Trockenfleisch als kleinen Zwischendurchimbiss, gegrillte Hühnerbrust zum Abendessen.

Amerika züchtet und schlachtet jährlich an die zehn Milliarden Nutztiere zu Ernährungszwecken – mehr als eine Million jede Stunde. Das sind etwa 300 Gramm Fleisch pro Person und Tag und fast 110 Kilogramm pro Person jährlich – etwa das Doppelte meines Körpergewichts. Es ist auch doppelt so viel wie der internationale Durchschnitt. Der amerikanische Durchschnittsbürger verzehrt heute jährlich 80 Pfund Fleisch mehr als im Jahre 1942.

Unsere Fleischgier hat das Gesicht der Erde global verändert. Rechnet man das Gesamtgewicht aller Landtiere auf Erden – also auch von z. B. Affen, Mäusen, Elefanten usw. – zusammen, ergibt sich ein überraschendes Bild: Das Nutzvieh macht ein Fünftel des Gesamtgewichts aller landlebenden Tiere aus. 30 Prozent der Landmasse dient heute der Nutzviehzucht, sei es als Weideland oder zum Anbau von Futter für diese Tiere. Vor nicht allzu langer Zeit war das alles Naturlandschaft, Lebensraum für Wildtiere und Naturpflanzen. Damit ist die Viehzucht eine Hauptursache des Artensterbens. Im Durchschnitt sterben drei Arten pro Stunde aus. Die fleischverarbeitende Industrie ist auch eine Hauptursache der Entwaldung, für Bodenerosion und für Wasserverschmutzung. Sie ist verantwortlich für 18 Prozent aller Treibhausgasemissionen, verursacht also mehr Treibhausgase als das gesamte Verkehrswesen. Die Züchtung von nur gut 100 Gramm Rindfleisch – das Gewicht eines Happy-Meal-Hamburgers bei McDonald's – verursacht ungefähr so viel Kohlenstoffdioxidausstoß wie eine Limousine während einer Fahrt von knapp 29 Kilometern ausstößt. Nicht eingerechnet ist der Benzinverbrauch für die Fahrt zum Drive-in von McDonalds.

Wenn du kein Wildbret oder selbstgezüchtetes Fleisch verzehrst, kannst du dich darauf verlassen, dass das Tier, dessen Fleisch auf deinem Teller landet, ein qualvolles Leben in großer Enge hinter sich hat. In seiner vegetarischen Abhandlung *Eating Animals* (2009) schreibt Jonathan Safran: „Wenn jemand einen Film über die Herstellung vom Verpackungsfleisch drehte, wäre durchaus zu erwarten, dass der Film in den Topliste der Horrorschocker ganz oben stünde." Immerhin kann man ohne weiteres in den USA ein sattes, zufriedenes Leben führen, ohne jemals daran denken zu müssen, woher das Fleisch eigentlich kommt. Als Fleischesserin von Kindesbeinen an spüre ich eine moralische Verpflichtung, die unbequeme Wahrheit, die der menschlichen Ernährung innewohnt und die schon vor Beginn der industriellen Nutzviehhaltung existierte, auszusprechen und auch persönlich zu erleben. Was ich meine, ist das Sterben des Tieres.

KAPITEL 6

Volltreffer!

Als ich von einem Jagd-Seminar der zuständigen Behörde in Oregon erfahre, melde ich mich unverzüglich. Es ist Teil einer Reihe von Workshops zu Themen wie Angeln, Zelten, Paddeln mit dem unglücklich gewählten Titel „Becoming an Outdoors Woman" (Wie frau zur „Naturburschin" wird). Das Seminar richtet sich an ein weibliches Publikum mit wenig oder gar keiner Erfahrung in Naturaktivitäten. Gegen eine Gebühr von 40 US-Dollar darf eine Frau mit Hilfe einer erfahrenen ehrenamtlichen Begleitperson einen echt lebenden Fasan bejagen. Die Begleiter sind ausschließlich Männer mit gut ausgebildeten Jagdhunden. Wie bei der Taubenjagd geht es mir hier um praktische Jagderfahrungen. In erster Linie will ich mir in diesem Fall ein klareres Bild darüber verschaffen, was notwendig ist, um Wild in freier Bahn aufzuspüren und zu erlegen. Einen Fasan tatsächlich auch zu schießen, wäre natürlich ein Plus. Oder aber ein Fluch, wenn mich anschließend, was nicht auszuschließen ist, ein tiefes Schuldgefühl plagen sollte.

Der Workshop beginnt morgens um acht Uhr und findet in einem barackenähnlichen Gebäude aus Beton statt. Dort essen wir Donuts, trinken Kaffee und lauschen einem Beamten der Wildtierbehörde, der die Sicherheitsmaßnahmen für Jägerinnen und Jäger referiert. Dann zeigt er Fotos von Fasanen und erklärt, wie man Hähne und Hennen unterscheiden kann. Das ist wichtig, denn erlegt werden dürfen nur die Hähne, Hennen sind zu schonen: Sie sollen Eier legen und Nachwuchs großziehen. Wie es bei Flugwildarten oft vorkommt, sehen die beiden Geschlechter aus, als ob sie nicht einmal der gleichen Gattung angehörten. Die Hähne sind farbenprächtig: Ihre Köpfe schimmern türkisfarben, ihre Augen sind scharlachrot umrandet – das sind in der Jägersprache die „Rosen" –, ihren Hals ziert ein weißer Ring und ihr übriges Gefieder ist bunt und blau, braun, lila, kupferrot und weiß gesprenkelt. Der sogenannte Stoß beider Geschlechter besteht aus langen und spitz zulaufenden Schwanzfedern mit einer auffälligen Querbänderung. Der Stoß des Hahns ist länger als der der Henne.

Der Referent gibt uns sonst keine Information über das Tier mit, sodass ich erst zu Hause erfahre, dass Ringfasane (*Phasianus colchicus*) ursprünglich aus Asien stammen. Heute kommen sie jedoch fast überall auf den Flächen der Landwirtschaft vor, auch wenn mancherorts seit den 1960er-Jahren ein Populationsrückgang festzustellen ist. Laut Wildbiologen fehlen ihnen die unbewirtschafteten Ackerrandstreifen, die sich in früheren Zeiten einer kleinparzellierten amerikanischen Landwirtschaft oft zwischen den bestellten Schlägen fanden. Der heutigen, auf maximalen Ertrag ausgerichteten, industrialisierten Agrarwirtschaft sind diese Randstreifen und damit wichtige Bruthabitate und Deckungsräume für die Fasane zum Opfer gefallen.

Der Workshop führt uns dann nach Südoregon in das Klamather Wildreservat, das dem Bundesstaat Oregon gehört und besonders viel Flugwild beherbergt. Einige Fasane leben hier in freier Wildbahn, wir jedoch werden heute hauptsächlich auf Fasane jagen, die in Gehegen gezüchtet und in der Woche zuvor im Rahmen eines ähnlichen Workshops ausgesetzt worden sind.

Unser erstes Ziel ist ein nahe gelegenes Feld, auf dem ein Übungsschießen auf Tontauben stattfindet. Danach gehen wir in kleinen Gruppen hinaus, um echte, lebende Vögel zu suchen. Am Anfang fühlt sich der Morgen so an wie damals bei der Taubenjagd, als ich nervös, aber doch auch neugierig war. Aber natürlich ist es diesmal anders, denn ich trage wie die anderen eine Flinte. Ein anderer kleiner Unterschied ist die Tatsache, dass mit Ausnahme der Jagdführer alle anderen Frauen sind. Trotzdem habe ich immer noch nicht das Gefühl, dazuzugehören. Den ganzen Vormittag geht mir der Gedanke durch den Kopf: So wie diese Leute bin ich nicht. Mag sein, dass die anderen Frauen auch nicht wissen, was sie tun, aber ihnen scheint es nicht an Selbstvertrauen zu mangeln: Sie halten das, was sie tun, für gut und richtig. Ihre Konzentration spiegelt sich in ihren Gesichtern wider. Jede wirkt entschlossen, einen Fasanenhahn mit nach Hause zu nehmen. Ich aber zweifle immer noch, ob ich überhaupt mit von der Partie sein soll.

Wir wandern einen Wirtschaftsweg entlang, klettern über einen Stacheldrahtzaun und laufen auf einem schmalen Weg einen kleinen, mit Bäumen bewachsenen Hügel hinauf, den unser Jagdführer Gerry vielversprechend findet. In einer auseinandergezogenen Linie und alle auf einer Höhe gehen wir dann langsam vorwärts, sodass sich niemand in der Schusslinie befindet, wenn ein Fasan auffliegt. Meine Angst, von einem verunglückten Schuss getroffen zu werden, ist dennoch akut. Ich bin am Ende der Reihe und habe drei Frauen zu meiner Rechten. Mühelos male ich mir ein Katastrophenszenario aus. Was ist, wenn ein Fasanenhahn links von mir aufflattert, eine eifrige Jägerin sich blitzschnell dahin dreht und feuert, ohne mich zu sehen? Was ist, wenn ein Hahn zwischen mir und der Jägerin rechts von mir auffliegt, und wir nehmen uns gegenseitig unter Feuer? Meine wilde Fantasie kann ohne Ablenkung alle möglichen Missgeschicke durchspielen, denn nach einer Stunde haben wir immer noch keinen Fasan gesehen.

Auf halber Höhe des Hügels werde ich dann in meinen Vorstellungen gestört. Zu meiner Rechten schlägt Hündin Tessas Rute plötzlich wild hin und her, und Gerry ist auch ganz aufgregt. Ehe mir klar wird, was los ist, höre ich eine Art lautes Kreischen und Flattern im hohen Gras vor uns. Wie Phönix aus der Asche fliegt ein riesiger Vogel in die Luft.

„Ein Hahn!", ruft Gerry. „Schießen!" Ich nehme die Flinte von meiner Schulter, hebe ihren Hinterschaft an meine Schulter und merke erst dann, dass ich sie mit dem Schaftrücken nach unten halte!

Peng!

Ich bin nicht einmal ansatzweise zum Schuss bereit, da hat Lori den Fasanenhahn bereits erlegt. Die Beute plumpst in das Gras, Tessa trabt zu ihr hin.

„Ach wie schön! Gut gemacht!" Die Jägerinnen sammeln sich bei Lori. Tessa gibt den Vogel sanft in Gerrys Hand aus. Der wirft den Fasan etwa einen Meter vor die andere, etwa zehnjährige Jagdhündin namens Teesha. Auch sie nimmt den Vogel in den Fang und apportiert ihn stolz. Gerry nimmt Teesha den Hahn ab und überreicht ihn der erfolgreichen Schützin.

Lori bestaunt ihre Beute kurz und stopft sie dann in die große Tasche auf der Rückseite ihrer Jagdweste. Die Krallen des Hahns und das Ende seines Stoßes ragen seitlich heraus. Wir richten uns neu aus und laufen weiter. Um dieses Mal vorbereitet zu sein, trage ich meine Flinte horizontal vor dem Oberkörper.

Fasane sind keine guten Flieger und versuchen deshalb, solange es geht, einer Gefahr zu Fuß am Boden zu entkommen. Das macht es Jagdhunden recht leicht, sie aufzuspüren, weil die Fasane eine duftende Spur, ein sogenanntes Geläuf, am Boden hinterlassen. Fliegt der Vogel am Ende doch schwerfällig auf, verursacht das angestrengte Schlagen seiner Flügel ein lautes Geräusch, laut genug, um Wanderer zu erschrecken ... oder eine unkonzentrierte Jungjägerin aus ihren Tagesträumen zu reißen!

Hin und wieder sieht Gerry, wie ein Vogel im weiten Gebüsch landet, ohne dass seine Hündinnen es bemerken. Dann zieht er eine schlanke Pfeife aus der Tasche und bläst hinein. Der Ton ist für Menschen unhörbar, aber die Wirkung auf die Hündinnen folgt sofort: Sie bleiben abrupt stehen und drehen sich zu ihm um. Wenn Gerry dann mit dem einen Arm in Richtung des Vogels zeigt, ziehen sie sofort in die angegebene Richtung ab.

Dabei muss ich an meine Haushündin Sylvia denken. Ich entdeckte sie in einer Hundeauffangstation und nahm sie mit nach Hause, kurz nachdem ich zu Scott gezogen war. Sylvia ist ein schwarzer Köter mit dem ausgesprochenen Instinkt eines Retrievers: Nichts macht ihr mehr Spaß, als einen Ball oder Frisbee zu fangen und heranzuschleppen. Auf bestimmte Kommandos – Sitz!, Platz!, Hier!, Bleib!, Fuß! – reagiert sie schon richtig. Die Zeitung holt sie auch jeden Morgen und schleppt sie ins Haus. Aber vorstehen kann sie trotz wiederholter Übungsversuche nicht. Wenn ich ein Reiskorn auf den Boden falle lasse und mit der Hand darauf zeige, berührt sie nur mit der Schnauze meine Hand. Am Boden muss ich mit dem Finger direkt auf das Reiskorn deuten, ehe Sylvia das Reiskorn sieht und frisst.

Jagdhunde brauchen fünf bis sechs Jahre Training, bevor sie ihren Leistungshöchststand erreichen. Als Hundebesitzerin, die unzählige Stunden mit der vergleichsweise schlichten Abrichtung ihrer Hündin verbracht hat, bewundere ich Teesha und Tessa. Ich kann mir nicht vorstellen, wie ich Sylvia so weit bringen könnte, den lauten Knall eines Schusses zu ertragen. Während wir weiterziehen, frage ich Gerry, wie er seinen beiden Deutsch-Kurzhaar beigebracht hat, den Knall zu ertragen.

„Es ist leicht", antwortet er. „Jeder Hund kann lernen, die Angst vor dem Schuss zu überwinden. Alles, was dazu gehört, ist unerschütterliche Geduld und – wie ich gerne sage – strenge Liebe."

„Dazu gehören allerdings zwei Menschen", beginnt er seine Erklärung. „Man macht es so: Die eine Person schlägt zwei Töpfe genau in dem Augenblick zusammen, in dem die andere die Schüssel mit Hundefutter auf den Boden stellt. Erschrickt der Hund und läuft er weg, entfernt man das Hundefutter sofort wieder. Diese Fütterung fällt dann aus. Bei der nächsten Fütterung probier es erneut."

Da stelle ich mir Sylvia vor, ausgehungert und total erschreckt. Ich atme tief ein, um nicht sofort mit scharfem Protest herauszuplatzen, und frage so ruhig wie möglich: „Und wenn der Hund es nicht kapiert?"

„Ich habe noch nie erlebt, dass ein Hund mehr als drei Anläufe brauchte", erwidert Gerry und fährt mit seiner Erklärung fort.

„Sobald sich der Hund an den Lärm der Töpfe gewöhnt hat, wechselt man zum Gewehr über. Dasselbe Spiel: Während der eine die Futterschüssel vor den Hund stellt, feuert der andere einen Schuss mit einem Luftgewehr oder einer Luftpistole ab, später dann nimmt man kaliberstärkere und deutlich lautere Waffen."

Bei diesem Vorgehen werde der Hund, so Gerry, für seine Überwindung der Angst und seine zunehmende Schussfestigkeit mit einer vollen Futterschüssel und dem Lob des Rudelchefs oder der Rudelchefin belohnt.

„Ich weiß, wie grausam sich das vielleicht anhört", gibt Gerry zu, „aber es funktioniert recht gut. Bald verbindet der Hund das Flintenschießen mit etwas Positivem."

Mir erscheint das Vorgehen wie eine Rambo-Version von Pavlov bei seinen Versuchshunden. Wie gut sie klappt, belegt allerdings das bewundernswerte Verhalten von Tessa und Teesha. Sie reagieren nicht nur angstfrei auf die Schüsse, sondern werden so freudig erregt, wenn die Schießerei startet, dass sie quiemen und jaulen, bis sie endlich losdürfen. Die beiden Hündinnen machen den Jagdausflug für mich in der Tat viel angenehmer, als ich ihn mir vorgestellt hatte. Sie sind leidenschaftlich bei der Sache und glücklich und stecken mich regelrecht an. Vor allem wenn sich die eine oder die andere mit wedelnder Rute zu mir gesellt. Der Jagdinstinkt steckt ihnen in Mark und Bein. Dieser Hündinnen erleben Jagd, Mensch – und Gewehr! – als enge Verbindung und können mir durchaus als Vorbild dienen.

Ein Hund ist auf der Jagd von unschätzbarem Wert. Mir wird bald klar, dass unsere Jagd mit den Hunden viel effektiver und gezielter abläuft als ohne. Ohne Hunde müssten wir eine riesige Fläche systematisch Meter für Meter ablaufen in der Hoffnung, einen Vogel hochzumachen. Die Deutsch-Kurzhaar-Hündinnen halten nur die Nase in den Wind und können einen Vogel auf über eine halbe Meile Entfernung wittern. Ihr Stummelschwanz pendelt langsam, wie der Lautstärkeanzeiger an einem leise spielenden Stereoverstärker. Die Hündinnen suchen in weiten Bögen, bis sie ein Fasanengeläuf am Boden ausfindig machen. Dann laufen sie kreuz und quer, die Nase dicht am Boden, und ihre Ruten schlagen immer heftiger, je näher die Hunde ihrem Ziel kommen.

Auf die Ruten der Hunde achten Jäger besonders aufmerksam, denn sie signalisieren deren Erregungszustand und damit ihnen selbst, in welche Richtung sie sich bereithalten, wann sie die Flinten bereithalten und wann sie endgültig schussbereit sein müssen.

Nähern sie sich einem Fasan, suchen Gerrys Hunde mit tiefer Nase und wild wedelnden Ruten einen zunehmend begrenzteren Bereich ab. Hat eine Hündin den Fasan gefunden, steht ihre Rute schlagartig still, verharrt vollkommen bewegungslos – der Hündin steht den Fasan vor.

Ein guter Vorstehhund blickt dem Vogel direkt in die Augen, erläutert Gerry. Bleibt eine der Hündinnen regungslos stehen, tut das normalerweise auch der Vogel, gleichsam vor Angst gelähmt. Sind wir Jägerinnen, die in passender Entfernung zum Fasan stehen, schussbereit, schickt Gerry die Hündin voran und sie scheucht den Vogel dann auf. Der Fasan hebt dann unter lautem Flügelschlagen in die Luft, die Beine und Füße – in der Jägersprache „Ständer" – hängen anfangs noch herunter, der Stoß ist breit gefächert. Uns bleiben nur wenige Sekunden für den Schuss, ehe der Fasan außer Schussweite ist. Er fliegt dann gewöhnlich einige 100 Fuß weit weg, ehe er zu Boden gleitet und im Gebüsch verschwindet. Eine ganze Reihe von Faktoren – Fasan, Hund, Jägerin, Flinte – müssen harmonisieren, damit wirklich ein Fasan zur Strecke kommt.

Wir stiefeln gerade durch hohes, sumpfiges Gras, als Tessa einen im Straßengraben versteckten Fasan findet. Sie steht den Vogel so lange vor, bis Nancy und ich endlich bei ihr sind.

„Geht an den Tules da vorbei", flüstert Gerry, Tessa fest im Blick behaltend.

Nancy und ich gehen langsam auf die Hündin zu. Sobald uns Gerry nicht mehr hören kann, frage ich Nancy leise: „Was sind ,Tules'?"

„Keine Ahnung", lautet ihre Antwort.

Wir kichern beide. Zum ersten Mal fühle ich mich etwas entspannter. Vielleicht habe ich doch etwas gemeinsam mit diesen Jägerinnen.

Gerry streckt seine Hand aus, das Signal für uns stehenzubleiben. Wir lassen die Flinten an die Schultern gleiten.

„Entsichern", zeigt Gerry durch eine Geste an.

Ich lege den Daumen meiner rechten Hand an den Sicherungsschieber, zögere dann aber. Dunkel erinnere ich mich an eine Regel aus dem Sicherheitskurs: Entsichert wird immer erst unmittelbar vor dem Schuss, das heißt, erst wenn das Wild auffliegt. Aber Gerry weiß viel mehr als ich. Vielleicht hat er Recht.

Ich schiebe den Sicherungsschalter auf „Feuer frei". Dann stehe ich still, während Gerry zum x-ten Mal fragt, ob wir feuerbereit sind.

„Wenn ich Tessa loslasse, habt ihr für den Schuss nur drei Sekunden", erklärt er.

„Schussbereit", sagen Nancy und ich gleichzeitig. Am liebsten würde ich hinzufügen: „Jetzt mach schon!" Aber ich habe Angst, dass ein einziges Wort meine Konzentration stören könnte.

Das Gewehr scheint immer schwerer zu werden. Den Vorderschaft fasse ich mit der linken Hand so fest, dass der Arm zu zittern anfängt. Und dass ich die rechte Wange fest an den Hinterschaft presse, um die Flinte zu fixieren, trägt nicht gerade zur Entspannung bei.

Plötzlich höre ich Geraschel und prasselndes Flügelschlagen. Mit ausgestrecktem Kopf und weitaufgerissenen Augen steigt der Fasanenhahn vor mir auf. Ich lege den rechten Zeigefinger leicht an den Abzug, wie Del es mir beigebracht hat. Dann drücke ich ab.

Peng!

Mit einem dumpfen Schlag fällt der Hahn etwa 20 Fuß vor mir auf die Erde zurück. Einige Federn schweben dem Vogel sanft hinterher. Es war ein sauberer Volltreffer.

Schießpulvergeruch schwebt in der Luft. Zum ersten Mal merke ich, wie es leicht lieblich riecht.

„Hurra!" Das sind Jubelrufe von Lori und Debra, die weiter weg auf der kleinen Straße stehen. „Glückwunsch!", schallt es mir entgegen, als sie durch hohes Gras auf uns zulaufen. Das nasse Grün hinterlässt dunkle Wasserstreifen auf ihren Hosen.

Tessa springt zu dem Fasan, nimmt ihn auf und dreht eine Ehrenrunde um uns herum. Nancy und ich klatschen uns ab, dann schüttelt Gerry uns die Hände. Lachende Gesichter um uns herum.

Auf sein Signal gibt Tessa Gerry den Fasan aus. Er überreicht ihn mir. Ich spüre, wie schmal und warm sich der Hals des Vogels, der „Stingel", in meiner Hand anfühlt. Das Gefieder ist schillernd bunt: grün, blau, violett, rot, weiß, braun, schwarz. Das gesamte Farbenspektrum scheint vertreten zu sein. Aus irgendeinem Grund sind es jedoch die Füße, die mich vor allem faszinieren: Die blaugraue, runzlige Haut scheint wie über ein feines, biomechanisches Gestell gezogen und wirkt wie die eines Reptils. Sie ist jedoch überraschend zart. Krallen, Zehen und Gelenke sind durch ein feines und flexibles Gewirk aus Haut, Muskeln und Sehnen verbunden. Ich drücke mit dem Finger gegen die Unterseite einer der Krallen, und daraufhin biegt sich der Zeh auf geradezu anmutige Weise an zwei Stellen. Diese Reaktion kenne ich von meinen eigenen, deutlich fleischigeren Zehen. Der Fasan ist echt. Und mir nicht ganz unähnlich, denke ich bei mir.

100 Mal habe ich mir diesen Moment vorgestellt, 100 Mal habe ich ihn in Gedanken durchlebt. Jedes Mal sollte das Erlegen selbst rasch und vollkommen unkompliziert geschehen: Der Fasan fliegt auf, wird entdeckt und totgeschossen. Peng. Ein einziger Schuss. Ein Volltreffer. Meine nachträglichen Gefühle würden in meiner Vorstellung wohl etwas komplizierter ausfallen. Ich habe mich gefasst gemacht auf ein kräftiges Gefühlsgemisch aus Aufregung, Stolz, Schuldgefühl, Traurigkeit und auch einer Dosis Ekel. Ich war immer unsicher, wie ich damit fertig werde.

Am Ende lief es dann eher andersherum, stelle ich im Nachhinein fest: Nancy und ich visierten den Fasan gleichzeitig an und schossen simultan. Somit werde ich nie unbezweifelbar wissen: War mein Schuss der Volltreffer? Überraschend und einzigartig war aber mein Empfinden, als ich den Fasan mit überraschend langsamem und fast graziösem Flattern vom Himmel stürzen sah. Das war unverfälschte Ekstase.

Erst Wochen später, nachdem der Fasan längst verspeist ist, steigt in mir der Zweifel hoch. Zuerst leise nagend, lässt er mich ahnen, dass doch etwas irgendwie nicht stimmt. Aber es nicht der Zweifel, den ich erwartet habe, keine Reue über den Todesschuss, kein schlechtes Gewissen wegen der Freude daran … Auch solche Gefühle kommen einmal auf, aber erst Monate später, als ich eine Styroporkugel in Weihnachtsschmuck verwandele und Federn daran klebe.

Nein. Dieses erste zweifelnde Nagen bezieht sich auf die Möglichkeit, dass nicht mein Schuss den Fasan getötet hat, sondern vielleicht Nancys Schuss der Volltreffer gewesen ist. Vielleicht habe ich nur gleichzeitig mit ihrem – tödlichen – Schuss abgedrückt und lediglich Löcher in die Luft geschossen. Ich bin echt überrascht, wie sehr ich mir wünsche, die erfolgreiche Jägerin zu sein, die dem Fasan das Leben genommen hat.

Auf der Heimfahrt halte ich beim Kaufhaus Walmart an und kaufe eine Styroporkühlbox und einen Eisbeutel. Die Kühlbox stelle ich auf den Rücksitz, tue den Eisbeutel hinein und lege meinen in zwei Plastikeinkaufsbeutel gewickelten Fasan vorsichtig oben darauf. Eis und Vogel ragen zu weit hoch, um den Deckel der Box richtig schließen zu können, sodass ich alles wieder auspacken muss. Ich reiße den Eisbeutel auf und entleere ihn zur Hälfte auf eine Wiese. Halbvollen Beutel wieder in die Box, dann darauf den Fasan mit dem Rücken nach unten und zuletzt den Deckel wieder auf die Box.

Während der langen Heimfahrt lasse ich die Szene des letzten Schusses vor meinem inneren Auge immer wieder wie einen Film ablaufen. So viele Ereignisse und Geschöpfe fügten sich zu einem perfekten Moment zusammen: Tessa mit ihren in über einem Jahrtausend ausgebildeten Instinkten; mit ihren in über 100-jähriger

Zucht ausgebildeten Fähigkeiten; ihrer eigenen sechsjährigen Ausbildung. All das ist die Grundlage ihres jetzigen Vermögens, einen Fasan aufzuspüren und ihn vorzustehen, bis ich schussbereit war.

Ich wiederum war genau am richtigen Platz zur richtigen Zeit. Der Fasan war am genau falschen Platz zum genau richtigen Zeitpunkt. Irgendwie fand ich den Mut, den Schuss abzugeben. Was mich an alldem aber am meisten wundert, ist die Tatsache, dass ich das Tier tatsächlich erlegte oder zumindest beschoss. Irgendjemand schlug Metalltöpfe zusammen, und ich bin nicht weggelaufen. Ich erschrak nicht. Ich blieb schussfest am Platz stehen.

In Nachhinein kommt mir das wie ein Wunder vor. Dann die Erleichterung. Beim Gedanken an den guten Ausgang meiner Jagdpartie breitet sich in meinem ganzen Körper ein Gefühl der Wärme aus, ähnlich dem beim Adrenalinabbau unmittelbar nach dem Ende einer rasanten Achterbahnfahrt. Alle sind gottlob heil zu Hause angekommen.

Bis vor wenige Wochen hatte ich niemals eine Flinte getragen. Nun habe ich einen Fasanenhahn erlegt und werde ihn bald zum Abendessen zubereiten. Ich kurbele die Autofenster herunter, drehe die Lautstärke des Autoradios voll auf und singe aus vollem Hals die Songs mit.

Anfängliche Euphorie, wie ich später erfahren werde, ist nicht unüblich bei Jungjägern. Fast jeder Waidmann, den ich befrage, berichtet von einem überraschenden Gefühl der Euphorie. Beispielsweise berichtet Michael Pollan in *The Omnivore's Dilemma*, wie ihn das Gefühl überwältigte, nachdem er einen Keiler erlegt hatte. Er beschreibt eine Aufwallung von Stolz, dann Erleichterung und schließlich überwältigende Dankbarkeit. „Das Wildtier", schreibt er, „war ein Geschenk – von wem oder woher, weiß ich nicht – aber … Dankbarkeit war das dominante Gefühl."

Je mehr ich jage, desto mehr stelle ich fest, dass keine nachfolgende Beute – auch die unter wirklich beschwerlichen Umständen erpirschten nicht – ein solch pures Hochgefühl verursacht wie die erste. Dennoch verschafft jeder Jagderfolg ein tiefes Gefühl der Genugtuung. Langsam begreife ich, dass das sogenannte Bockfieber – der aufgeregte Gemütszustand kurz vor und nach dem Schuss – süchtig machen kann.

Einige unserer besten Schriftsteller von Hemingway über Faulkner und viele andere haben das Thema Jagd behandelt. Aber erst meine eigenen Erfahrungen öffnen mir die Augen für das in der Literatur beschriebene geheimnisvolle Gefühl der Zufriedenheit, das eine erfolgreiche Jagd verschafft. Herman Melville gelingt es zum Beispiel auf 822 Seiten in *Moby Dick* kaum, zu erklären, warum Kapitän Ahab mit solch leidenschaftlich bösartiger Besessenheit auf Waljagd geht, insbesondere auf die Jagd nach dem weißen Pottwal Moby Dick. Die Jagd ist für Ahab eher eine Sucht als ein Sport oder ein Beruf. In einer beachtenswerten Szene legt er dem Seemann Starbuck gegenüber das Geständnis ab, dass seine besessene Zielstrebigkeit sein Leben zermürbt und seine Ehe zerstört hat: „Jawohl, vom Hochzeitstag an war das arme Mädel bereits Witwe. Und dann der Wahnsinn, die Raserei, das aufbrausende Blut, die verdunkelte Stirn, die selbst den alten Ahab immer wieder noch beim Zu-Wasser-Lassen des Fangboots begleiteten, wenn er – mehr Dämon als Mensch – wütend schäumend seine Beute verfolgen wollte!" Genau so habe ich mir alle abenteuerlichen Jäger vorgestellt, denen ich in Büchern begegnet bin: suchtgeplagte Menschen, die ich niemals verstehen könnte.

Doch schon nach dem Erlegen eines einzigen Fasans begann ich, anders über diese literarischen Charaktere und ihre Reaktionen auf die Jagd zu denken.

Mein eigenes Hochgefühl nach dem ersten Jagderfolg war, so denke ich nun, aus Befriedigung und Staunen gespeist. Dank der Popularität des Gartenbaus kennen viele Amerikaner und Amerikanerinnen eine Spielart dieser Grundgefühle. In einer seiner Geschichten über die fiktive Stadt Lake Wobegon beschreibt der Autor Garrison Keillor anschaulich und eindringlich das Gefühl eines Kindes, das eine selbst angebaute Tomate erntet:

„Wir alle machen unangenehme Erfahrungen als Kinder. Jemand schaut dich an und sagt: ‚Du siehst aber komisch aus. Deine Augen sind komisch …‘ Das hinterlässt einen empfindlichen Schaden, dein kleines Herzchen ist geschädigt. Und diese Schande überwindest du nie ganz. Wenn du aber dieses wunderbare Ding – diese Tomate, diese vollkommene Tomate – anbauen kannst, und du hältst sie dann auf Armeslänge und sie riecht selbst auf diese Distanz perfekt; und du isst sie, genießt sie gewürzt mit frischem Basilikum und belegt mit einem Stückchen Käse; oder streust etwas Zucker darauf oder garnierst sie vielleicht mit einem Hauch französischer Salatsoße – dann gelangst du zu der Einsicht: Diese Tomate ist so gut wie jede andere Tomate auf der ganzen Welt. Und alles, was die preisgekrönten Chefs von New York oder Paris oder London noch hinzutun könnten, wäre nichts anderes als Tünche, nur geschmackliches Zukleistern. Du erkennst, dass die meisten ausgefallensten Gewürze und Soßen und Marinaden, die jemals in der ganzen Welt entwickelt wurden, irgendwie künstliche Produkte sind. Du siehst ein, dass du in Lake Wobegon oder Kalamazoo das Beste von allem produzieren kannst: Dass ist eine erlösende Erfahrung.

Der erfolgreiche Selbstanbau der eigenen Nahrung erfüllt die meisten Menschen mit Stolz. Im ureigenen Kern ist auch das Jagdhandwerk nichts anderes als die Gewinnung von Nahrung in der Wildnis. Fasane zu erbeuten, ruft wie die Suche nach Pilzen ein wahrhaftes Gefühl von Zufriedenheit hervor, von dem der Autor Keillor spricht. Beides wirkt wie ein Wunder. „Meinen" Fasan zu erlegen, hat mir das gleiche Hochgefühl verschafft, das ich als Zehnjährige beim Lesen meiner Lieblingsbücher empfand: Die Welt um mich her dehnte sich plötzlich aus, wurde viel größer, als ich mir jemals hätte vorstellen können. Zugleich brachten mir die Bücher diese unübersehbare Welt zum Greifen nahe.

Wir Amerikaner, und wohl nicht nur wir, bringen solche Erfahrungen immer seltener mit echtem Leben in Verbindung. Die sinkende Zahl der Jagdausübenden verhält sich umgekehrt zur steigenden Zahl der Bevölkerung, die immer mehr Zeit in ihren vier Wänden und online verbringt, abgekoppelt vom „Draußen", von der Natur. Ironischerweise geht diese Enzwicklung einher mit dem radikalen Anstieg des Fleischkonsums und auch mit dem mittlerweile auch zunehmenden Interesse an der Produktion unserer Nahrungsmittel. Überall im Lande schießen Bauernmärkte aus dem Boden, gegenwärtig gibt es über 4 400 in den USA.[7] Nur knapp drei Prozent jedoch bieten Fleisch an.[8] Die meisten US-Amerikaner und -Amerikanerinnen kaufen in großen Lebensmittelgeschäften wie „Safeway" oder „Stop & Shop" auf dem Heimweg von der Arbeit ein. Dort holen sie Fleisch als ergänzende „Krönung" zum selbst angebauten Gemüse.

Je mehr wir uns von der Herkunft der Steaks, Koteletts und des Hühnerfleischs entfernen, die wir ausgesprochen gern essen, desto größer wird unsere Neigung, die sinkende Zahl der Jagdscheininhaber als Gewinn für die freilebenden Wildtiere zu interpretieren.

Entgegen der öffentlichen Meinung kann die Jagd sogar als Wildtierschutz begriffen werden. Wenn für Jägerinnen und Jäger – auf Basis wissenschaftlicher Untersuchungen – fachlich gut begründete Regeln aufgestellt und vertretbare Abschussquoten festgelegt und dann auch konsequent umgesetzt werden, spielt die Jagd bei den Wildpopulationen und deren Wachstumsraten eine wichtige Rolle.[9]

Die Überpopulation mancher Hirscharten zum Beispiel ist in den USA und regionsweise wohl auch in Europa ein Problem. In den Wildbahnen heutiger Zeit sind ihre natürlichen Feinde zahlenmäßig deutlich geringer vertreten als ehedem. Straßenbau und Urbanisierung haben traditionelle Wanderrouten versperrt, sodass mehr Individuen zusammengedrängt auf kleiner Fläche leben müssen. In klimatisch milden Jahren können die Populationen dieser Hirscharten in die Höhe schnellen, in einem besonders harten Winter aber wieder drastisch einbrechen, wenn die Kapazität des Habitats überlastet wird. Nehmen wir den hypothetischen Fall einer Populationszunahme, die die Tragfähigkeit ihres Lebensraums im Winter einmal um 30 Prozent übersteigt. Wohl niemals werden dann 30 Prozent einer Population vor dem Frühjahr schlagartig verenden. Wesentlich wahrscheinlicher ist, dass die gesamte Population nicht genug Äsung findet. Die Regulation der Wildstände Jägerinnen und Jägern zu überlassen, schützt die Hirschpopulationen vor einem Massensterben, das einen totalen Zusammenbruch der Arten über Jahrzehnte zur Folge haben könnte.

Ein waidgerechter Jäger ist mit seinem Revier vertraut, sodass er bedeutsame ökologische Verschiebungen als Erster bemerkt. Ein waidgerechter – also „zivilisierter" – Jäger weiß um die Anforderungen an das Habitat der Wildtiere und kämpft unermüdlich gegen Einflüsse, die diese Habitate vernichten.

Diese Zusammenhänge verdeutlicht mir ein Jäger namens Lew, der in einer Region Colorados lebt, in der in seiner Jugend fast alle Menschen zur Jagd gingen – bis auf seine eigene Familie. Sein Vater aß zwar Fleisch, wie Lew mir erzählt, war aber Pazifist, der nicht teilnehmen mochte an „Mannbarkeitsritualen", die zum Töten führen. Lew hatte nie das Gefühl, das ihm etwas fehlte, bis er eines Tages als Erwachsener und Redakteur den Auftrag erhielt, eine Jagdzeitschrift zu redigieren.

Einige Berichte über die Wildschweinbejagung in Kalifornien weckten sein Interesse. Am Ende eines bestimmten Artikels, gesteht er mir, kam die Erkenntnis: „Das muss ich selbst mal versuchen." Er buchte eine Reise in die Weinanbauregionen Kaliforniens und schloss sich für seinen allerersten Jagdausflug einem Jagdführer an. Je mehr Lew sich in das Jagdwesen vertiefte, desto stärker achtete er auf Nachrichten über Bauprojekte und andere Bedrohungen für Wildtierlebensräume.

„Ehe ich zu jagen anfing", führt er aus, „dachte ich an solche Fragen nicht, obwohl ich gerne wanderte, zeltete und angelte. Ich lebte unaufmerksam. Der Sinn für den Wert des gesamten Ökosystems fehlte mir. Die Jagd hat mir dann die Augen geöffnet, und ich begann zu verstehen, wie begrenzt unsere Ressourcen in einigen Gegenden sind und welche Auswirkungen wir Menschen auf die Naturlandschaft haben."

Lew kennt einige Waidmänner, die zwar Veränderungen in ihren angestammten Jagdgebieten bejammern, aber nicht mehr tun. Bald entwickelte er ein ureigenes Interesse am Schutz von Lebensräumen und kämpfte gegen die Verbauung freier Naturlandschaften. Das Jagen hat Lew – nicht zuletzt in seinem ureigenen Interesse als Jäger – in einen Naturschützer verwandelt.

Mein Beruf bringt mich in Kontakt mit Greg, einem pensionierten Polizisten des Bundesstaates Oregon, der in seinem Berufsleben vor allem die Einhaltung der geltenden Jagd- und Fischereigesetze durchsetzen musste.[10] Er ist zwei Meter groß, hat einen immer noch vollen, silbernen Haarschopf und trägt einen Schnurbart – seine Erscheinung entspricht ganz dem Bild eines Polizisten außer Dienst. Als er seinerzeit Polizist wurde, wollte jeder Absolvent der Polizeiakademie Jagdaufseher werden. Wildhüter zu sein, war der Traum eines jeden Polizisten im Dienst des US-Bundesstaates, da Berufsweg und Leidenschaft eins waren. Aufgewachsen in Zentraloregon, kannte Greg die Jagdaufseher und Wildhüter persönlich. In den Augen der waidgerechten Jäger, erklärt er mir, waren diese Menschen die Superhelden. Sie waren die harten Typen, die im Interesse aller Jägerinnen und Jäger über die Wildnis des Bundesstaats wachten.

Jagdaufseher müssen selbst erfahrene Jäger sein, um deren typisches Verhalten zu kennen, vorauszusehen und vor allem mit mutmaßlichen Gesetzesbrechern fachlich überzeugend reden zu können. Manche Jäger geben Wilderei und andere Verstöße „im kleinen Kreis" mitunter zu, brüsten sich sogar damit. Deswegen muss ein Jagdaufseher locker von Jäger zu Jäger bzw. Jäger zu Wilderer reden können.

Wilderei ist die illegale Tötung von Wildtieren. Widergesetzlich sind zum Beispiel die Jagd ohne gültigen Jagdschein, das Jagen außerhalb der erlaubten Jagdzeiten, in den Schonzeiten also, und Einsatz verbotener Jagd- und Fangmethoden. Die Motive der Wilderer sind so unterschiedlich wie die sozialen Hintergründe der Diebe selbst. Die reichen von schlimmster Armut – manche können sich den Jagdschein und Abschussgebühren einfach nicht leisten – bis hin zu reinem Übermut. In letzterem Fall geht es nur um den Nervenkitzel.

Jagdfrevel ist wie manch andere Gesetzesverstöße schwer zu quantifizieren. Dennoch zeigen bisherige Studien, dass Wilderei ein weit größeres Problem ist, als die meisten Wildbiologen wahrhaben möchten. Im Juli 2005 besenderten Wildbiologen zum Beispiel unweit von Bend 500 Maultierhirsche. Fünf Jahre später waren 128 dieser Tiere bereits tot. Verantwortlich für 19 dieser Ausfälle waren Wilderer – sie töteten etwa so viele Maultierhirsche wie die legalen Jäger.[11] Luchse erbeuteten 15, Kojoten fünf der Hirsche. Acht wurden von Autos überfahren, fünf starben infolge einer Krankheit und vier an anderen Ursachen, weil sie sich zum Beispiel in einem Drahtzaun verfingen. In 51 Fällen konnte die Todesursache nicht festgestellt werden, obwohl wissenschaftlich nicht auszuschließen war, dass diese Tiere zumindest teilweise ebenfalls Wilderern zum Opfer fielen. „Ab und zu", teilte ein Biologe der Zeitung *The Oregonian* mit, „finden wir nur das Funkhalsband irgendwo im Sagebrush."

Während seiner Berufstätigkeit durchlief Greg eine Art Metamorphose, wie es, wie er meint, allen Wildhütern geht. Seine lebenslange Jagdleidenschaft wich allmählich der Liebe zu einer anderen Art des Jagens: „Einen Wilderer zu stellen, hat mehr Freude bereitet und mich zufriedener gemacht als eine erfolgreiche Jagd auf Hirsche", bekennt er.

Auch Gregs „neue" Jagd war von den üblichen Emotionen begleitet: der nervösen Erwartungen davor, dem wachsamen Anpirschen, eventueller Frustration oder dem Hochgefühl des Erfolgs und dem abschließenden Gefühl der Genugtuung. Wilderer zu verfolgen, stellte sich allerdings als größere Herausforderung heraus und als wesentlich risikoreicher. Dieses Jagen ist oft Thema witzelnder Tierschutzaktivisten: Die bejagte Beute ist bewaffnet!

„Im Vergleich dazu", gestand Greg trotzdem irgendwann, „kamen mir die Weißwedel- und die Wapitijagd irgendwann langweilig vor."

In letzter Zeit hat der Bundesstaat Oregon allerdings Schwierigkeiten, interessierte und zugleich ausreichend qualifizierte Kandidatinnen und Kandidaten für die zu besetzenden Jagdaufseher- bzw. Wildhüterstellen zu finden. Die Behörden sehen fehlendes Interesse infolge der allgemein wachsenden Abneigung gegen die Jagd als Ursache. Immer mehr Anwärterinnen und Anwärter auf den Polizistenberuf im Staatsdienst sind ohne jeden Bezug zur Jagd aufgewachsen, kennen also keine entsprechenden Identifikationsfiguren in ihrem sozialen Umfeld. Mit anderen Worten. Das rückläufige Interesse an der Jagd wird zum Selbstläufer.

KAPITEL 7

Daneben

Als ich nach der Fasanenjagd zu Hause ankomme, ist alles dunkel. Scott ist noch nicht von seinem Tagesausflug zum Fliegenfischen zurück. Ich stelle die Kühlbox auf die Veranda vor dem Haus und höre den Anrufbeantworter ab. Meine Mutter hat eine Nachricht hinterlassen.

„Hallo, Lily und Scott, hier spricht Mom." Sie hört sich so aufgeregt an, wie ich mich fühle. Hat sie irgendwie von meinem Fasan gehört?

Doch sie berichtet, dass ich nun Tante bin, eine Nichte habe. Heute kam Luciana mit einer Tochter nieder, die sie und Nathan Sofia taufen wollen.

„Ich habe euch lieb", sagt meine Mutter und jauchzt noch überglücklich, ehe sie auflegt: „Ich bin Großmutter!"

Ich schalte das Gerät lächelnd ab. Der heutige Tag hat perfekter nicht sein können. Das Leben entschuldigt und belohnt zugleich. Ein Vogel stirbt und ein Baby wird geboren. Ein herrlicher Tausch!

Am nächsten Morgen schwelge ich immer noch in Euphorie. Scott und ich bewundern den nun kalten und steifen Fasan, tragen ihn dann in den Hinterhof, wo wir ihn rupfen, ausweiden und säubern. Die US-amerikanische Jägersprache hat dafür eine elegante Bezeichnung: „Dressing". Weder Scott noch ich haben Erfahrung mit dem Zerteilen eines Fasans, aber ich habe eine anschaulich illustrierte Anleitungsbroschüre mit dem Titel „How to Field Dress a Bird" („Wie man einen Wildvogel küchenfertig macht."). Ich ziehe meinen Ehering vom Finger und stecke ihn in die Jeanstasche, um ihn vor der „Innereienschlacht" zu schützen, dann lege ich den Fasan auf ein Schneidbrett, das ich auf eine Mülltonne gelegt habe.

Zunächst rupfe ich einige Brustfedern des Fasans, um sie in einer Plastiktüte für künftige Bastelideen aufzuheben. Das Rupfen dauert lange, denn ich will das schöne Gefieder zur Gänze nutzen: Jeder Körperteil trägt Federn von unterschiedlicher Form und Farbenpracht. Ich will sie aufbewahren: Nur so kann ich dem Vogel, dessen Leben ich genommen haben, meinen Respekt zollen. Vielleicht zögere ich aber auch nur das Aufschneiden des Hahns heraus. Scott wird langsam ungeduldig.

„Wollen wir oder wollen wir nicht?", fragt er leise.

Ich nicke und wische ein paar Flaumfedern von meinen Fingern. Als ich mit dem Messer bereitstehe, liest Scott vor: „Zunächst führt man einen Schnitt von der Brustplatte bis zum Weidloch so nennt der Jäger den After – durch die Haut."

Bei „After" zucke ich kurz, dann hole ich tief Luft. Das Messer durchsticht die Haut, aber anstatt geronnenen Blutes sehe ich straffe rosafarbene Muskeln, die mir bereits bekannt sind. Ich entspanne mich etwas. Diesen Anblick habe ich 100 Mal erlebt, wenn ich die Plastikpackung der entbeinten und enthäuteten Hühnerbrust geöffnet habe. Die übrigen Schritte sind einfach und erstaunlicherweise auch recht unblutig. Das „Innenleben" des Hahns ist kaum anders als die Innereien der Puten von „Butterball". Die Organe sind so klein, dass man sie gleich wegwerfen und vergessen kann.

Laut Büchern ist der Fasan ein großer Vogel, was man nachvollziehen kann, wenn er sich lebendig in freier Wildbahn bewegt. Im Vergleich zu Brathähnchen, die ich gern zubereite, wirkt ein ausgewachsener Fasanenhahn gerupft oder gehäutet aber erstaunlich mager.

Zum Abendessen laden wir Scotts Eltern sowie Tante und Onkel ein, die in der Nähe wohnen. Den ganzen Tag verbringe ich mit der Zubereitung des Essens. Den Vogel zerteile ich nicht wie ein Brathähnchen, weil es mir irgendwie respektvoller scheint, ihn ganz zu lassen. Ich brate erst den Fasan auf beiden Seiten an, dann geschnittene Zwiebeln und Äpfel. Letztere lösche ich mit Weißwein und Apfelmost, lege den Fasan dazu in den Topf, setze den Deckel oben drauf und schiebe das Ganze in den Ofen, damit es einige Stunden schmoren kann.

Scott meint, auch Steaks zum Grillen kaufen zu müssen, weil der Fasan mit seinen zwei Pfund für sechs Personen nicht ausreicht. Ich protestiere, weil ich nicht will, dass die profanen Steaks vom Supermarkt meinen schwer erkämpften Fasan in den Schatten stellen. Aber Fasan habe ich auch noch nie gegessen, und weil ich Sorge habe, dass das Fleisch vielleicht nicht besonders gut schmeckt, gebe ich nach.

Ehe unsere Gäste ankommen, decke ich unseren kleinen Metalltisch mit unserer besten Tischdecke und glätte sie. Dann hole ich unsere Schreibtischstühle aus dem Nebenzimmer ins Esszimmer. Ich lege gefaltete Stoffservietten auf den Tisch und zünde Kerzen an. Alles recht fein gemacht für unsere bescheidene Wohnung.

Als ich den Fasan auftische, begrüßen ihn die Gäste mit anerkennendem Hallo. Zu nervös, selbst den ersten Bissen zu probieren, warte ich, bis Scotts Tante Kay ein Stückchen Brustfleisch auf die Gabel nimmt und in den Mund steckt.

Ihre Augen werden groß. „Das schmeckt wirklich fantastisch!", sagt sie überzeugt.

Ich probiere ein Stück. Es schmeckt tatsächlich sehr gut. Süß und zart. Es erinnert gar nicht an exotisches Wildbret, sondern eher an besonders gewürztes Hähnchenfleisch. Hervorragend! Da wird's einem wohl ums Herz. Während des Essens erzähle ich von der Jagd. Die Gäste hören höflich zu, als ich von Tessas Vorstehkünsten schwärme. Ich steigere die Dramatik der Erzählung bis zum pointierten „Hinrichtungsakt". Als wir mit dem Essen fertig sind, ist nichts übrig geblieben.

Während Scott und ich das Geschirr abspülen, denke ich darüber nach, dass eine Mahlzeit eigentlich genauso ablaufen sollte, wie wir sie gerade erlebt haben. Der Fasan war das Prunkstück des Essens – ja, eigentlich der Mittelpunkt des ganzen Abends. Wir sprachen über dessen Leben – jedenfalls zumindest meine kurze Erfahrung davon – und nicht nur davon, wie lecker er schmeckte. Wir würdigten ihn als Herzstück des Essens und fühlten uns ihm gegenüber irgendwie dankbar. Wir nahmen ihn nicht als eine Selbstverständlichkeit hin wie das im Stall gemästete Hähnchen, das dann geschlachtet, in Plastik eingewickelt, tiefgefroren und schließlich achtlos in irgendeinen Einkaufswagen geworfen wird.

Ich kann es kaum erwarten, wieder auf die Jagd zu gehen, und buche einen zweiten Workshop, diesmal über Kaninchenjagd. An einem frühen Morgen im Januar stehe ich einige Stunden vor Sonnenaufgang auf, um über die Berge in das Willamette Tal ins staatliche Wildreservat zu fahren. Die Wildlife Management Area entpuppt sich als eine immense Fläche aus Brombeersträuchern (bei uns eine invasive Art, die sich rapide ausbreitet), durchzogen von verschlungenen, gemähten Graswegen. Wie bei der Fasanenjagd werden wir in kleine Gruppen aufgeteilt und gehen in Begleitung jagderfahrener Ehrenamtlicher in das staatliche Revier. Diesmal nehmen nicht nur erwachsene Frauen an der Jagd teil: Etwa die Hälfte sind Jugendliche beiderlei Geschlechts.

Wie beim ersten Seminar wird ein Kurzunterricht im Klassenzimmer abgehalten, ehe wir, warm angezogen, in den frostigen Nebel hinaustreten. Wieder bin ich nervös, und mit meiner Flinte fühle ich mich auch noch nicht wohl. Aber ich freue mich auch, hauptsächlich der Hunde wegen, die ich gern im Einsatz erleben möchte.

Jeder Jagdführer führt drei bis vier Beagles an einer sogenannten Koppel – einer festen Leine, an der mehrere Hunde geführt werden können. Jeder Hund trägt eine kleine Glocke an der Halsung. Die Leine wird locker geführt, sodass die einzelnen Hunde bequem herumlaufen können. Wenn sich allerdings einer zu selbstständig machen will, ziehen die anderen ihn mit, bis er wieder „in der Spur" läuft. Beim ersten Anblick der Hunde muss ich breit lächeln, da sie mit ihrem Hängebauch und den samtartigen Ohren, den „Behängen", so niedlich aussehen. Bis auf den etwas weicheren Fang und die großen braunen Augen, die feuchter und trauriger sind, ähneln sie Snoopy aus den Peanuts-Comics. Ich hätte sie nie für Jagdhunde gehalten.

Bekommen die Hunde ein Kaninchen in die Nase, fangen sie an zu heulen und ziehen in Richtung des Gebüschs, in dem sich das Tier versteckt. Die Hundeführer lassen die Leine los, und die Hunde verschwinden im stacheligen Dickicht.

Einer der Jagdführer erklärt: Wenn ein Karnickel aus seinem Versteck aufgestöbert wird, kehrt es meistens in einem großen Bogen irgendwann dorthin zurück.

„In neun von zehn Fällen landet es wieder an seinem Ausgangspunkt", sagt er mit Bestimmtheit.

Das macht keinen Sinn, denke ich mir. Sein Ausgangspunkt ist das Versteck, aus dem ihn ein bellender Hund verjagt hat. Warum dorthin zurückkehren?

Aber die Jagdführer scheinen zu wissen, wovon sie reden, und ich frage nicht weiter. Als die Hunde außer Sichtweite sind, richten sich die Begleiter nach deren Gekläff und dem Klingeln der Glocken. Uns rufen sie zu: „Lauft! Schnell hinauf!", „Bereitet euch vor!", „Zurück!", „Schnell, ihr seid an dem Platz falsch!"

Ich folge ihren Kommandos, bis plötzlich ein Kaninchen aus dem Gebüsch zu meiner Linken auffährt.

„Schießen!", ruft einer der Jagdführer.

Das Kaninchen läuft gerade vor mir über einen breiten Weg. Ich ziehe den Hinterschaft der Flinte in die Schulter, lege Kopf und Wange am Schaftrücken fest, ziele auf das Kaninchen und drücke ab. Nichts passiert! Schnell greife ich zum Sicherungsschieber und drücke erneut ab. Peng!

Das Kaninchen schlägt einen Purzelbaum auf der linken Seite des Weges und bleibt auf der Seite liegen.

„Gut!" Der Jagdführer klopft mir leicht auf die Schulter und läuft dann vor, um das Kaninchen zu holen. Die Hunde kommen aus den Büschen, laufen zu uns und bewinden die Beute.

„Das erste Kaninchen des Tages!", sagt ein anderer Jagdführer, und fasst mich mit beiden Händen anerkennend an den Schultern. Andere aus der Jagdgruppe kommen lächelnd auf mich zu und werfen einen Blick auf das Kaninchen, das der erste Jagdführer jetzt in den Händen hält.

So etwa muss es sich anfühlen, wenn man einen Academy Award gewinnt – und ich brauche nicht mal ein teures Abendkleid. Alle gratulieren mir. Es ist schon aufregend, und ich kann kaum glauben, dass es gerade mir passiert ist. Ich möchte das Kaninchen selbst in die Hand nehmen.

Bevor das gelingt, hat einer der Ehrenamtlichen schon ein Messer hervorgezogen, Kopf und Füße vom Körper des Kaninchens abgetrennt und alles mit softballartigem Schwung ins nahe Dickicht befördert. Als er mir das Kaninchen gibt, ist es nur noch halb so groß. Der Körper ist noch warm und fühlt sich überraschend dünn in meinen Händen an. Ich habe etwas Plumperes erwartet.

Als Nächstes zeigt mir derselbe Jagdführer, wie man die Haut abzieht. Am Hals beginnend, ziehe und zupfe ich die Haut Stück für Stück nach unten, bis sie wie ein langer Overall vom Körper herunterhängt und ich sie an den Hinterpfoten des Kaninchens endgültig abtrenne. Die Innenseite der Haut ist glitschig und durchscheinend, die Außenseite mit einem überwältigend weichen Fell besetzt. Der Jagdführer schaut erstaunt zu, wie ich das Fell in eine Plastikeinkaufstüte einwickle und in meinem Rucksack verstaue.

„Einfach ins Gebüsch werfen", sagt er dann. „Du musst es nicht mitnehmen."

„Ich will es doch aufheben."

„Wie? Warum?"

Mir fällt nicht gleich eine vernünftige Erklärung ein. Dann denke ich an Scott und einen Winterabend, an dem er zu Hause Lockfliegen für das Fliegenfischen band. Kaninchenfell verwendet man häufig für künstliche Fliegen, und 20 Quadratzentimeter kosten manchmal schon einige US-Dollar. „Mein Mann ist Fliegenfischer und bindet seine Fliegen selbst", erkläre ich. „Dafür können wir das Fell gut verwenden."

Der Man nickt in Richtung des aufgebauschten Kaninchenfells in meinem Rucksack, lächelt achselzuckend, was wohl bedeutet: klar, sicher doch.

Als Nächstes zeigt er mir, wie man ein Kaninchen ausweidet, was im Grunde dem Ausnehmen des Fasans entspricht. Nachdem ich den Bauch des Tieres mit dem Messer geöffnet habe, langt der Jagdführer mit der Hand hinein und zieht zuerst die Leber heraus, ein dünnes, tief dunkelbraunes, gallertartiges Organ, das viel zu groß für das kleine Kaninchen in meiner Hand zu sein scheint.

Ein geringer Prozentsatz freilebender Kaninchen ist mit Tularämie infiziert, einer bakteriellen Erkrankung, die auf Menschen übertragbar ist und daher zu den sogenannten Zoonosen zählt. Um festzustellen, ob der Verzehr des Kaninchens gefährlich ist, erklärt mir der Jagdführer, muss man die Leber begutachten.

„Diese Leber scheint in Ordnung zu sein", sagt er. „Siehst du, wie gleichmäßig glatt und scharfrandig sie ist? Eine kranke Leber sieht aus, als ob jemand sie mit Salz bestreut oder an ihren Rändern herumgezupft hätte."

Damit wirft er das Organ ins Gebüsch.

„Nun zieh das andere Zeug raus", sagt er, beiläufig auf das Gescheide zeigend, „und schmeiß es auch weg."

Er versichert mir, dass sich Geier, Kojoten und andere Aasfresser gierig darüber hermachen werden. Ich ziehe Teile des Gescheides heraus und lasse sie auf einen Busch neben mir plumpsen. Von Zweig zu Zweig glitschen sie langsam bis auf den Boden hinab. Als ich fertig bin, sieht das Tier in meiner Hand wie eine gehäutete Katze aus.

Am Abend kehre ich mit dem Kaninchen und ohne Hunger nach Hause zurück. Ich öffne eine Flasche Wein und gieße einen Teil des Inhalts in die Plastiktüte zu dem Kaninchen, oder zumindest dem, was davon übrig geblieben ist. Den Rest des Weins schenke ich in ein großes Glas ein und trinke ihn langsam. Wegen des toten Kaninchens plagt mich keine besondere Schuld, aber ich bin nicht scharf darauf, es zu essen.

Online finde ich heraus, dass mein Kaninchen ein Florida-Kaninchen (*Sylvilagus floridanus*) ist, eine in Nordamerika weit verbreitete Art aus der Familie der Hasen.[1] Diese Tiere legen im Gegensatz zum Europäischen Wildkaninchen keine Baue an, sondern schlafen tagsüber im Dickicht oder einer Erdmulde. Nachts gehen sie auf die Suche nach Nahrung, die aus Gräsern und Blättern besteht. Wegen der Schäden, die sie an Feldfrüchten anrichten können, betrachten viele

Menschen Kaninchen als Schädlinge. Wer in Oregon einen gültigen Jagdschein besitzt, darf sie, wie andere Schädlinge auch, das ganze Jahr hindurch bejagen.

Am nächsten Tag löse ich das Kaninchenfleisch von den Knochen, zerwirke es in Stückchen, reibe sie mit Mehl ein und brate sie anschließend an. Danach lasse ich das Fleisch gemeinsam mit Karotten, Zwiebeln, Kartoffeln, Sellerie und Erbsen als Eintopfgericht langsam schmoren. Die Mahlzeit ist hellfarben und schmeckt leicht süß, ungefähr wie Schweinefleisch. Weil ich das Gericht zu lange habe schmoren lassen, ist das Fleisch zäh, schmeckt aber immer noch. Der Eintopf reicht für zwei Mahlzeiten, die Scott und ich mit großem Genuss zu uns nehmen.

Während des nächsten Jahres gehe ich mit Freunden auf die Jagd auf Enten, Gänse, Moorhühner, Chukarsteinhühner, Rebhühner und Fasane. Die Jagdtouren führen mich kreuz und quer durch den Staat Oregon. Ich buche eine Federwild-Jagdreise in Montana, um Andy und seine Freundin Jessie zu besuchen, die wegen ihres Aufbaustudiums nach Missoula gezogen sind.

Weil ich Wildbretarten mit nach Hause bringe, die ich vorher nicht kannte, steigt verständlicherweise auch mein Interesse am Kochen. Stundenlang bin ich online auf der Suche nach Kochrezepten, die meiner jeweils neuesten Beute würdig sind. In der Bibliothek leihe ich Kochbücher aus, in Buchhandlungen kaufe ich welche. Was früher lästige Arbeit war – möglichst schnell zu erledigen, um den Hunger zu stillen –, ist nun zu einer Frage der Ehre geworden.

Ein unschätzbarer Aspekt der Jagd ist für mich persönlich die Eigenartigkeit jedes Tieres, seines Fleisches, jeder Mahlzeit. Nun besteht eine Speise nicht mehr aus einem einfachen Stück Oberschenkel- oder Brustfleisch, sondern aus etwas Besonderem und Speziellem, das ich „geerntet" habe, und in meinem Kopf Vermerke wie „aus der nordamerikanischen Pfeifente in jenem Schlammloch in Montana an jenem bedeckten kalten Herbsttag" trägt.

Die Eigenart jedes Wildtiers reicht bis zu seinem Geschmack. Tiere sind, was sie fressen, und Wild hat eine wesentlich breitere Nahrungspalette als Zuchttiere. Der Geschmack des Fleisches wird von der Ernährung beeinflusst. Nutztiere werden in den USA fast ausschließlich mit Mastfutter versorgt. In der Tat besteht die Ernährung der Amerikaner in molekularer Hinsicht hauptsächlich aus Korn: vom Mastfutter, das das Zuchtvieh in Fleisch umsetzt, bis hin zum Maissirup in unseren Süßgetränken. In *The Omnivore's Dilemma* (2006) zitiert Michael Pollan einen Biologen, der die Nordamerikaner als „Maischips mit Beinen" („corn chips with legs") charakterisiert.[2] In den mit eigenem Wildbret zubereiteten Gerichten fallen mir gewaltige Geschmacksvarianten auf, besonders beim Entenwildbret. Ich achte immer mehr darauf, wie sich die Beute ernährt hat. Ich versuche, eine Verbindung zwischen der natürlichen Kost der Wildenten und deren Fleischgeschmack zu erkennen. Ihren Geschmack ordne ich auf einer Skala von „fischartig" bis „fleischig" ein.

Es gibt etliche hervorragende Kochbücher über Wildbretzubereitung. Wie so häufig bei Do-it-yourself-Dingen sind viele dieser Kochbücher sehr nostalgisch aufgemacht. Eins meiner Lieblingswerke ist *Fish and Game Cookery* (1945) vom Naturburschen Roy Wall. In seinem Kapitel „In Case of Emergency" („Im Notfall"'), in dem er Rezepte für gerösteten Biberschwanz und junge Bisamratte verrät, beklagt der Autor den Untergang der Wildnis – und den allgemeinen und unaufhaltsamen Schwund an „Wildheit" unter den Amerikanern. Er schreibt beispielsweise: „Als Amerika ein expandierendes Siedlerland war mit einer riesigen, unberührten Wildnis ohne Weg und Pfad, verzehrten die Menschen das, was sie vor Ort auftreiben konnten. Da die Zivilisation diese einst abgelegenen Regionen in Parks mit Picknickflächen verwandelt hat, besteht ein Essen heute viel seltener aus etwas zufällig selbst Gefundenem, lokal Vorkommenden.“[3]

Seitdem ich auf die Jagd gehe, kaufe ich Lebensmittel anders ein. Wenn ich jetzt in einem der riesigen Lebensmittelgeschäfte in Bend einkaufen gehe, fallen mir die üppigen Regale mit den aus aller Welt eingeflogenen Lebensmitteln auf. Dann erkenne ich einmal mehr, wie sehr ich mich von meinen früheren Essgewohnheiten entfernt habe. Ich pflegte stets das zu kaufen, worauf ich Lust hatte. Zu diesen Nahrungsmitteln gehört nicht Besonderes, kein bestimmtes Anbaugebiet und keine zeitlich begrenzte Anbausaison. Wird die Blaubeerenernte in Oregon durch eine Regenflut vernichtet, kommt eine Ersatzlieferung aus Maine. Habe ich im Januar Appetit auf frische Beeren, na siehe da, eine neue Lieferung aus Chile ist einladend in den Verkaufsregalen gestapelt.

Der Unterschied zwischen meinen Erfahrungen und jenen, die Roy Wall beschreibt, könnte gravierender nicht sein: Damals aßen die Menschen, was eng mit den lokal vorhandenen Möglichkeiten zusammenhing. Gab es keine Viehzucht und konnte man nicht jagen, aß man wohl einfach auch wenig Fleisch.

Vollkommen auf Fleisch vom Supermarkt zu verzichten, bin ich noch nicht bereit, denn das zwänge mich, bis auf wenige Mahlzeiten im Jahr vegetarisch zu essen. Aber ich achte schon genauer darauf, woher das Fleisch stammt. Ich kaufe keine Produkte mehr aus dem Ausland. Geflügelfleisch aus Oregon und Washington finde ich leicht in den Kühlregalen, doch bei Rind- und Schweinefleisch kann ich nicht mal feststellen, wo die Tiere gemästet wurden, weil die entsprechenden Angaben fehlen. Ich bleibe lange bei den Fleischwaren stehen und suche im Kleingedruckten auf jeder Steak- oder Kotelettverpackung nach Information über die Herkunft. Sie könnten ja sogar von der anderen Seite der Welt kommen.

Obwohl ich inzwischen zuversichtlicher und selbstbewusster mit der Jagdflinte im praktischen Einsatz umgehe, ist mir immer noch unwohl, wenn ich nach Hause zurückkehre und gewissen Leuten gestehen muss, dass ich auf der Jagd war! Besuchen Scott und ich Verwandte mit Kleinkindern und meine Mutter erzählt nebenbei von meiner neuesten Federwildjagd, fährt mir ein Schreck in die Glieder. Ich reiße die Augen auf und gebe ihr durch energisches Kopfnicken zu verstehen, dass sie bitte aufhören soll. Wie kann ich einem Kind erklären, was ich getan habe? All meine logischen Erklärungen für die Jagdausübung kommen mir dann lahm vor gegenüber dem pazifistischen Grundsatz, keinem Lebewesen Schaden zuzufügen.

Dies zwingt mich, ehrlich zu mir selbst zu werden, wenn es um die Frage geht, warum ich mich Jägerin nenne ... und warum mich das immer noch verlegen macht. Ein Mitarbeiter erzählt, dass er seinen Sohn in ein „Hunter-Safety"-Seminar in Virginia hat einschreiben lassen. Am Ende des vom Sohn erfolgreich bestandenen Kurses verkündete der Lehrer: „Herzlichen Glückwunsch! Du bist nun Mitglied einer verachteten Gemeinschaft."

Das ist das eine, das mich irritiert, „eine verachtete Gemeinschaft".

Wenn Schul- und Studienfreunde von meiner Jagdausbildung erfahren, kommt als erste erschreckte Frage: „Bist du nun auch Mitglied der ‚National Rifle Association'?"

Zuerst überrascht mich diese automatische Verbindung. Ich bin immer noch derselbe Mensch mit den gleichen Grundwerten wie vor meinem Jägerinnendasein. Nach wie vor plädiere ich für die vernünftige Reglementierung von Waffenbesitz. Doch meine Freundinnen und Freunde gehen davon aus, dass ich selbstverständlich auch der „National Rifle Association" (NRA) beigetreten bin. Das ist das andere, das mich verwirrt: die Gleichsetzung von Jagd und NRA.

Die Fragen aus dem Freundeskreis verraten eine allzu geläufige Unterstellung. Vor dem Umzug nach Bend betrachtete auch ich Jäger und NRA-Mitglieder als Mitglieder der gleichen Sippe, als Angehörige derselben Schar aus Waffenfanatikern.

Das Hauptziel der NRA war, historisch gesehen, auch nicht die Ablehnung einer vernünftigen Reglementierung des Waffenbesitzes. Zwei Offiziere, Veteranen des Unionsheeres, waren über die schlechte Schießausbildung der Soldaten im Bürgerkrieg so entsetzt, dass sie die Gesellschaft gründeten, um die sichere Handhabung von Waffen und gezielte Schießübungen zu fördern. In eine politische Organisation verwandelte sich die NRA eigentlich erst in den 1970er-Jahren.[4] Zunehmende Gewalt mit Schusswaffen – vor allem natürlich die weltweit beachteten Attentate auf John F. Kennedy, Martin Luther King Jr. und Robert Kennedy – löste eine nationale Debatte über die Tragweite des Zweiten Artikels der amerikanischen Verfassung aus. In dieser intensiven Auseinandersetzung wurde die Stimme der NRA immer lauter. Der Verein schürte die in gewissen Kreisen vorhandene große Angst, das Ziel der liberalen Politiker sei es, jedem Bürger die Waffe aus den Händen zu reißen.

Auf ihrer Internetseite nennt sich die NRA stolz „die größte jagdfördernde Organisation der Welt".[5] Dennoch fällt etwas Merkwürdiges auf: Die NRA unterstützt grundsätzlich Politiker, die entschiedene Gegner einer vernünftigen Reglementierung des Waffenbesitzes sind und überdies auch gegen jede noch so vernünftige Umweltschutzmaßnahme stimmen. Die NRA bezeichnet ausgerechnet sich selbst und diese Politiker als die wichtigsten Befürworter der Jagd! Dabei sind die Waffen verantwortungsbewusster Jäger von den Gesetzentwürfen zur Kontrolle bestimmter Schusswaffentypen so gut wie nicht betroffen. Sollten die schlimmsten Befürchtungen der NRA tatsächlich und gleichzeitig wahr werden – erweiterte Zuverlässigkeitsüberprüfung, verbindliche Wartefristen beim Waffenerwerb, begrenzte monatliche Erwerbsstückzahl pro Person, komplettes Verbot von vollautomatischen Waffen –, könnten die Jäger immer noch so weitermachen wie seit 100 Jahren. Ein Jäger braucht eine halbautomatische Glock 19 Pistole, die einen Schuss pro Sekunde abfeuern kann[6], genauso wenig wie ein Koch eine Handgranate für seine Arbeit.

Dürfen wir Jäger und Jägerinnen der NRA erlauben, die Jagd für ihre Kampagne gegen vernünftige Regeln über Waffenerwerb und –besitz zu missbrauchen? Die Jagerei kann ihren Bedarf an bestimmten Gewehrmodellen überzeugend nachweisen, und diese Nachweisbarkeit ist überhaupt das vernünftigste und verantwortungsvollste Argument für modernen Waffenbesitz. Was hat das Antireglement-Argument der NRA mit dem gerechten Waidwerk gemeinsam?

Die Wahrheit ist: Die meisten Jäger stimmen in keiner Weise mit der NRA überein. Die NRA verzeichnet etwa 4,3 Millionen Mitglieder, was knapp fünf Prozent aller Waffenbesitzer in den USA entspricht.[6] Dennoch fand ich ausgelegte Werbebroschüren der NRA in meinem „Hunter-Safety"-Kurs und in jedem weiteren Jagd-Workshop oder -Seminar. Mit der Post erhielt ich eine Handvoll NRA-Broschüren und eine Beitrittserklärung zur Unterzeichnung. Diese Praxis der NRA bestätigte anfänglich meine lang gehegte Überzeugung, dass der Antikontrollfanatismus der NRA auch ein Spiegelbild der vorherrschenden politischen Einstellung der Jäger sei. Übrigens scheint die NRA mit ihrer Politik Erfolg zu haben, denn der freie, unreglementierte Erwerb von Waffen ist in den USA nach wie vor möglich. Damit will ich keineswegs sagen, alle NRA-Mitglieder seien Fanatiker. Die Organisation unterhält eine Reihe löblicher Programme, darunter eine breit angelegte Schießausbildung für Jugendliche und preiswerte, allen zugängliche Schießübungen für Erwachsene. Zudem unterstützt die NRA uns Jäger, indem sie auch jagdrelevante Informationen auf ihrer benutzerfreundlichen Webseite zusammenträgt.

Ab und zu finde ich auch andere Informationsbroschüren im Stapel, den man mir am Ende eines Seminars in die Hand drückt. Eine von der „Oregon Hunters Association" oder dem „Boone and Crockett Club". Ihrem Wesen nach ist die Jagd in der Regel etwas, das man allein ausübt. Dennoch gibt es Tausende von Jagdvereinen in den Vereinigten Staaten. Und im Gegensatz zur NRA liegt deren Fokus nicht auf Schusswaffen, sondern auf dem Erhalt von Wildlebensräumen und der Schaffung von Jagdmöglichkeiten. Erst beim Durchblättern dieser Broschüren wird mir klar: Jagdpolitik bedeutet weit mehr als Waffenlobbyismus.

Da ich auf der Suche nach einem Jagdverein bin, studiere ich diese Broschüren, anders als die der NRA, genauer. Erschreckt stelle ich fest, wie viele dieser Vereine das sinnvolle Verbot giftigen Bleischrots ablehnen. Enten und anderes Wasserwild schlucken absichtlich Steinchen, die das Zerkleinern der Nahrung im Muskelmagen unterstützen. Nehmen sie bleihaltige Schrotkörner am Ufer oder vom Seegrund „als Steinchen" auf, könnten sie unter Umständen an Bleivergiftung sterben. Seit 1991 ist der Einsatz von Bleischrot an Gewässern verboten. Abseits von Gewässern ist es auf Federwild immer noch die Norm.

Jedes Jahr verschießen Jäger in den USA 3 000 Tonnen Blei in die Umwelt, weitere 80 000 Tonnen fallen auf Schießständen an und 4 000 Tonnen Blei gelangen über Angelkunstköder wie Blinker und Spinner, die in Bächen und Teichen verlorengehen[8], in die Umwelt. Die Auswirkung dieser Bleimassen auf das Ökosystem kann tragisch sein. Der kalifornische Kondor zum Beispiel war einmal im gesamten südlichen Teil der Vereinigten Staaten verbreitet, ist heute aber eine große Seltenheit und nur noch an der kalifornischen Küste zu finden.[9] Die Magensäure des Kondors ist aggressiver als die der Geier und des Kojoten und löst kleine Bleistückchen auf, sodass das Blei vom Körper resorbiert wird. Daher sind sie für eine Bleivergiftung besonders anfällig: Wenn Jäger Bleimunition verwenden, findet das Blei über die im Wald verbleibenden Innereien der gejagten Tiere seinen Weg zum vorwiegend Aas verzehrenden Kondor und zu anderen Aasvertilgern.

Seitdem der Handel alternative Schrotmunition aus Stahl beziehungsweise Weicheisen, aus Wolfram oder aus Nickel anbietet, gibt es keinen vernünftigen Grund mehr, weiterhin Blei in die Umwelt zu schießen. Wie mir ein Jäger einst anvertraute: „Wenn man nur mit Stahlschrot schießt, gewöhnt man sich daran. Und wird damit auch gut jagen können." Zwar ist Bleimunition immer noch preiswerter, aber das würde sich vermutlich ändern, wenn immer mehr Jäger bleifreie Munition verlangten, sodass diese in weitaus größeren Mengen und damit kostengünstiger produziert werden könnte.

Einige der von mir näher betrachteten Jagdvereine plädieren für den schrankenlosen Einsatz von Geländewagen in Naturreservaten. Das jedoch würde die empfindlichen Wildhabitate und die Biotope ernsthaft schädigen und nicht zuletzt auch das Erlebnis ursprünglicher Jagd in abgelegener und unberührter Wildnis zerstören. Andere Gruppen beschweren sich über durchaus vernünftige Abschussquoten, bescheidene Gebühren und Wildmanagementregelungen.

Je mehr ich lese, umso frustrierter werde ich. Viele Vereine torpedieren doch ihre eigenen langfristigen Interessen. Mir wird meine Verantwortung als Jägerin deutlich: Liegt mir die Zukunft unserer nationalen Jagdtraditionen wirklich am Herzen, muss ich den Umweltschutz ernst nehmen.

Ich entscheide mich zum Eintritt in die „Rocky Mountain Elk Foundation (RMEF)", die als Anwalt einer Erhaltungspolitik und des Tierschutzes gilt. Die Organisation spielte eine Hauptrolle bei der erfolgreichen Rettung des gefährdeten Wapitibestandes in Nordamerika. Aber das Ansehen der RMEF sinkt in meinen Augen, als ihr Präsident M. David Allen 2010 bekannt gibt, die Gesellschaft werde dem Kampf gegen das Gesetz über gefährdete Tierarten („Endangered Species Act"), das zum Schutz des Grauwolfs im Westen der Vereinigten Staaten kürzlich wiedereingeführt wurde, oberste Priorität einräumen.[10] Mich enttäuscht die ungewohnte Kurzsichtigkeit der Organisation.

Wir Jäger und Jägerinnen sollten doch besser als irgendjemand wissen, welche wichtige Rolle einheimische Raubtiere für das Gleichgewicht eines gesunden und funktionierenden Ökosystems spielen. Als der Grauwolf wieder in den Yellowstone-Nationalpark eingeführt wurde, nachdem die Art Jahrzehnte zuvor ausgerottet worden war, nahm die Wapitipopulation selbstverständlich ab. Genau das passiert, wenn ein Raubtier in ein Reservat eingeführt wird, in dem eine natürliche Räuber-Beute-Beziehung lange inexistent war. Aber die Zahl der Wapitis ging längst nicht so stark zurück, wie einige Wildbiologen befürchtet hatten. Im Gegenteil fielen ihnen einige Veränderungen auf, die dem Gesamtökosystem zum Vorteil gereichten.[11] Die Wapitirudel mussten stärker wandern, was die punktuelle Überweidung mancher Gewässerrandstreifen abmilderte. Die Wanderdynamik führte zur Erholung einheimischer Pflanzensorten, die ihrerseits einen Anstieg der Biber- und Fischvorkommen nach sich zog. Angesichts des neuen Konkurrenten Wolf ging die Zahl der Kojoten etwas zurück. Die Vogelpopulationen blühten auf. Die Wapitis wurden auch Menschen gegenüber wieder scheuer. Kurz gesagt stellte die Einfuhr des Grauwolfs ein natürliches Gleichgewicht im Biotop wieder her, das nicht zuletzt die Wapitis zwang, sich zu verhalten wie … na ja, wie Wapitis eben!

Was meine Aufmerksamkeit zuerst auf die „Rocky Mountain Elk Foundation" gelenkt hat, ist ihr Schwerpunkt Lebensraumschutz gewesen. Aus dem Grunde stößt mir ihre Anti-Wolf-Propaganda wirklich auf. Der Wolf ist in den gleichen Gegenden einheimisch wie der Wapiti; das heißt, Wolf- und Wapitihabitate sind oft ein und dasselbe.

Außerdem gibt es Millionen von Amerikanern, die nicht auf die Jagd gehen und sich recht wenig um Wapitis scheren, denen jedoch der Wolf am Herzen liegt. Meines Erachtens verkennt die RMEF eine äußerst günstige Chance, sich mit den Wolfanhängern zu verbünden und noch mehr Naturlandschaftsgebiete auf lange Sicht zu erhalten.

Gleichzeitig mit seiner Ablehnung der Wiedereinfuhr von Wölfen verspricht Allen, die RMEF „wird sich intensiver beschäftigen mit den Bedrohungen unserer Zeit, die unsere Jagdkultur und das zukünftige Jagen unserer Kinder gefährden."[12] Was wäre jedoch, wenn Umweltschützer wie ich – die nicht nur stabile Wapitipopulationen befürworten, sondern gleichzeitig auch zusammenhängende, intakte Ökosysteme mit Wölfen begrüßen –, wenn wir die eigentliche Zukunft der Jagd sind? Ich ziehe auch einen Beitritt zu anderen Jagdorganisationen in Betracht, doch werde ich das Gefühl nicht los: Meine Interessen vertreten sie alle nicht.

An Jagdsportvereinen mit Engagement für bestimmte Wildarten fehlt es keineswegs: Da gibt z.B. „Pheasants Forever", „Ducks Unlimited" oder die „National Wild Turkey Federation", die sich für Fasane, Wasserwild oder eben Wildtruthühner einsetzen.

Um nicht missverstanden zu werden: Solche Vereine leisten viel Gutes für die Jagd. Wenn sich die Liebhaber einer bestimmten Wildtierart zusammentun, kommen leichter Gelder für entsprechende Habitatschutzmaßnahmen zusammen, und es entsteht zugleich eine Lobby für den langfristigen Erhalt der Art. Der Lebensraumschutz im Interesse einer bestimmten Wildtierart trägt meist auch zum Nutzen anderer Arten bei, die Teil des gleichen Biotops sind.

Aus ökologischer Gesamtsicht ist es dennoch nicht immer sinnvoll, wenn Jäger eine einzige Tierart unterstützen. Deshalb schätze ich Gruppen wie die „National Wildlife Federation (NWF)", die 1936 von einem Jäger gegründet wurde.[13] Heute noch profitieren Jäger wie Angler als Mitglieder von deren Initiativen. Die NWF zielt auf den

Erhalt ganzer Ökosysteme ab. Durch ihre Tätigkeit überbrückt sie als eine der leider sehr wenigen Organisationen die Kluft zwischen Jagdausübenden und Naturschützern.

In meinem „Hunter-Safety"-Kurs sprachen die Referenten oft über die Notwendigkeit, das zu schützen, was der Präsident der RMEF auch im Munde führt: das Jagen als „unser Kulturerbe". E. V. sagte uns: „Womöglich bist du der einzige Jäger oder die einzige Jägerin, denen Nichtjäger jemals begegnen. Du vertrittst also uns alle." Das ist eine große Verantwortung, und man muss sich als Jäger und Jägerin wirklich Gedanken darüber machen, wie man eigentlich von Nichtjägern gesehen werden möchte. E. V. rät uns zum Beispiel, erlegtes Wild während des Transports abzudecken, anstatt es wie ein Ausstellungstück auf der Motorhaube auszubreiten.

„Einige Leute fühlen sich beim Anblick eines Tierkadavers angeekelt", erläuterte er, „und wir sollten diese Reaktion respektieren."

Mit der Zeit lerne ich einige Jäger kennen, die auch gerne provozieren. Mit Genuss wecken sie bei Nichtjägern ein Gefühl des Unbehagens, indem sie ihre Pick-ups mit Aufklebern dekorieren, auf denen so etwas steht wie z. B. „Vegetarier = altes Indianerwort für schlechte Jäger". Sie sind stolz, wie jener Sicherheitsreferent in Virginia es formulierte, einer „verhassten Sippe" anzugehören. Auf jeden jagenden Amerikaner – der sich zumindest für einen Jäger hält – kommen heute mindestens neun nicht jagende. Bei nahezu jeder Wahl geben deutlich mehr Nichtjäger ihre Stimme ab als wir Jäger und Jägerinnen. Nichtjäger entscheiden darüber, die Jagd auf noch mehr Fläche zu verbieten, nicht wir Jäger. Jene melden sich häufiger als wir zu Wort, wenn es um Jagdverbote auf öffentlichem Grund geht.

E. V. verstand, was viele andere Jäger nicht kapieren: Die Zukunft der Jagd wird hauptsächlich von Nichtjägern bestimmt. Die Bewahrung unseres ureigenen Interesses hängt von unserer Fähigkeit ab, eine positive Umgangsform mit dessen Gegnern zu finden.

KAPITEL 8

Wilde Geschmacks-
richtungen

Nach einer Gänsejagd komme ich mit einer Gans und einer Ente nach Hause. Die Ente hat eine andere Jägerin erlegt, aber sie wollte sie nicht behalten. Eine Woche darauf kaufe ich ein Hühnchen im Lebensmittelgeschäft. Während ich es aus seiner Plastikhülle herausschäle, versuche ich mir vorzustellen, was es wohl für ein Leben hinter sich hat, und wie sich das vom Leben der Gans[1], die ich vor wenigen Tagen gegrillt habe, unterschieden hat.

Die Grönland-Blässgans (*Anser albifrons*) ist auf dem Rücken und an den Seiten grau-braun gefärbt, hat orangefarbene Füße und einen weiß melierten Bauch. Letzteres erklärt ihren englischen Spitznamen „specklebelly" (Fleckenbäuchlein). Manchmal sagen die Jäger auch einfach „specks" (Fleckchen). Egal. In Nordamerika gibt es mehr als eine Million dieser Gänse. Wie für die Gattung typisch, sind Blässgänse sehr sozial in großen Gruppen lebende, sehr „gesprächige"

Tiere, die zwischen ihren sommerlichen Brutgebieten und ihren Winterquartieren in großen Scharen, jagdlich auch „Flügen", hin und her ziehen.

Ob meine Gans männlich oder weiblich war, weiß ich nicht. Mir fehlt es an der Fachkompetenz, dies bei dieser Vogelart festzustellen. Doch um meine Erzählung persönlicher zu machen, sagen wir einmal, dass sie weiblich war. Ihr Alter ist mir auch nicht klar, aber sie war schätzungsweise älter als ein Jahr, vielleicht sogar zwei oder drei Jahre alt. Wie ich darauf komme? Ihre Farbe und ihr Gewicht (irgendetwas zwischen zwei und drei Kilogramm) sprachen eher für ein vollkommen ausgewachsene Gans.

Meine Gans wurde aus einem Ei in Alaska erbrütet, wo ihre Schar den Sommer verbringt, sie war eines von etwa sechs Gösseln im Nest. Obwohl sie und ihre Brutgeschwister schnell flügge wurden, hielten sie sich noch fest an die Eltern. Im Spätsommer brachen meine Gans und ihre Schar von Alaska in Richtung Süden auf. Die Reise zu den Überwinterungsgebieten im kalifornischen Längstal oder vielleicht im Westen Mexikos, wo sie die kalte Jahreszeit verbringen, dauerte viele Wochen. Als im Frühjahr die Sonne die Luft wieder erwärmt hatte, zog die Gänseschar nach Alaska zurück.

Im zweiten Lebensjahr fand meine Gans einen männlichen Partner. Wie fast alle Gänse war „Specks" monogam. Im Unterschied zur Kanadagans, die lebenslang bei demselben Partner beziehungsweise derselben Partnerin bleibt, sofern der oder die nicht vorzeitig ums Leben kommt, hat die Blässgans auch einmal Lust auf Scheidung und sucht mitunter nach einigen Jahren einen neuen Gefährten.

Am Morgen ihres letzten Tages wachte meine Gans an einem Weiher auf einem großen Bauernhof in Zentraloregon auf. Etwa drei Wochen zuvor war sie mit ihrer Gänseschar aus Alaska hier angekommen und hatte alles Lebensnotwendige in der nahen Umgebung vorgefunden: Äsung, Wasser … und keine natürlichen Feinde. Langsam wurden die Tage kälter und kürzer. Bald würde es Zeit, weiter nach Süden zu ziehen, aber die Gänse hatte es nicht eilig. Sie blieben bis zu diesem kalten Tag Mitte Oktober, an dem leichte Nebelschleier über dem Wasser hingen und die Sonne schrittweise über die spitzen Kuppen in der Ferne kroch. Meine Gans ahnte nicht, dass heute die Eröffnung der Gänsejagdsaison war.

Falls sie an jenem Morgen besonders hungrig war, mag es sein, dass sie früh erwachte und das Hinterteil hoch in die Luft reckte, um tief im Wasser mit dem Schnabel nach einem leckeren Imbiss zu fassen. Den großen Hunger aber hob sie sich für ein nahe gelegenes Gerstenfeld auf. Um 7 Uhr 30, kurz nach Sonnenaufgang, erhob sich meine Gans mit einigen anderen vom Teich und flog zum Frühstücken in Richtung Gerste. Dort watschelte sie die Erntereihen auf und ab, fraß sich satt an reichhaltigen, goldenen Samenkörnchen. Körnchen für Körnchen genüsslich schluckend, füllte sie ihren am Schlundeingang liegenden Kropf langsam auf, von dem aus die eingeweichten Körner dann in den Magen befördert werden würden.

Während meine Gans frühstückte, zog ich mir die ausgeliehene Tarnjacke und meine Wathose an. Die grell orangefarbene Kappe, die ich gewöhnlich bei der Jagd auf Kaninchen, Hasen oder Fasanen trage – diese Wildarten können nicht in die Luft steigen oder tun es im Falle des Fasans ungern – hatte ich zu Hause gelassen. Gänse sehen wie alle Vogelarten ausgezeichnet, sodass meine grelle Kappe nicht nur für andere Waidmänner Signalwirkung gehabt hätte, sondern auch für eine fliegende Gans. Dann kniete ich mich mitten in den Weiden am Ufer des Weihers hin, an dem die Gans die Nacht verbracht hatte.

Zwei Stunden später war die Gänseschar rundherum satt. Ihre überfüllten Kröpfe signalisierten: Nichts geht mehr! Drei der Vögel stiegen in die Luft, denn normalerweise streicht eine Gänseschar im Formationsflug mit drei Vögeln als Wächtern an der Spitze. Im Flug kommunizierten sie miteinander. Unten von der Erde her hörte sich ihr Schnattern wie eine Art Gelächter an. Meine Gans blieb mit der Hauptschar zurück, wartete ab, bis der Spähtrupp im Teich ruderte, ehe sie, wie der Rest des Flugs, die Schwingen zum Landeanflug ausbreitete.

In diesem Moment stehe ich in meinem Versteck auf, ziehe die Flinte an die Schulter und entsichere sie. Dass ich ausgerechnet diese eine Gans aus dem großen Flug anvisiere, ist reiner Zufall. Ich bringe die Visierschiene und ihr Korn mit dem langen Hals der Gans in Deckung, in der Hoffnung, dass ich den Vogel vorn und damit absolut tödlich treffe. Mein Opfer streicht in nur etwa 20 Metern Entfernung an mir vorbei: Ich schwinge mit, das Korn der Laufschiene steht eine Sekunde lang auf dem Vogel, ich lasse es weiter vorgleiten und achtete darauf, meinen Oberkörper genau angepasst an Flugbahn und Geschwindigkeit der Gans zu bewegen. Dann drücke ich ab ...

Die Gans fällt tödlich getroffen sofort ins Wasser. Einige Federn schweben ihr im Zeitlupentempo hinterher. Anders als in den Zeichentrickfilmen, die ich als Kind sah, hat meine Gans nicht mit großen Augen direkt in die Kamera geschaut. Und da kreisten auch keine Sterne um ihren Kopf. Der Vogel „stutzt" nicht – er ist einfach nur tot. Anders als damals beim Erlegen des Fasans packt mich diesmal die Reue sofort. Ich lese den Vogel vom Wasser auf und empfinde sofort Schuld. In einem Augenblick segelte diese prächtige Gans durch in der Luft und im nächsten lag sie tot im Wasser. Dafür war ich verantwortlich.

Aber ihr Tod – so zumindest rechtfertigte ich das Geschehen später vor mir selbst – war nur ein Teil ihres Lebens. Und ihr Leben war zweifelsohne mühsam, aber nicht traurig. Wenn sie auch erst zwei Jahre alt war, ist sie nichtsdestoweniger bereits Tausende von Meilen geflogen und hat mehr von Nordamerika gesehen als die meisten amerikanischen Bürger und Bürgerinnen. Das sind keine schlechten Erfahrungen.

Das Hühnchen aus dem Lebensmittelgeschäft hat eine ganze andere Lebensgeschichte.[2] Wie im Falle der Gans ist mir das Geschlecht des Hühnchens unklar, da Hennen und Hähne gleichmäßig für den Verzehr gemästet werden. Zwecks der Erzählstrategie unterstellen wir einfach, dieser Vogel war ein Cornwall-Huhn. Das Etikett auf seiner Plastikeinzelverpackung identifizierte ihn einfach als „broiler" – was die amerikanische Handelsbezeichnung für ein Masthuhn ist. Ein „broiler" ist „Fleisch lieferndes Geflügel" im Unterschied zu einer „layer", einer Eier produzierenden Legehenne.

Das Huhn schlüpfte aus dem Ei und verbrachte von diesem Zeitpunkt an bis auf wenige Stunden wahrscheinlich sein ganzes Leben in einem engen Hühnerstall mit etwa 30 000 anderen seiner Art und gleichen Alters. Kurz nach dem Schlupf schnitt man meinem Huhn die Spitze seines Schnabels ohne Betäubungsmittel ab. Während der ersten Woche seines Lebens brannten die Lichter im Hühnerstall täglich 24 Stunden, um es zu andauerndem Fressen anzuregen. Danach schaltete man die Lichter nur vier Stunden täglich aus, um die Schlafenszeit auf ein Minimum zu reduzieren und die Gewichtszunahme zu maximieren. Obwohl es, rein technisch gesehen, ein Freiland-Huhn war, ist es gut möglich, dass es nie den Boden betreten oder die Wärme der Sonne am Körper gespürt hat. Um das Etikett „aus Freilandhaltung" verwenden zu dürfen, müssen Massengeflügelzüchter den Hühnern ein kleines Gehege zur freien Bewegung zur Verfügung stellen. Weil die Tore zum Gehege aber erst einige Wochen nach dem Schlupf geöffnet werden, kennen die Vögel nur das Stallleben und haben keinen Grund, ins Freie hinauszulaufen. Bis sie das Schlachtgewicht erreichen, sind die Hühner so eng gepackt, dass diejenigen, die in der Mitte des Stalls „leben", die Ausgangstür an dessen Ende kaum erreichen können. In der Regel verfügt in der Massentierhaltung jeder Vogel über eine Fläche von 21,6 auf 27,9 Zentimeter, also nicht einmal die eines DIN-A4-Blattes.

Im Gegensatz zu den meisten Hühnern stammte meins aus einer biologischen Landwirtschaft. Die Bezeichnung bürgt dafür, dass ihr Mastfutter keine Hormone enthält. Die Hormone sorgen für ein beschleunigtes Wachstum und eine schnellere körperliche Reife. Allerdings züchtete man schon in den 1940er-Jahren auch ohne Doping gezielt Hühner darauf hin, in erstaunlich kurzer Zeit eine beinahe pornografisch üppige Brust zu entwickeln. Wenn mein Cornish-Huhn das Glück hatte, bis zu seinem Sterbetag auf den Beinen stehen zu können – lasst uns optimistisch annehmen, dass es so glücklich war –, dann dürfen wir ohne weiteres davon ausgehen, dass drei seiner vier nächsten Stallnachbarn kein solches Glück beschieden war. Der Broiler zur rechten Seite, dessen Flügel die meines Huhns berührten, spürte zum Beispiel eines Tages, wie das eine seiner noch kaum entwickelten „Kinderbeine" unter seinem ungeheuren Körpergewicht einknickte. Den Verletzten entfernte man nicht unbedingt aus dem Hühnerstall, er siechte vielleicht tagelang langsam dahin, bis die ganze Schar das Schlachtalter von etwa sieben Wochen erreichte. Lahme Stücke, die noch leben, werden gemeinsam mit den gesundheitlich intakten Hühnern geschlachtet und verkauft. Tote Hühner werden allerdings regelmäßig gesammelt und aus dem Stall befördert. Sie werden nicht als Fleischprodukte für den Konsum verkauft.

Der Sterbetag meines Huhns begann normal, indem die Lichter angeschaltet wurden. Das Huhn öffnete die Augen und begann, zu fressen. Irgendwann gingen die Türen an dem einen Ende des Hühnerstalls auf, und einige Menschen in Chemikalienschutzanzügen traten herein. Sie schnappten einige Hühner bei den Füßen, trugen die kopfunter hängenden Vögel zu den Transportkisten und warfen sie hinein. Manche Hühner waren tot, als die Arbeiter sie erreichten. Diese wurden auf einem Haufen gesammelt und später entsorgt. Die lebenden Hühner in den Käfigen – also auch mein Cornish-Huhn – wurden in einen Kleinlaster geladen und zum Schlachthof gefahren. Dort angekommen, wurde mein Huhn samt den übrigen von einem anderen Arbeiter entladen und mit Fußfesseln versehen. Mit dem Kopf nach unten an einem Förderband aufgehängt, wurde das Huhn durch ein unter Strom gesetztes Wasserbad gezogen und „lahmgelegt". Mag sein, dass es Augen und den empfindlichen Schnabel noch bewegen konnte, als der Fördermechanismus es zur nächsten Station brachte, an der ihm eine automatische Klinge die Kehle durchtrennte. Damit war das zweimonatige Leben meines Huhns vorbei.

Obwohl ich ja nicht eigentlich wissen kann, was mein Cornish-Huhn dachte oder empfand, belegt die von mir erfundene Erzählung seines Lebens sicherlich, für wie traurig ich sein Dasein halte. Ethik gegenüber Tieren wird von unserem Einfühlungsvermögen bestimmt, von unserer Vorstellung, was es bedeutet, einer anderen Tierart als Homo sapiens anzugehören. Darüber kann man sich fantasievoll den Kopf zerbrechen, aber wirklich wissen? Nein, wirklich wissen kann man es nicht.

Gewiss aber ist Folgendes: Ich bin am Tode meiner Gans unmittelbar schuldig. Mittelbar bin ich aber auch mitverantwortlich für das Gesamtdasein meines Cornish-Huhns. Eines dieser beiden Szenarien ist für mich erträglicher als das andere. Aber welches?

Meine Gans hat vermutlich Schrecken, Unfälle und „Schicksalsschläge" erlebt wie zum Beispiel, von einem anderen Jäger oder auch einem Auto fast getötet zu werden. Sie war harten Winter- und Hungerzeiten ausgesetzt. Vielleicht fiel ihr Partner der Jagd oder einer Krankheit zum Opfer. Aller Wahrscheinlichkeit nach ergatterte sich der Fuchs sicher mindestens eins ihrer Küken, ehe es flügge wurde. Aber was haben jene Naturereignisse mit mir tun?

Auf der anderen Seite wäre mein Hähnchen nie aus dem Ei geschlüpft, wenn der Bedarf nach billigem Hühnerfleisch von Fleischessern meinesgleichen nicht entstanden wäre. Egal, wie viel (oder wenig) ich vom Leben und Sterben des Hühnchens mitbekommen habe, liegt sein Schicksal zumindest zum Teil an mir selbst. Ein natürlicher Tod war für mein Huhn unmöglich, weil sein gesamtes Dasein in gewissem Sinne unnatürlich war.

Manchmal ertappe ich mich, wie ich mir einen „natürlichen" Tod ausmale. Das Vorbild dafür ist das stille Hinscheiden eines Menschen, wie es der Euphemismus „er schlief friedlich ein" beschreibt. Aber Mutter Natur ist oft nicht weniger brutal als ein Schlachthaus. Wäre meine Gans nicht durch meinen Schuss ums Leben gekommen, hätte sie sich vielleicht das Bein oder einen Flügel gebrochen und wäre verhungert, langsam und unter Qualen. Ein Kojote hätte sie vielleicht erbeutet und in Stücke gerissen. Oder sie wäre in die Antriebsdüse eines Linienflugzeugs gesaugt und zerhackt worden – das letzte Szenario ist freilich nicht wirklich „natürlich", aber doch zufällig.

Immerhin hatten Gans und Huhn ein geschmackvolles, gesundes Nachleben, na ja, zumindest aus meinem Blickwinkel.

Die Gans hatte ich innerhalb einer Stunde nach ihrem Tod gerupft und gehäutet. Einen Teil der Brust nahmen wir mit zu Freunden zum Grillen mit Lachs, den ein anderer Freund kürzlich gefangen hatte. Das Gänsefleisch war dunkel und deftig, wirkte mehr wie Rind- als wie Hühnerfleisch. Einige Tage danach entbeinte ich den Rest der Gans, schnitt das Fleisch in lange, dünne Streifen und marinierte es in einer Schüssel mit einer Mischung aus Sojasoße, Knoblauch, braunem Zucker und getrockneten Pfefferflocken. Wir holten den kleinen, metallenen Barbecue-Smoker hervor, den ich vor kurzem gebraucht erstanden hatte, schürten ein Holzkohlenfeuer auf einem Aschenkasten am Räucherboden und legten die Fleischstreifen oben auf den Grill. Stunden später war das Dörrfleisch hart und trocken. Wir kosteten einige Stücke davon und hoben den Rest für lange Langlauf-Skitouren auf.

Das Hühnchen befreite ich von seiner Plastikhülle und warf seine Innereien in den Müll. Ich tupfte den Vogel trocken und stopfte etwas Füllung in seine Leibeshöhle. (Warum man diese ohnehin ziemlich manipulierten Hühnchen nicht auch gleich mit einer größeren Körperhöhle züchtet, hat mich immer schon gewundert, denn ich persönlich zöge eine zweite Portion gute Füllung immer einer zweiten Portion Brustfleisch vor.)

Ich briet den Vogel und servierte ihn wie das Glanzstück eines Festessens zu Thanksgiving.

Doch im Unterschied zum Essen der Gans unterhielten wir uns bei dieser Mahlzeit nicht über das Leben des Hähnchens, hoben ihm nicht dankbar das Glas. Das Essen verlief ganz gewöhnlich. Oder vielmehr so, wie wir es erst seit Neuerem als gewöhnlich bezeichnen.

Mein Interesse ist durch die von mir selbst erfundene Lebensbeschreibung des Cornish-Huhns und der Gans geweckt. Infolgedessen suche ich nun Bücher über die Industrialisierung der Nahrungsmittelproduktion, die zu meiner Überraschung ein recht neues Phänomen ist. Die Landwirtschaft selbst ist erst etwa 11 000 Jahre alt. Wenn man die gesamte Menschheitsgeschichte von 150 000 Jahren einmal nur als eine einzige Stunde betrachte, berichtet Tom Standage in *An Edible History of Humanity*, dann könne man sagen, „erst seit den vergangenen vierundeinhalb Minuten betreibt die Menschheit Landbau, und zur wichtigsten Produktionsform menschlicher Nahrungsmittel ist die Agrarwirtschaft erst in den vergangenen einenhalb Minuten geworden".[3]

An allen Landtieren, die zu Nahrungszwecken getötet werden, haben heute Masthühner einen Anteil von mehr als 90 Prozent. Allein die Fast-Food-Kette KFC kauft jährlich mehr als eine Milliarde Hühner ein.[4] Hinzu werden mehr als 250 Millionen Küken pro Jahr vernichtet, hauptsächlich Legehennen, die sich – dumm gelaufen – doch als Hähnchen entpuppten.[5] Darüber schreibt Michael Pollan:

„Die Industrialisierung – ja, Brutalisierung – von Landtieren in den USA ist ein neues, vermeidbares und lokales Phänomen: Kein anderes Land züchtet und schlachtet seine Nutztiere so intensiv oder besser so knallhart wie wir."[6]

Ich lese ganze Stapel von Fachbüchern über moderne Nahrungsmittelproduktion, und je mehr ich über den Umgang mit Zuchttieren lese, desto begeisterter bin ich von der Jagd als einer vertretbaren alternativen Form der Fleischbeschaffung. Tiere, die in freier Wildbahn leben, werden tatsächlich „im Freiland gehalten", und wenn sie auch kein leichtes Leben führen – das Leben unter natürlichen Bedingungen ist mühselig –, na, dann laufen sie zumindest frei herum. Ehe eine Wildente auf meinem Teller landet, lebt sie als echte Ente im Freien: Sie plantscht, patscht, gründelt, streicht und zieht. Mit anderen Worten tut sie all das, was Enten seit vielen Jahrtausenden treiben.

Ladenfleisch kann mir einfach nicht so viel bedeuten wie Wildbret, das ich persönlich erpirsche und erlege. Aber die wenigen Gelegenheiten zu diesem wirklichen Genuss – eben erlegtes Wild verspeisen zu können – verändern meine Einstellung zu den herkömmlichen Fleischprodukten aus der Massentierzucht, die ich (leider) nach wie vor im Lebensmittelgeschäft einkaufe. Wenn ich beispielsweise die klare Folienverpackung eines Huhns aufschneide und ausgelöste Hühnerbrüste herausnehme, erinnere ich mich wieder an das feste Fleisch meines Fasans. Ich sehe wieder den eleganten Bogen seiner Brust, die einst von Haut bedeckt und mit Gefieder geschmückt war. Meine Erfahrungen mit dem Zerwirken von Wild führen dazu, dass ich einen Vogel Knochen für Knochen, Stück für Stück, Rupfer für Rupfer im Geiste wieder auferstehen lasse. Wie ein Gespenst erhebt er sich wieder in seiner ursprünglichen Form vor meinem inneren Auge. So ist allmählich auch das labberigste, bis zur Unkenntlichkeit bearbeitete Kotelett nicht mehr bloß ein Stück

Fleisch. Es ist ein Überbleibsel eines Lebewesens. Ein Beweisstück seines einstigen Daseins.

Früher beschaffte ich nur ein paarmal im Jahr ein ganzes Huhn oder einen kompletten Truthahn, meist kaufte ich abgepackte Oberschenkel und Hühnerbrüste. Die einfachen Tätigkeiten Abwaschen, Abtupfen und In-den-Ofen-Schieben schreckten mich bei einem ganzen Vogel ab. Das Animalische eines ganzen Huhns lag zu offensichtlich zu Tage, war aufdringlich zur Schau ausgestellt. Bei der Bearbeitung von rohem Fleisch bekam ich Schuldgefühle, und meine Bewegungen waren ungeschickt. Ich beeilte mich, den Vogel so schnell wie möglich in den Ofen zu schieben, damit er rasch in einen erträglicheren Anblick verwandelt würde: in ein knusprig gebräuntes, schmackhaftes Essen. Jetzt aber nimmt mit jedem Tier, das ich ausweide, rupfe oder abbalge, mein Selbstvertrauen zu. Nun greife ich im Supermarkt zu ganzen Hühnern, anstatt nur folienverschweißte Oberschenkel und Bruststücke in meinen Korb zu packen. Das ist nicht zuletzt auch preiswerter und weniger verschwenderisch. Auch das wird mir immer wichtiger.

Eine Studie aus dem Jahr 2009 ergab, dass 40 Prozent aller in den USA produzierter Nahrung ungenutzt bleibt.[7] Zu Verschwendung kommt es zwar schon während der Produktion und Verteilung von Lebensmitteln, der größte Verlust aber findet nach dem Einkauf statt. Die Verbraucher bezahlen zwar die ganzen Lebensmittel, aber ein bedeutender Teil davon landet später im Mülleimer. Da ich jetzt selbst Vögel erlege, betrachte ich sie als einzigartige Wesen, nicht als ein Stück Fleisch. Ich bringe es nicht mehr über mich, ein einziges Teilchen dieses einstigen Lebens wegzuwerfen.

✷✶✷

Und auch noch etwas anderes – es hat gar nichts mit der Jagd zu tun – macht mich im Umgang mit Lebensmitteln selbstbewusster. Scott und ich freunden uns mit einem älteren Nachbarn namens Raymond an. Raymond wohnt immer noch in derselben Drei-Zimmer-Wohnung, in der er zur Welt gekommen ist. Er ist mit einer Entwicklungsstörung geboren, deren Namen wir nie lernen. Man versteht ihn schwer, weil er unartikuliert spricht. Raymond lebt von einer bescheidenen Sozialhilfe und einer kleinen Rente, was zusammen kaum ausreicht, den Kopf über Wasser zu halten. Er muss jeden Cent dreimal umdrehen, ehe er ihn ausgibt, um sicher zu sein, dass er über die Runden kommt. Bald gewöhnen Scott und ich uns an, Raymond zu verschiedenen Lebensmittelgeschäften zu fahren, wo er günstig Gutscheine einlösen kann. Jeder Ausflug wird zur Zerreißprobe. Weil Raymond nicht gut lesen kann, braucht er etliche Minuten, bis er erkennt, ob das Sonderangebot einer Dose Schmortomaten einer bestimmten Marke aktuell ist. Manchmal kann ich die Chilikonservendosen und faden Donuts in seinem Einkaufswagen gar nicht ansehen, so unappetitlich sehen sie aus. Weil er stets auf der Suche nach dem günstigsten Angebot ist, kauft Raymond am Ende selten gesundes Essen ein.

Wenn Scott und ich ein gutes Essen genießen, denke ich an Raymond und packe manchmal Reste für ihn in Frischhalteboxen. Ab und zu laden wir ihn zum Abendessen zu uns ein.

Eines Abends erzählt er an unserem Esstisch eine Geschichte, die wir schon mehrmals gehört haben. Nach einem Autounfall war sein Vater nicht mehr fähig, in der Sägemühle in Bend zu arbeiten, und erhielt ein Stipendium zur Umschulung auf ein anderes Handwerk. Die ganze Familie musste für zwei Jahre nach Klamath Falls ziehen, eine Stadt, südlich von Bend und in gut 200 Kilometern Entfernung.

„Gefiel dir Klamath Falls?", frage ich in der Hoffnung, eine neue Dimension dieser oft gehörten Erzählung zu erfahren.

„Äh, es ging. Nicht so gut wie Bend."

„Warum nicht?"

„Das Wasser schmeckte nicht so gut."

Gelegentlich macht Raymond so was: Indem er etwas auf die Basis reduziert, sagt er etwas überraschend Tiefgehendes. Wenn man sich letztlich überlegt, wie man zwei Kleinstädte einordnen soll, welche Kriterien wären wesentlicher für einen Vergleich als unsere grundlegendsten Bedürfnisse? Wie eben Wasser.

In den vier Jahren in Bend hatte ich reichlich Gelegenheit, mir darüber Gedanken zu machen, was einen Ort zu einer würdigen Heimat macht. Meine Tätigkeit bei der Zeitung wird immer frustrierender, sodass ich mit dem Gedanken spiele, mir in einem anderen Bundesstaat Arbeit zu suchen. Reporter ziehen häufig um, und in Bend lebe ich schon viel länger als ursprünglich geplant. Vielleicht ist es an der Zeit, zu einer größeren Zeitung zu wechseln. Die geringe Zahl der Stellenangebote lässt allerdings erkennen, dass der Arbeitsmarkt für Journalistinnen derzeit nicht besonders günstig ist. Möglichkeiten gibt es in Anchorage AL, Salt Lake City UT, Sarasota FL. Einen Wechsel in eine der Städte lasse ich mir durch den Kopf gehen und frage mich, ob sich ein Umzug lohnt.

Ich habe mich immer für eine Großstädterin gehalten. Aber bei der Entscheidung, in Bend zu bleiben oder in eine etwas größere Stadt zu ziehen, stellt sich die grundsätzliche Frage, die Raymond aufwarf. Was ist es denn an sich, was ich so toll an der Großstadt finde? Die Diversität? Ja, sie am meisten. Die Vielfalt der Sprachen und der unterschiedlichen Kulturhintergründe, die reiche Auswahl an ethnischen Spezialitäten? Das rege Nachtleben? Ja, klar. All das. Und in einer dicht besiedelten Gegend ist die Chance auf neue Kontakte größer, nicht wahr? Aber es nagt ein Zweifel in mir, ob ich so was wirklich will. Vielleicht habe ich hier in Bend mit dessen Umgebung bereits etwas sehr Wertvolles.

Ich rede mit Scott über diese Gedanken. Er versichert mir, dass er mir überall hin folgen würde, doch ich spüre, dass er ganz tief in sich am liebsten in Bend bleiben möchte. Zum x-ten Male zähle ich die Pros und Contras eines Wechsels zu einer renommierteren Zeitung in einer größeren Stadt auf. Wenn ich ihn (immer wieder) um seine Meinung bitte, seufzt er (immer wieder).

„Lil, über diese Dinge denke ich nicht so wie du."

„Was meinst du? Denkst du nie an andere Arbeitsmöglichkeiten, an etwas Wichtigeres und Größeres?"

„Na, das weiß ich nicht." Dann nach einer Pause: „Kann sein, dass ich nicht so hoch hinaus will wie du. Ich meine, na ja, es reicht, eine Arbeit zu haben, die mich einigermaßen zufrieden stellt. Aber letzten Endes wird für mich ein Job immer nur ein Job sein. Am Wichtigsten für mich ist daran die Rückkehr zu dir am Ende des Tages. Am Wochenende will ich mit dir zelten gehen, vielleicht Fliegenfischen oder Skifahren. Eventuell ins Kino gehen oder vielleicht zu Hause faulenzen und lesen. Mehr will ich nicht."

Da gehen mir die Augen auf und ich schäme mich, mir so wenige Gedanken zu machen über das viele Gute in meinem Leben, das ich hier besitze und genieße. Scotts skizzierte Wunschliste ist bescheiden. Aber sind seine Vorstellungen letztlich nicht die wirklich wichtigsten Dinge im Leben? Jemanden lieb zu haben, über ein halbwegs gutes Einkommen zu verfügen, beliebten Freizeitbeschäftigungen nachgehen zu können? Warum sollte ich – oder überhaupt jemand – mehr als das verlangen?

Im Herbst begleiten wir unsere Freundin Betsy zum Pilzesammeln. Wie die Jagd auf Tiere war auch das Pilzesuchen in meiner Familie in meiner Kinderzeit verpönt. Wir kannten sogar jemanden, der auf dem Nachhauseweg vom Bahnhof Pilze suchte. Grundsätzlich hatten wir kein Problem damit, da keine Schusswaffen beteiligt waren und keine Gefahr für Tiere bestand. Dennoch hielten wir diesen Menschen für einen Spinner. In unseren Augen sahen alle Pilze mehr oder minder ähnlich aus. Was, wenn er die falsche Sorte pflückte und an Vergiftung stürbe? Konnte man überhaupt mit Sicherheit wissen, dass eine besondere Pilzsorte ungefährlich ist?

Doch mein Leben in Oregon und meine Erfahrungen mit der Jagd haben solche ängstlichen Bedenken beseitigt. Über Jahrtausende ist die Menschheit auf Nahrungssuche gegangen und hat überlebt. Diese lange Geschichte hat ihr einen Schatz an Wissen verschafft, das in Vergessenheit geraten ist und nun dringend auf seine Wiederentdeckung wartet. Dieses Wissen muss man an die nächste Generation weitergeben.

Die Pilzsucherinnen aus meinem Bekanntenkreis sprachen mir Mut zu: Wenn man weiß, was man sucht, besteht kaum eine Gefahr. (Und wenn du unsicher bist, lass die Finger von einem Pilz!). Nur einige wenige Pilzarten sind für gesunde Erwachsene lebensgefährlich, und dann auch nur, wenn sie gegessen werden. Die meisten giftigen Pilze verursachen die üblichen Symptome: Durchfall und Erbrechen, aber keineswegs gleich den Tod.[8] Außerdem hört sich Pilzsuchen verhältnismäßig stressfrei an im Vergleich zu meinen Jagderfahrungen mit geladener Flinte. Kurz und gut, eines Samstags ziehen wir uns bequem nach dem Zwiebelprinzip an, steigen in gute Wanderstiefel und nehmen einige Tragetaschen für die Pilze mit, die wir mit einer Portion Glück finden werden.

Im Auto dreht sich Betsy mit ernster Miene zu uns um: „Die Hauptregel beim Pilzsuchen ist Folgende", sagt sie ernsthaft, „man erzählt niemandem, wo man gesucht hat! Im Ernst. Euch zeige ich meine Geheimgegend, weil ich zu euch Vertrauen habe. Aber auf keinen Fall weitersagen!"

Der Geheimhaltungskodex ist gang und gäbe unter Anhängern aller Sportarten in Oregon. Zunächst hat mich die Geheimnistuerei gestört. Angler beschwerten sich, wenn eine führende Naturzeitschrift eine Beschreibung ihrer Lieblingsplätze abdruckte. Skifahrer klagten über jedes Getöse um ihre bevorzugten Loipen in abgelegenem Gelände. Jäger jammerten, dass ein Jagdführer einen zahlenden Kunden an eine Äsungsfläche führte, an der sie ohne Führung in fünf Jahren drei Hirsche erlegten. Die Angst, dass ein selten besuchter Lieblingsplatz plötzlich von Fremden überlaufen werden könnte, verstehe ich wohl. Was mich an der Einstellung jedoch irritiert, ist das Besitzergreifende hinter der Angst. Jeder jammernden Gruppe kann man nur sagen: Bildet ihr euch wirklich ein, diese Tiefschneepiste entdeckt zu haben? Diese fischreiche Flussbiegung? Diese magnetische Äsungsfläche? Tut mir leid, Leute, aber wir leben im 21. Jahrhundert. Schon ewig steigt der Mensch diesen Hang hoch, angelt in diesem Fluss, jagt auf dieser Lichtung. Ihr seid nun wahrlich nicht die Ersten. Diese Welt steht jedem Menschen offen.

Als ich jedoch auf Pilzsuche gehe, fange ich an, auch den Instinkt des Besitzergreifens zu verstehen. Pilze wachsen in der Regel jahrein, jahraus immer an den gleichen Stellen. Und sie bilden ihre oberirdischen Bestandteile nur einmal pro Saison aus, in klimatisch ungünstigen Jahren vielleicht auch so gut wie gar nicht. Mehrere Personen können eine Skipiste nutzen, im selben Fluss angeln, im gleichen Wald jagen. Wenn aber ein Pilzsammler in sein Pilzparadies zurückkehrt, nur um festzustellen, dass bereits jemand anderes da war und alles restlos geerntet hat, ist das Pech und natürlich ärgerlich. Es gibt keine zweite Chance. Jahrelang ging Betsy mit der Familie einer japanisch-amerikanischen Freundin Pilze suchen. Die Großmutter wusste zum Beispiel, dass eine bestimmte Pilzsorte um eine bestimmte Fichte herum zu einer bestimmten Jahreszeit wuchs. Eines Tages ging Betsy zu dem Baum, aber andere Sammler hatten nicht nur alle Pilze bereits geerntet, sondern auch den Boden mit einem Rechen umgewühlt. Manche Sammler tun dies, um auch den letzten Pilz zu finden. Leider kann so ein Durchpflügen des Bodens das Wurzelsystem der Pilze zerstören, dass diese im nächsten Jahr keine Fruchtkörper mehr bilden können. Betsy hat persönlich erlebt, wie niedergeschlagen die Großmutter an jenem Tag war, und sich diese Lehre zu Herzen genommen.

Als Betsy diese Geschichte erzählt, leuchtet mir ein, dass es so schlimm nicht ist, einen geheimen Platz persönlich in Anspruch zu nehmen. Vielleicht ist die Geheimhaltung sogar der beste vorstellbare Schutz für den fraglichen Ort. Warum? Weil sie dafür sorgt, dass nur ein kleiner Kreis von Menschen mit wirklichem Gespür für das Land und dessen Naturgüter von ihm weiß.

Biologisch gesehen gehört der Pilz nicht zur Flora, eindeutig auch nicht zur Fauna. Pilze stellen eine dritte artenreiche Organismengruppe dar: das Reich der Fungi. Ihre saisonal oberirdisch wachsenden Teile, die wir Menschen eben sammeln und verspeisen, sind nichts weiter als das Vermehrungsorgan eines unsichtbaren, meist unter der Erde wachsenden, weit verzweigten Geflechts aus feinen Pilzfäden.[9] Das gilt natürlich auch für den allgemein bekannten Lamellenpilz mit dem schirmartigen Hut, den man, in Scheiben geschnitten, auf Pizzas legt. Vermutlich, weil es manche Amerikaner abstoßen würde, „Genitalien" zu verspeisen, verwendet man einen salonfähigen, eher poetisch umschreibenden Ausdruck für die Vermehrungsorgane von Pilzen: „Fruchtkörper".

Im Unterschied zu Pflanzen, die von Sonnenenergie abhängig sind, ernähren sich Pilze von organischen Stoffen, die von abgestorbenen Pflanzen- und Tierteilen stammen. Sie sind also Zersetzer, sogenannte Destruenten, im Stoffkreislauf der Natur. Mund und Verdauungstrakt – die „Innereien" der Fungi – bestehen aus jenem unterirdischen Fadengeflecht, dem sogenannten Myzel (mycelium).

Das Myzel der meisten essbaren Pilze wächst unterirdisch, während andere Pilzarten tote Baumstämme vorziehen.

Betsy führt uns zu ihrem Geheimplatz, an dem wir auf der Suche nach Pfifferlingsarten und Matsutake-Pilzen umherwandern. Sie findet sofort alle Arten und erklärt uns ihre Identifikationsmerkmale. Die Pfifferlinge (*Cantharellus cibarius* und *C. subalbidus*) sehen wie eine trompetenförmige Koralle aus. Einige sind weiß mit bernsteinfarbener Umrandung, während andere ganz gelb oder orangefarben sind. Alle drei Varianten wirken anmutig. Einige Pilzarten, die wie Pfifferlinge aussehen, sind nicht essbar, wenn auch nur eine Art eigentlich giftig ist. Betsy, eine erfahrene Pilzsammlerin, erklärt sich bereit, unsere Funde zu überprüfen.

Der weiße Matsutake-Pilz (*Armillaria ponderosa*) ist seltener als der Pfifferling. Er wächst hauptsächlich im pazifischen Nordwesten Amerikas, ist aber nahe verwandt mit einer Pilzart in Japan. Er macht einen ähnlich unauffälligen Eindruck wie die Zuchtchampignons, die in jedem Supermarkt zu finden sind. Aber als Betsy ihn umdreht und uns auffordert, mit der Nase nahe an den Lamellen zu riechen, überrascht mich ein ganz neuartiger würziger Duft. In einem Fachbuch über Pilze von David Arora, *Mushrooms Demystified* (1986), das später zu meinen Lieblingsbüchern zählen wird, finde ich eine Beschreibung des Dufts als „einen provokanten Kompromiss zwischen ,red hots' (Chilischoten) und ,dirty socks' (muffelnden Socken)".[10] Mein Geruchssinn sagt „zitronenerdig", als hätte man frisch gepressten Grapefruitsaft mit Lehmboden vermischt.

Wir bilden eine lange Reihe und durchstreifen den Wald mit nach unten gerichteten Augen. Betsy scheint einen superbegabten Spürsinn für Pilze und ein Blickfeld von etlichen Metern zu haben. Im Vergleich zu ihr bin ich blind. Einige trockene Tannennadeln und das fahle Waldlicht machen selbst die hellsten Pfifferlinge für meine Augen unsichtbar. Die Matsutake-Pilze sind noch schwerer zu erkennen, weil man sie sowieso selten sieht. Anstatt sich auf das Bild des Pilzes selbst zu konzentrieren, achtet man deshalb eher auf eine kleine Erhebung am Waldboden und untersucht sie dann in der Hoffnung, dass ein weißer Pilzhut zum Vorschein kommt. Auf Betsys Empfehlung hocken wir uns hin, um solche vielversprechenden Stellen am Erdboden besser zu erkennen.

Zu meiner Überraschung macht mir Pilzesuchen Spaß, wenn ich auch keine finde. Warum? Weil ich dabei Aspekte der Natur wahrnehme, die mir sonst entgangen wären: z. B. kleine, spitze Flechten, die grün und hellblau leuchten wie das Ei eines Rotkehlchens und stellenweise den Waldboden überziehen. Wenn ich auch die von uns gesuchten essbaren Pilze nicht finde, sehe ich viele andere Arten. Kleine, purpurfarbene Fliegenpilze schauen aus der schwarzen Erde hervor. Falten-Tintlinge (*Coprinopsis atramentaria*) mit mausgrauen Hüten auf schlanken Stielen wachsen dicht an dicht auf einem umgestürzten, moosüberzogenen Baumstamm, als würden die Pilzlein eine Ameisenkolonie doubeln. Feuerschwämme (*Phellinus gilvus*) wachsen aus den Stämmen lebender Bäume hervor.

Ich beuge mich tiefer, um einen Erdklumpen genauer zu untersuchen, der wohl nichts als eben das ist. Ein weißer Rand scheint aber herauszuragen. Mit dem Stecken drehe ich den Klumpen um. Und siehe da! Ein großer, weißer Pilzhut kommt deutlich zum Vorschein. Mir stockt regelrecht der Atem.

„Betsy", rufe ich, „ich glaube, ich hab einen gefunden!"

Ich lege den Stock zur Seite und entferne vorsichtig die Erde um den Pilzstiel mit der Hand. Dann packe ich den dicken Stiel mit der Hand und bewege den Pilz hin und her, um ihn von der Erde zu lösen. Er ist großartig: Der Hut hat einen Durchmesser von mehr als 15 Zentimetern und riecht ungewöhnlich würzig. Er ist größer als der Matsutake-Pilz, den Scott und Betsy vorhin gefunden haben. Die meisten dieser Pilze haben einen Hutdurchmesser von nur wenigen

Zentimetern. Und ihr Hut ist weniger kugelförmig als eher gewölbt. Ist dieser hier überhaupt ein Matsutake?

Betsy steht neben mir.

„Der hier ist riesig, ist es ein Matsutake?", frage ich.

„Ich bin nicht sicher."

Ich zittere etwas vor Aufregung, als Betsy mir den Pilz abnimmt, umdreht und an die Nase hält. „Hm … ganz klar. Ein Matsutake. Toller Fund!"

Ich bin so glücklich, dass mich für den Rest des Tages ein schwindelndes Hochgefühl begleitet.

Das Hobby, Pilze zu suchen, hat zu einer skurrilen Begriffswelt geführt. Die Fungi-Vertreter werden so kreativ benannt, dass ihre systematischen Verwandtschaften nicht sofort zu erkennen sind: Glockenmorchel, Gifthautkopf, Hexenpilz, Blaubeeren-Klumpfuß, Blasser Schleimkopf, Bauchwehrkoralle, Marzipanfälbling, Kuhmaul u.v.a.[11] Wenn die Pilze von sich aus in einem Ring wachsen, nennt man diese einen „fairy ring" („Hexenring"). Einige Pilze wie der Kampfer-Milchling werden „candy caps" genannt, denn in getrocknetem Zustand schmecken sie zuckerig. Pilzsammler pflücken sie, lassen sie austrocknen und verwenden sie kleingehackt als Zutat für Kekse oder zur Garnierung von Eis.

Betsy habe ich es nicht gesagt, aber in Wahrheit esse ich normale Pilze ungern. Ihre Konsistenz und ihr Geschmack sind mir einfach zu fremd, obwohl ich sie aus Höflichkeit oder manchmal auch Faulheit schon hinunterwürge. Aber Wildpilze sind was anders. Ich bin ungeduldig, sie zu probieren, denn ihre Suche im Wald war ein solcher Genuss, dass ich mir ihren Verzehr genauso angenehm vorstelle.

Am ersten Abend bereiten wir nur die Eierschwammerl zu, die Pfifferlinge also. Einige Leute reagieren allergisch auf Waldpilze, sodass Betsy uns nahe legt, vorsichtig zu sein. Sie rät, jeweils nacheinander nur eine kleine Portion jeder Pilzart zu uns nehmen. Und wenig Alkohol dazu zu trinken, da er eine etwaige Allergie verstärken kann. Außerdem empfiehlt Betsy, ein paar Tage lang eventuelle Reaktionen wie etwa Magenbeschwerden oder Hautausschlag abzuwarten, ehe wir mehr Pilze essen.

Wir entscheiden uns für die einfachste Zubereitung: die Pilze mit etwas Butter zu rösten. Anstatt die Eierschwammerl zu zerkleinern, ziehen wir sie wie Käse in Streifen auseinander, eine Methode, die uns Betsy vorführt. Wegen ihrer festen, faserigen Struktur – ähnlich einer Hühnerbrust – ist dies leicht. Obwohl sie mild schmecken, sind sie nicht so nach meinem gusto, wie ich gehofft habe.

Am nächsten Tag probiere ich den Matsutake-Pilz und entdecke, dass er neben dem ungewöhnlichen Duft auch einen penetranten, ja fast unnatürlichen Geschmack hat. Im Gegensatz zu den Pfifferlingen ist dieser Pilz schwer zu kauen und zu schlucken. Man muss intensiv kauen, wie bei Tintenfisch, was den seltsamen Geschmack noch steigert. Mit Mühe verkrafte ich das erste Stück, das zweite aber bleibt mir im Halse stecken. Ich schiebe den Teller weg und beobachte, wie Scott den Rest der zubereiteten Pilze mit Lust verschlingt. Ich beneide ihn und bin von meinem weniger feinschmeckerischen Gaumen enttäuscht.

Einst schrieb ich einen Zeitungsartikel[12] über das pazifische Neunauge (*Lampetra fluviatilis*), einen parasitischen Fisch, der in Bächen und Flüssen laicht, dann ins Meer hinabsteigt, bevor er zum Laichen eventuell erneut ins Süßwasser aufsteigt. Diese aalähnlichen Tiere sind eine der urältesten noch lebenden Gattungen der Erde – schätzungsweise eine Million Jahre älter als die frühesten Dinosaurier – und seit Tausenden von Jahren eine wichtige Nahrungsquelle für die hiesigen Indianerstämme. In letzter Zeit müssen die Stammesältesten den Kindern gut zureden, den Fisch überhaupt zu probieren. Auch ihre Gaumen sind nun an Cheeseburger und Pommes Frites gewöhnt, nicht aber an getrocknetes oder gegrilltes Neunauge.

Unsere Geschmacksvorlieben ändern sich mit der Zeit und sind von den Nahrungsmitteln abhängig, die in der jeweiligen Gesellschaft am einfachsten zu bekommen ist. In seinem Buch *Putting Meat on the American Table* (2005) zeichnet der Historiker Roger Horowitz den Übergang von geräuchertem zu frischem Schweinefleisch in den amerikanischen Essgewohnheiten nach.[13] Die Nachfrage nach gepökeltem Schweinefleisch sank im Lauf des späten 19. Jahrhunderts immer stärker, als frisches Rindfleisch nicht nur beim Metzger, sondern auch in städtischen Lebensmittelgeschäften und damit immer leichter zu bekommen war. (Jeder Leserin von *Little House on the Prairie* [1932-43] ist gepökeltes Schweinefleisch noch als etwas Alltägliches bekannt.) Angesichts der wachsenden Beliebtheit von Rindfleisch dachten die Schweinezüchter darüber nach, wie sie ihr Angebot reichhaltiger gestalten könnten und führten Produkte wie frische Schweinekoteletts und -filets ein, die im Geschmack und in der Struktur dem Rindfleisch ähnlich waren. Vor zweihundert Jahren, als Amerikaner mehr Wildbret verzehrten, hatten ihre Gaumen zweifelsohne andere Vorlieben als heute.

Obschon die Menschen Hunderte von Tiergattungen als Fleischlieferanten verwenden könnten, sind nur ganz wenige Arten dazu gemacht worden. Nur 14 der 148 Großlandtierarten haben die Menschen zu Nutztieren entwickelt. Da ich mit Hühner-, Schweine- und Rindfleisch groß wurde (gelegentlich dazu Truthahn), schmeckte mir Entenfleisch zunächst gar nicht. Warum? Weil es viel geschmacksintensiver als das gewohnte Fleisch war. Um die passenden Worte zur Beschreibung des Geschmacks verlegen, benutzte ich ein abwertendes Klischee: „gamey“, „so ein Wildgeschmack“, was so viel bedeuten soll wie „nicht mehr ganz frisch“. Aber mit der Zeit entwickele ich allmählich eine Vorliebe für Wildente. Für mich schmeckt deren Wildbret leicht „fisch-truthahnähnlich“ (was bei einem Wasservogel vielleicht ja auch zu erwarten ist).

Einst las ich einen Artikel über ausgefallene Essgewohnheiten. Dort stand, wenn ich mich richtig erinnere, dass sich der Gaumen eines Kindes während des Wachstums so stark ändere, dass es eine Speise mindestens 17 Mal probieren müsse, ehe es erkenne, ob sie ihm tatsächlich schmeckt.[14] Als Erwachsene frage ich mich, ob ich den Pilzen eine faire Chance gegeben habe? Wenn ich sie 20-, 30-, 40-mal äße, würde ich sie dann als Köstlichkeiten zu schätzen lernen? Zu Silvester nehme ich mir fest vor, im kommenden Jahr eine Pilzart mindestens einmal wöchentlich zu probieren.

Die ersten Versuche sind schlimm. Beim Kauen will ich mir die Nase zuhalten. Aber mit jeder Wiederholung wird es erträglicher. Es dauert nicht lange, und ich verwende Pilze als Zutaten in Pfannengerichten oder auf der Pizza, nun aus Neigung anstatt aus Pflicht. Als sich der Sommer wieder neigt, bin ich so weit, dass ich ungeduldig auf die Pilzsaison warte. Ausschlaggebend dafür ist die freudig-jagdliche Hoffnung, ein echtes Prachtstück von Pilz zu finden. Die Vorfreude, es nach Hause zu bringen, angemessen zuzubereiten und würdig zu verspeisen, ist ebenfalls groß.

Mein Hochgefühl nach dem Fund jenes ersten prächtigen Matsutake-Pilzes erinnert mich im Nachhinein an meine Reaktion auf die erste erfolgreiche Fasanenjagd. Und es erinnert mich auch an eine Campingreise mit Scott im Frühherbst. Wir wanderten meilenweit in die Wildnis zum Fliegenfischen an einem abgelegenen See, den wir auf der Landkarte entdeckt hatten. Bei unserer Ankunft stellten wir fest, dass der See üppig von Schwarzbeerenbüschen umstanden war. Ohne überhaupt an die Vorbereitung meiner Fliegenrute zu denken, hockte ich mich sofort hin und pflückte Schwarzbeeren. Gott sei Dank hatte ich einige Plastiktüten in meinem Rucksack. Die winzigen Früchte waren dunkelrot und schmeckten süß-sauer, als hätten sich eine Blaubeere und eine Himbeere zusammengetan und schmackhaften „Nachwuchs" gezeugt. Zu Hause legten wir die Beerenernte ins Tiefkühlfach. Jeden Monat holten wir eine Portion heraus, streuten sie auf die backenden Pfannkuchen oder kochten daraus eine süß klebrige Soße für den Eisbecher.

Die Suche nach Wildpflanzen wurde mir letzten Endes fast zu einer religiösen, zutiefst befriedigenden Erfahrung. Stoße ich nun auf einem Hügel zufällig auf reife Schwarzbeeren, die in der Sonne schimmern, oder löse ich einen duftenden Pilz aus der Erde, erzeugt das in mir das Gefühl, eins zu sein mit dem Universum. Nun spüre ich im Dasein eine weltumspannende Seele, ich spüre, dass ich mich genau zur richtigen Zeit am genau richtigen Platz befinde.

KAPITEL 9
Braver Hund, böser Wolf

Im gleichen Herbst, in dem Betsy uns in die Pilzsuche einführt, gehe ich einige Male auf Federwildjagd. Was mir an dieser Jagd vor allem gefällt, sind die Hunde. Jede Einladung zu einem Ausflug mit jagdlich gut gearbeiteten Hunden nehme ich begeistert an. Diese Vorstehhunde sind unwahrscheinliche Kreaturen, zunächst einmal wegen ihrer körperlichen Fähigkeiten. Sie folgen dem Geläuf des Federwildes und stehen es dann so lange vor, bis „Chef" oder „Chefin" das Signal zum Einspringen geben. Erstaunlich ist zweitens, wie gut sie mit dem Menschen zusammenarbeiten. Sie verstehen sich bestens auf die Körpersprache ihres Herrn, antizipieren jede kleine Körperbewegung. Auf Spur und Geläuf sind sie ebenso wie dann zufrieden, wenn sie erlegtes Wild aufnehmen und apportieren. Diese Erlebnisse lassen mich mein eigenes Verhältnis zu meiner Hündin Sylvia überdenken.

Sylvia habe ich im April vor drei Jahren adoptiert. Wie so viele Liebesbeziehungen heutzutage begann unsere Beziehung online. Monatelang durchstöberte ich „Petfinder.com", ehe ich die Beschreibung von „Missy" fand. Die einjährige ehemalige Straßenhündin ist vermutlich ein Mix mit großem Anteil an Flatcoated Retriever. Über diese britische Jagdhundezucht sagt man, sie sei gutmütig und verspielt. Sie ist auch groß genug, um sie zum Jogging oder Skifahren mitzunehmen, aber dankenswerterweise nicht so eigensinnig wie Scotts riesiger Great Pyrenees Bob mit seinen fast 50 Kilogramm. Eines Samstags fuhren wir zusammen mit Bob zum Tierheim, um uns Missy anzuschauen. Obwohl Bob und Sylvia, wie ich Missy dann nannte, sich gegenseitig ignorierten, entschieden wir uns für sie. Im Auto auf der Heimfahrt wollten sie nichts miteinander zu tun haben, wenngleich sie den Rücksitz teilen mussten. Am nächsten Morgen war das Eis scheinbar gebrochen, denn sie spielten aufgeregt in unserem Hinterhof.

Damals hatte ich mein Interesse an die Jagd noch nicht entdeckt. Im Nachhinein aber denke ich, Sylvia hätte sich wahrscheinlich zu einer tollen, wenn nicht Vorsteh-, so doch Stöberhündin und Apporteurin entwickeln können, wenn ich sofort daran gedacht hätte, sie an Federwild auszubilden. Bis auf eine einzige bemerkenswerte Ausnahme –Fisch! – hatte sie wenig Kontakt mit anderen Tieren.

Kurz nachdem wir Sylvia aus dem Tierheim abgeholt hatten, nahmen wir sie zum Fliegenfischen mit. Sie leistete uns gute Gesellschaft und im Unterschied zu Bob blieb sie in unserer Nähe. Außerdem reagierte sie gut genug auf Kommandos und stellte keinen Unsinn an. Zwar weiß ich nicht, was durch Sylvias kleines Gehirn zuckte, als sie zum ersten Mal zusah, wie Scott einen Fisch fing, aber was es auch immer gewesen sein mag, das Erlebnis wirkte lebensverändernd auf sie. Wir standen am Ufer des Flusses Williamson an einem tiefen Gumpen mit kristallklarem Wasser. Der Fisch biss auf Scotts künstliche Fliege und schoss in die Luft. Sylvia wurde verrückt. Sie sprang in die Strömung, schwamm in Kreisen um die Stelle, wo der Fisch sich gezeigt hatte. Ab und zu tauchte sie den ganzen Kopf unter das Wasser, um den Fisch zu sehen. Mag sein, dass ihre Vorfahren für die Federwildjagd gezüchtet wurden. Sylvia jedenfalls war von diesem Moment an durchaus zufrieden, ihr Leben den Fischen zu widmen.

Sie versteht mehr vom Fliegenfischen als die meisten Menschen. Sie bemerkt zum Beispiel schneller als ich, wenn Fische zur Nahrungssuche an die Wasseroberfläche aufsteigen und sich nähern. Angle ich mit einer Trockenfliege – der Imitation eines ausgewachsenen Insekts, das wie etwa eine Maifliege auf dem Wasser treibt –, steht sie am Ufer, zitternd vor Erwartung, und lässt den flussabwärts treibenden Köder nicht aus den Augen. Angle ich mit einer sogenannten Nymphe – das heißt, mit einer mit einem Bleidraht beschwerten, unterhalb der Wasseroberfläche dahintreibenden Kunstfliege –, achtet sie auf den neonfarbenen Bissanzeiger aus Schaumstoff, den ich an meine Schnüre binde. Taucht er unter, schnappt sie über. Wenn Sylvia das Surren der Fliegenrolle hört, kann sie sich kaum beherrschen. Hat sich meine Fliege an einem Holzstück unter Wasser verfangen, das ich dann anstelle eines Fisches einhole und ihr schenke, nimmt sie es in den Fang und stolziert triumphierend damit am Ufer auf und ab. Wenn ich ausnahmsweise tatsächlich einen Fisch fange, schaut sie gebannt zu, wie ich versuche, ihn zu landen. Gelegentlich wird sie so ungeduldig, dass sie ins Wasser springt, um den Fisch selbst zu holen. Setze ich dann einen Fisch wieder aus, läuft sie zu der Stelle, wo ich das tat, und steckt den Kopf ins Wasser in der Hoffnung, ihn noch zu sehen.

Nach einigen Jahren Erfahrung mit unseren Wurf- und Angeltechniken weiß Sylvia ganz genau, wo sie sich postieren muss, um dem Geschehen so nahe wie möglich zu sein, wenn ein Fisch anbeißt und eingeholt wird. Angle ich mit der Nymphe, weiß Sylvia, wo in der Strömung wohl ein Fisch anbeißen wird, und wird umso erregter, je näher der Bissanzeiger dieser Stelle kommt.

Mehr als die meisten Menschen aus meinem Bekanntenkreis, inklusive meiner selbst, liebt die Hündin das Fliegenfischen. Einmal gingen Scott und ich für ein langes Wochenende zelten und angelten drei volle Tage, ohne einen einzigen Fisch zu fangen. Gegen Ende des Aufenthaltes achtete ich kaum mehr auf meine Schüre, Kunstfliegen oder Bissanzeiger. Das fließende Vor- und Zurückschwingen der Fliegenrute zu Beginn des Wurfes geschah nur noch rein mechanisch, bildete den äußeren Rahmen für meine inneren Träumereien. Sylvia dagegen verlor ihren Enthusiasmus nicht: Sie lief nach wie vor am Ufer zwischen Scott und mir hin und her und prüfte in angespannter Erwartung unsere Schnüre. Jeder Wurf könnte der erfolgreiche sein, das wusste sie, konnte zu einem zappelnden Fisch am Ende der Schnur führen.

Einmal waren Scott und Sylvia beim Fliegenfischen an einem kleinen, abgelegenen Fluss. Scott „peitschte" das Wasser den ganzen Tag mit seiner Angelschnur – erfolglos. Am späten Nachmittag machten sich Herr und Hund auf zum Auto. Nach etwa einer Meile fiel Scott auf, dass die vorauslaufende Sylvia gestoppt hatte. Nur ihren Schwanz und Rumpf konnte er noch sehen, den Kopf hatte sie in dichtes Schilf in Ufernähe gesteckt. Als er näherkam, sah er sie ganz. Sie verharrte äußerst still und achtsam in Vorstehhaltung. Scott schaute über das Schilf des steilen Ufers hinweg aufs Wasser. In einer ruhigen Vertiefung des Flusses stand in knapp zwei Metern Tiefe eine prächtige Regenbogenforelle. Genau in dem Moment, als Scott den Fisch sah, schoss Sylvia mit weit geöffnetem Maul Kopf voraus ins Wasser. Sie tauchte wieder auf, etwas erschreckt und verwirrt, nichts im Fang. Auch Scott machte auf mich einen komischen Eindruck, wie wenn er eine außerirdische Erfahrung gemacht hätte, als er mir zu Hause aufgeregt und wild gestikulierend die Geschichte erzählte. Sylvia hatte die Forelle nicht nur aufgespürt, sondern war auch ins Wasser gesprungen, um sie zu fangen.

„Was hättest du getan, wenn sie mit dem Fisch im Fang hochgekommen wäre?", fragte ich.

„Ist das dein Ernst?" Er schüttelte den Kopf. In dem Moment verstand ich, dass Scotts Enttäuschung viel größer war als Sylvias. „Ich hätte ihn getötet, auf den Grill gelegt und Sylvia serviert. Sie hätte es verdient gehabt."

Als Scott einmal auf einem Angelausflug nach einem Nickerchen Sylvia streichelt, dreht er sich zu mir um und bekennt: „Ich werde wohl etliche Hunde im Leben haben. Aber wohl keiner wird so interessiert am Angeln sein, wird so leidenschaftlich gern das machen, das ich so gern tue, wie Sylvia."

Recht hat er. Wie oft teilt ein Hund die Freizeitinteressen seiner Menschenfamilie?

Meine Mischlingshündin habe ich so gern, dass es fast schon schmerzt. Mit der Zeit haben wir einige Spitznamen für sie erfunden: Wiggles, Wigs, Sylvester und Peeps, McGoo und einige andere mehr. Und allen Anzeichen nach kann sie mich ebenfalls ziemlich gut leiden, wenn sie das auch nicht in Worte fasst. Ihre Zuneigung zu mir ist wohl das Resultat meiner Wohltaten ihr gegenüber wie Füttern, Gassi-Gehen, mit Bällen und Frisbees spielen. Ich bin ihre Fürsorgerin. Wir sind Kumpel. Doch frage ich mich manchmal, wie viel tiefer unsere Beziehung wäre, wenn wir auch gemeinsam auf die Jagd gingen, wenn ich den ihr innewohnenden Jagdinstinkt herausbilden und das lang gezüchtete Talent ihrer Rasse, von dem sie wenig Ahnung hat, fördern und erproben könnte.

Wölfe und Hunde sind eine Art, ihre Genome kaum zu unterscheiden.[1] Sogar ein Chihuahua ist nur eine Unterkategorie des Wolfs, einfach Miniaturversion, das Zuchtergebnis unnatürlicher Manipulation durch den Menschen. Diese Tatsache allein macht den Haushund zur Varietät *Canis lupus familiaris* von eben *Canis lupus*. Obwohl die Menschheit seit jeher Hunde gezüchtet hat, sind keine Aufzeichnungen überliefert, wie dies entstand und verlief. Erst seit einigen Jahrzehnten untersuchen Wissenschaftler die historische Hundezucht.

Bis auf den Menschen selbst war der Wolf das geografisch am weitesten verbreitete Säugetier.[2] Für die Jagd war der Wolf der Hauptrivale des Menschen, weshalb der ihn in vielen Gebieten ausrottete. Während dieser weit verbreiteten Vernichtungsperioden domestizierte der Mensch zugleich einige Wölfe und formte sie zu seinem besten Freund. Indizien deuten darauf hin, dass die Domestizierung des Wolfs in verschiedenen Teilen der Erde zeitgleich stattfand.

Es gibt mehrere Theorien über die genauen Zähmungsmethoden. Einer besonders seltsamen Annahme zufolge entführte der Mensch Wolfswelpen aus der Höhle, wenn sie erst wenige Tage alt waren, und übergab sie stillenden Frauen.[3] Egal wie die Hypothesen lauten, setzt jede von ihnen die „Zustimmung" des Wolfs selbst voraus[4]. Beispielsweise vermuten manche Wissenschaftler, dass Sibirian Huskys einer halbgezähmten Wolfpopulation entstammen, die sich einem Nomadenvolk anschloss, als die Jagd in den harten Wintermonaten zu schwierig wurde.[5] Die Nomaden banden die Wölfe zusammen und an Schlitten fest. So gewöhnten sich die Tiere an Schlittenfahrten. Im Gegenzug fütterten die Menschen die Wölfe. Im Frühjahr, wenn dieser gegenseitige Nutzen nicht mehr nötig war, kehrten die Wölfe dann in die Wildnis zurück und jagten wieder selbst bis zum nächsten Winter.

Obwohl das „Wie" der Zähmung noch nicht geklärt ist, sind Hundeforscher fast einer Meinung hinsichtlich des „Warum". Fast jede These geht von einer Symbiose zwischen Mensch und Wolf/Hund zwecks Ernährung durch Jagd aus. Manchen Theorien zufolge jagen Mensch und Hund seit 40 000 Jahren Seite an Seite.[6] Die heute verbreiteten Hunderassen sind allerdings Produkte neuerer Zucht- und Ausbildungsmethoden. Einzelne Rassen wurden speziell zur Jagd auf eine Wildtierart, andere auch nur für einen Arbeitsabschnitt des Jagdvorgangs gezüchtet.

Ein Fell mit dichter Unterwolle wie das des Labrador Retrievers eignet sich zum Beispiel für das Apportieren von Wasserwild aus eiskalten Gewässern. Hunde, die zur Jagd auf landlebendes Federwild wie etwa Chukarsteinhuhn, Moorhuhn oder Fasan eingesetzt werden, sind in der Regel Vorsteh- oder Stöberhunde.[7] Ein Vorstehhund wie der Deutsch-Kurzhaar sucht oft weit voraus und bleibt ruckartig stehen, wenn er das Wild unmittelbar vor sich in der Nase hat. Häufig ist eine Vorstehpose, in welcher der Hund einen Vorderlauf anhebt und mit dem Kopf in Richtung des Wildes zeigt. Der Jäger kann dann langsam herantreten und sich auf einen Schuss vorbereiten. Ein Stöberhund wie beispielsweise der Cockerspaniel bleibt näher am Hundeführer, im sogenannten „Flintenschussbereich" von maximal 30 bis 35 Metern und stöbert das Wild auf, ohne es vorzustehen. Beide Hundetypen lassen sich dazu ausbilden, das geschossene Federwild im Fang zu apportieren. Heute sind die meisten Hundebesitzer keine Jäger. Der Jagdinstinkt steckt in den meisten vierbeinigen Freunden aber nach wie vor.

Bewaffnet mit Strategien aus einigen Hundebüchern, will ich Sylvia für die Federwidjagd ausbilden. Sie soll lernen, das Wild zu arbeiten und zu apportieren. Ich schleife ein Stück Federwild auf dem Gartenboden herum. Dann lasse ich Sylvia hinaus und versuche, sie dazu zu bringen, das versteckte Stück zu finden. Aber sie ist es nicht gewohnt, mit ihrem Geruchssinn zu arbeiten, ihr fällt nichts Ungewöhnliches im Garten auf.

Während ich einen Lockvogel ins Wasser werfe, gebe ich Sylvia das Kommando „Sitz!" und, nachdem sie sich gesetzt hat, das Kommando „Auf, Auf!". Aber nach Jahren des sofortigen Loszischens hinter Bällen und Frisbees, sobald diese meine Hand verlassen haben, fällt ihr das Sitzenbleiben schwer. Für einen Jagdhund ist eine solche Ungeduld aber katastrophal. Der Hund darf nicht sofort ins Wasser springen, sobald eine Ente fällt, damit eventuell noch eine zweite geschossen werden kann. Mein nächster Hund, so mein Vorsatz, wird ein Vorstehhund sein. So lange gebe ich mich mit meinem vierbeinigen Freund zufrieden, wenn er einem Ball nachjagt und apportiert.

Im Jahr 2009 darf man zum ersten Mal seit Jahrzehnten in zwei Bundesstaaten im Westen Wölfe bejagen.[8] Persönlich habe ich kein Interesse daran, weil mir der Wolf dem Hund zu nahe steht. Und ich habe eine innige Beziehung zu einem Hund. Dennoch bin ich nicht grundsätzlich gegen die Bejagung von Wölfen. Warum? Weil das bei konservativen Ranchern die Akzeptanz eines nachhaltigen Wolfsmanagementprogramms fördern könnte. Dabei ist der Toleranzfaktor von Belang. Wie früher erwähnt, gibt es ein auffälliges Phänomen: Wird eine bestimmte Tierart für jagdbar erklärt, entsteht eine Lobby für diese Art. Man denke an die berühmt-berüchtigten hochpreisigen Jagdtouren in Afrika und Asien auf gefährdete Großtierarten wie Elefant, Giraffe, Löwe und Nilpferd. Solche Trophäenjagdtouren sind sehr umstritten. (Das Thema Wilderei ist noch mal ein Kapitel für sich.) Die Vorstellung, dass jemand auf ein seltenes Tier wie einen Tiger zielen und abdrücken könnte, ekelt mich als Naturschützerin an. Aber, so lautet zumindest ein Gegenargument, wenn der wahnsinnig hohe Preis für einen Tigerabschuss genug Geld einbringt, um Hundert andere zu schützen, wiegt das den Verlust eines Tigers nicht auf?

Die Wiedereinfuhr von Wölfen in die Wildnis berührt ethische Fragen, an die ich vor meinem Jägerinnendasein nicht gedacht hätte. Als Naturschützerin halte ich das Prinzip der Wiedereinfuhr für gut und richtig, denn sie ist eine Art Wiedergutmachung für die Ausrottung bestimmter Wildtierarten in der riesigen Wildnis Nordamerikas vor mehr als 60 Jahren. Aber die gegenwärtige Aktion geschieht unter Bedingungen, die für Wölfe gefährlich, ja tödlich sind. Laut dem Aktionsplan von Staat und Bund darf ein einzelner Wolf „letal gemanagt" (sprich getötet) werden, wenn er mehr als ein Stück Nutzvieh erbeutet. Auf der einen Seite sind Wildtiermanager allzu gern bereit, anzunehmen, Wölfe könnten schnell den Unterschied zwischen Wild- und Nutztier lernen. Auf der anderen Seite bezweifeln Hund- und Wolfforscher diese Annahme und halten die Vorgabe des Managementplans für unrealistisch. Zu bedenken ist, dass die Wirtschaftsinteressen des Menschen, allen voran die Viehwirtschaft, große Bereiche des vorhandenen Wolfslebensraums beanspruchen. (Oft handelt es sich dabei um bundesstaatliche Flächen.) Konflikte zwischen Wolf und Mensch scheinen da vorprogrammiert.

An Feinden fehlt es dem Wolf wahrlich nicht. Viehzüchter verachten ihn unisono wegen der gelegentlichen Erbeutung ihrer Nutztiere. Überraschend für mich ist allerdings die Bereitwilligkeit der Jäger, sich auch an der Hetze gegen den Wolf zu beteiligen. Um gegen die fanatischen Anti-Wolf-Reflexe anzugehen, versuchen manche Naturschutzvereine, mit Informationskampagnen das althergebrachte negative Bild des „bösen" Wolfes durch ein freundlicheres Image abzulösen. Gemeinnützige Organisationen in Montana und New Mexiko führen zum Beispiel sogar Wölfe in die Schulen[9]. Damit wollen sie unterstreichen, dass Wölfe wie Hunde sind: liebenswürdige, nicht grimmige Kreaturen, denen wir Menschen Freundlichkeit entgegenbringen sollten. Aber sind sie wirklich so liebenswürdig? Wölfe sind ja Wildtiere. Machen wir nicht einen Gedankenfehler, wenn wir menschliche Charakterzüge wie „gut", „entgegenkommend' und „gutmütig" auf Wildtiere übertragen, um zu belegen, dass Wölfe unsere Anteilnahme, unseren Schutz verdienen?

Leider ist „Wildtiermanagement" im öffentlichen Diskurs zu einem politischen Sport entartet. Mitglieder spezieller Interessensgruppen – Freizeitsportler und Naturschützer, die nicht immer einer Meinung sind, eingeschlossen – nehmen so viel Einfluss wie möglich auf Politiker, die über das Budget des Natur- und Wildtiermanagements auf Staatsebene bestimmen. Die Folge davon ist die Abhängigkeit des Wildtiermanagements von Politikern im Bund und im eigenen Staat. Und diese Aufsichtsbehörden legen die Dauer der Jagdzeiten und die zulässigen Abschusszahlen für die jagdbaren Tierarten fest. Noch schlimmer ist die Gefahr, dass die Manager selbst auf der Suche nach Finanzierungsmöglichkeiten für ihre Programme ein nicht nachhaltiges Quotensystem einführen, denn das wäre kurzsichtig.

Nach meiner Erfahrung betrachten viele Jäger und Jägerinnen die einzelnen Wildtierindividuen als Teile einer Gesamtpopulation. Solange diese Population gesund und stabil ist, kann und darf man fachlich und ethisch vertretbar einen gewissen Teil der Population bejagen. In einigen Fällen sei die „Auslese" sogar vorteilhaft für die Gesamtpopulation. Sinnvoll ausgeübte Jagd kann im Ökosystem das Gleichgewicht zwischen einer Tierpopulation und ihrem vorhandenen Lebensraum wiederherstellen und dadurch Schaden im Wald und auf Feldern reduzieren. Wenn sie von Menschen verfolgt werden, lernen Wildtiere, uns aus dem Weg zu gehen und auch besiedelte Gebiete zu meiden. Damit kann die Zahl der Konflikte zwischen Mensch und Tier verringert werden. Eine Studie stellte neulich fest, dass die sachgerecht ausgeübte Jagd zur schnelleren Anpassung wandernder oder ziehender Wildtiere an neue bzw. veränderte Lebensräume beiträgt.[10]

Bezüglich der eigenen Menschengattung herrscht die Meinung, dass das Wohlergehen des Einzelindividuums dem Wohl aller stets unterzuordnen ist. Diese Einstellung unterliegt zum Beispiel klinischen Studien über Medikamente. Bereitwillig und absichtlich verschreiben Mediziner und Medizinerinnen schwer erkrankten Patienten Scheinmedikamente – Substanzen, die, wie sie wohl wissen, weder helfen noch gar lebensrettend wirken. Die Plazebos verteilen sie aber in der Hoffnung, dass die Erfahrung mit einem einzigen Patienten einen Erkenntnisgewinn bringt, der nützlich und lebensrettend für andere Schwerkranke sein könnte.

In meiner Vorjagdzeit waren Tiere Individuen mit Familien. Sie hatten Emotionen und eine Reihe anderer menschlicher Charakterzüge. Das entspricht den Vorstellungen einer Naturschützerin, einer Vegetarierin und einer Tierliebhaberin. Natürlich ist der Tod eines jeden einzelnen Wesens ein schmerzhafter Verlust. Mein Problem mit diesem Bild verdeutlicht aber meine veränderte Einstellung: Heute sehe ich in Tieren sowohl Teile einer größeren Population als auch Einzelwesen. Der Widerspruch Kettenglied – Einzelwesen macht mich schon etwas unruhig, scheint aber unvermeidbar. Jedenfalls ist es ein nützlicher Widerspruch, denn die erzeugte Spannung macht mich zur Jägerin im engeren Sinne des Wortes. Sie macht mich „zivilisiert" beziehungsweise „ethisch" in meiner Jagdhaltung.

Mit der Ankunft des Sommers nehmen wir neben Zelten und Fliegenfischen eine neue Aktivität auf: die Vogelbeobachtung oder Ornithologie. Wir machen kleine Seen und Teiche ausfindig, an denen sich gerne Enten aufhalten, laufen auf der Suche nach dem im Hochland vorkommenden Chukarsteinhuhn durch felsige Flussschluchten. Im Herbst suchen wir im Südosten Oregons weiter nach dieser schwer zu entdeckenden Vogelart. Wir zelten und wandern stundenlang durch steile Canyons. Vor dieser Reise ist mir kein Chukarsteinhuhn je zu Augen gekommen. Was ich über diese Hühnervögel weiß, stammt ausschließlich aus Büchern.

Das Chukarhuhn oder Chukarsteinhuhn (*Alectoris chukar*) stammt aus Eurasien und kommt am häufigsten im Himalaya vor.[11] Es ist etwa taubengroß, hauptsächlich schwarz und weiß gefärbt und trägt einen dunklen Streifen um die Augen. Der Schnabel, die Wachshaut der Augen und die Ständer sind korallenrot gefärbt.

Die Art bevorzugt Lebensräume, die andere Federwildarten meiden: steile, steinige Berghänge in rauen, trocknen Klimaten. Wegen dieses Lebensraums ist die Jagd auf das Chukarhuhn äußerst anstrengend, und das besonders ohne Hund! Meilenweit müssen Scott und ich an steilen Gehängen herumklettern, ehe ich mein erstes Chukarhuhn zu sehen bekomme. Es streicht ab, ehe ich es erkenne und die Flinte anschlagen kann. Weil wenige Bäume in seinem Habitat wachsen, verbringt das Chukarhuhn die meiste Zeit am Boden. Bei Gefahr laufen oder fliegen die Hühner schnell nach oben und über den Rand des Canyons.

Auch ohne den „gewohnten" Erfolg – wir kommen ja mit einer leeren Kühlbox nach Hause – machen mir die Tagesausflüge immer Spaß. Ich lausche dem typischen Ruf der Hühner, „chukka, chukka, chukka", als ob sie den ihnen von uns gegebenen Namen riefen. Ich achte auf Insekten und Samen und auch die Körnchen des in Oregon heimischen Horstgrases, die die Nahrung der Vögel darstellen.

Es ist, wie ich feststelle, viel befriedigender, in einer steilen Bergschlucht auf der Suche nach einem Tier herumzuklettern, als dort einfach nur aus Lust oder Bewegungsdrang zu wandern. Selten gehen Scott und ich also einfach nur wandern. Auch mit dem Skilanglauf, was ja Wandern auf Skis ist, habe ich neulich angefangen. Scott ist seit seiner Jugend Skifahrer. Ich bin dagegen nur ein paarmal als Schülerin und Studentin einen Berg abgefahren. Und der Langlauf ist mir ganz neu.

Einer unserer ersten Ausflüge führte zum Edison Snow-Park, einem Loipennetz, dessen Name aus der Geschichte der Elektrizität stammt. Auf dem Loipenplan finden wir einen Weg zu einer Hütte mit dem Namen AC/DC, für den wir uns nur des Namens wegen entscheiden. Der Weg führt bergauf, schwierig auf Ski, aber nicht unmöglich. Auf Höhe der Bindung ist die Unterseite der Ski mit einem Fischschuppenprofil versehen. Tritt man die Ski fest in den Schnee, greift dieses Profil und verhindert ein Zurückrutschen. Eine andere Technik besteht darin, die Skispitzen seitlich auszustellen und auf den Innenkanten der Ski den Hügel hinaufzusteigen, sodass ein fischgrätenartiges Muster im Schnee zurückbleibt. Wieder eine andere Methode – an sehr steilen Hängen – besteht darin, sich quer zum Hang zu stellen und seitlich hochzustapfen. Egal welche Technik ich verwende, es gelingt mir regelmäßig, rückwärts wieder hinabzurutschen. Dann muss ich mich mit den Skistöcken auffangen.

Als ich langsam ermüde, sehe ich ein Schild mit der Hinweis „Hütte 2,5 km". Zehn Minuten später passieren wir einen Wegweiser mit der gleichen Information. Als wir uns einem dritten Schild nähern, steigt in mir das schauerliche Gefühl auf, Teil eines Gruselfilms zu sein, der damit endet, dass ich – immer zweieinhalb Kilometer von der AC/DC-Rettungshütte entfernt – erschöpft und verdurstet zusammenbreche! Ich bin der moderne Sisyphos, der selbst der Felsbrocken ist! Ich bin dazu verurteilt, mich selbst ewig mühsam und vergeblich den Berg hinaufzuschieben, ohne jemals ans Ziel zu gelangen.

Kurz nach dem dritten Schild rutsche ich von der Loipe ab und stürze rücklings auf meinen Rucksack in einen Schneehaufen. Gottlob sind Rucksack und Schnee weich genug, um meinen Sturz zu dämpfen, sodass nichts passiert. Der Schnee ist allerdings so weich, dass ich mich nicht wieder aufrichten kann, mich nirgendwo abstützen kann. Ich strampele und winde mich, um irgendwie wieder hochzukommen. Ich grunze. Ich schwitze. Ich fluche! Ich grunze nochmals. Fluche nochmals. Lauter Frust. Nach und nach ist der Schnee unter mir stark genug zusammengepresst, dass ich auf die Beine komme. Tränen und Rotz tröpfeln von meinem Kinn. Alle Bekleidungsschichten unter der wasserfesten Jacke kleben unangenehm verschwitzt zusammen. Widerlich!

Vom ersten Skiausflug an fällt es mir schwer, festzustellen, ob ich unterkühlt bin und wann mir wieder warm wird. Scotts Körper reagiert anders. Er hat scheinbar ein internes Thermostat mit Alarmfunktion. Immer wieder hält er an, legt ein Kleidungsstück ab oder zieht sich einen Pulli aus seinem Rucksack über und voila! „Wenn dir schon zu warm oder zu kalt ist", warnt er, „ist es schon zu spät. Dein Körper braucht zu viel Energie, um sich wieder aufzuwärmen oder den Schweiß zu trocknen." Leider hat mein bisheriger klimatisierter Lebensstil meinen Körper untauglich gemacht für die Regulierung von Temperaturschwankungen beim Sport. Erst wenn mir schon so heiß ist, dass ich schwitze, oder schon so kalt, dass ich fröstele, bemerke ich, dass etwas nicht stimmt.

Ich schleppe mich den Hang hinauf. Scott ist nirgendwo zu sehen. Umso besser. Wimmernd rutsche ich hin und her auf der Loipe, total frustriert. Warum tun sich die Menschen sowas an, um Gottes willen!? Hinter einer Biegung wartet Scott auf mich.

„Wie geht's denn? Macht es dir schon Spaß?" Er hört sich so aufgeräumt an, ich könnte ihn erwürgen.

„Ich hasse es." Ich schaue ihn nicht an, sondern starre auf den Weg vor mir.

„Möchtest du aufhören? Pause machen?"

„Nein. Ich will eiligst zu der verdammten Hütte." Wenn ich mehr sage, fange ich vermutlich zu heulen an.

Scott gleitet hinter mir her – wie macht er das überhaupt?! – und sagt mit leiser Stimme: „Hey, bist du okay?"

„Nein. Ich will nur weg von hier." Noch ein paar mühsame Schritte schiebe ich mich vorwärts, bevor ich frage: „Wie weit ist es noch?"

„Wohl nicht mehr so weit."

„Wohl?!" Tränen steigen mir in die Augen.

Dann sagt Scott mit sanfter Stimme: „Lily, du schaffst das schon."

„Nein", murmele ich, „ich schaffe es eben nicht!"

Nach wie vor läuft Scott direkt hinter mir her, und ich weiß, dass er mir weiter Mut machen wird. Ich spüre sein ermutigendes Zureden schon in seinem Atem in meinem Nacken (wie irritierend!). Er wird sagen: „Ja doch, du kannst es. Du kannst es schaffen. Du bist stärker als du denkst. Wir sind bald am Ziel. Wenn wir dort ankommen, wirst du dich sehr freuen, es geschafft zu haben."

Hm. Stattdessen sagt er leise: „Wir können umkehren, wenn du möchtest. Aber so oder so, musst du weitermachen. Wir sind in Fortitude Valley (‚Tal der Beharrlichkeit'), Lil."

Schlagartig vergesse ich, wie miserabel es mir geht. Ich drehe mich um. Die Loipe heißt doch AC/DC! Das weiß ich doch, das habe ich doch auf dem Loipenplan gesehen.

„Wo ist das?", frage ich dann. „Fortitude Valley? Ich weiß nicht, wo das ist."

„Aber sicher weißt du es. Alle wissen es. ‚Fortitude Valley ist' …" Er sucht nach den richtigen Worten, vermutlich um meine miese Laune nicht noch mehr zu reizen. „Du gehst nicht freiwillig dorthin, aber wenn die Lage hart wird, steckst du trotzdem schon drin. Und du musst durchalten."

Grauer Himmel. Hohe Schneewände, hinterlistig und bösartig. Dürre Küstenkiefern schauen urteilend auf mich herab, während ich hinkend und schniefend vorbeischleiche. Hinter uns mehr ekelhaft fröhliche Skilangläufer, die „Was für ein herrlicher Tag!" rufen, während ich zur Seite gehe, um ihnen Platz zu machen. Scott hat Recht. Hier ist Fortitude Valley. Oder halt die Hölle. Und er hat

Recht, wenn er sagt, man hat keine Wahl, man muss durchhalten. Ich fasse einen vernünftigen Entschluss: meine wenige verbliebene Kraft ins Langlaufen zu stecken und nicht zu verschwenden mit Grollen und Jammern.

Und siehe da! Im Nu bricht die Sonne durch die Wolken, der Himmel öffnet sich und Engelschöre erklingen von oben. Vor mir erscheint eine massive Holzhütte, ein Paar Ski stecken im Schnee davor.

„Berghütte in Sicht!", rufe ich freudig, strecke die zur Faust geballte Hand in die Luft. Die Skistöcke baumeln von meinen Handgelenken und schlagen mir an die Seiten.

Scott macht ein Foto und gibt mir einen Kuss. Er ist so stolz auf mich, dass ich mich wegen meines mürrisch-kindischen Benehmens geniere. Diesen Bergkamm auf Ski hinaufzulaufen, sollte eigentlich kein solches Drama sein. Um mich herum tun es sogar viele Kinder, um Himmels willen! In der Hütte nehmen wir Platz am warmen Holzofen, in dem andere Skifahrer Feuer entzündet haben, stillen unseren Durst und essen Müsliriegel. Die Abfahrt geht schnell, wenn auch nicht ganz ungefährlich vonstatten, aber die Angst, den rutschigen Berg hinabzuschießen, ist mir lieber als die elende Sisyphos-Arbeit des Hinaufsteigens.

Während der Wintersaison laufen wir jetzt fast an jedem arbeitsfreien Tag Ski. Die körperliche Belastung ist für mich nur ein Teil der Schwierigkeiten beim Langlaufen. Der andere ist, herauszufinden, wie ich meinen Kopf auf den scheinbar unendlichen Touren sinnvoll beschäftige.

Früh am Tag, wenn ich voller Energie bin, hänge ich Tagträumen nach. Wenn ich so müde werde, dass ich nicht mehr kreativ sein kann, denke ich an praktische Dinge, mache zum Beispiel eine fiktive Liste aller Zeitungsartikel, die ich gerne mal schreiben möchte. Anschließend ersinne ich Eselsbrücken, die mich an diese Liste erinnern sollen. Bin ich schließlich körperlich vollends geschlaucht, fällt mir nur noch die ganz einfache Methode ein: Schritte zählen – eins, zwei, drei, vier fünf, sechs, sieben, acht. Um den 250. Schritt herum werde ich schlampig. Nicht einmal zählen kann ich richtig. Dann gerate ich in einen unerwarteten Zustand: Nichts geht mir noch durch den Kopf. Wenn ich mich lange genug auf der Loipe verausgabe, leert sich mein Kopf vor lauter Müdigkeit und schaltet ab. An sich freut mich diese Entdeckung irgendwie. Der Komponist und Dichter John Cage notierte einmal: „Im Zen-Buddhismus heißt es: Wenn dir nach zwei Minuten etwas langweilig wird, mache es vier Minuten lang. Wenn es immer noch langweilig ist, versuche es acht Minuten, dann 16, 32 usw. Irgendwann stellst du fest, es ist gar nicht langweilig, es ist sogar interessant."[12] Auf der Kippe zu völliger Erschöpfung bin ich einem meditativen Zustand so nahe wie nie zuvor. So fühlt sich das Nirwana wohl an.

Im Frühjahr kehren wir in das Gebiet zurück, in dem ich beim Langlaufen den ominösen Zusammenbruch erlitt. Als ich meine Ski-schuhe in die Bindungen schiebe, verkrampfe ich mich. Ich sage mir, egal was passiert, egal wie anstrengend die Auffahrt wird, werde ich nicht zu heulen anfangen. Fortitude Valley, komm schon!

Diesmal aber führt der AC/DC-Hüttenweg scheinbar um Forti-tude Valley herum. Am Ziel kommen wir beide gut gelaunt an. Klar bin ich erschöpft, klar bin ich etliche Male gestürzt, aber ich bin po-sitiv eingestellt geblieben. Mir ist, als ob der Skilanglauf in diesem einen Winter eine Metamorphose bewirkt hätte: Aus einem weiner-lichen Kleinkind hat er mich zur selbstbewussten Frau gemacht.

Als wir uns in der Hütte an den warmen Ofen setzen, will eine vierköpfige Familie mit einem acht- und einem zehnjährigen Kind gerade aufbrechen.

Ich staune über Kinder, die sich bereitwillig der anstrengenden Tour unterziehen. Am Ende warten keine große Feier, keine Belohnung, kein aufregender Gefühlskick wie beim Abfahrtslauf in sausender Geschwindigkeit. Nur schwere Arbeit. Hinauf. Hinunter. Ich beobachte das jüngere Kind, einen Knaben, wie er seine Stiefel an den Ski befestigt. Er macht es sachlich, nüchtern, automatisch. Wegen des Hügels, der mich Erwachsene zum Kind reduzierte, scheint er unbesorgt zu sein.

„Manchmal denke ich", flüstere ich Scott zu, „ich wäre ein anderer und besserer Mensch geworden, wenn ich mit dem Langlaufen aufgewachsen wäre."

Er verschluckt sich fast an seinem Getränk, dann lacht er: „Wieso?"

„Das weiß ich nicht so recht … Womöglich wäre ich geduldiger von Natur, fähiger, jeden Augenblick zu genießen, mich über den Weg irgendwohin zu freuen, ohne nur an das Ziel zu denken. So was in der Art, denke ich."

Rein theoretisch gefiel mir immer die Vorstellung des Wanderns als Abenteuer. Aber warum man eigentlich wandern wollen könnte, lernte ich erst in letzter Zeit aus eigener Erfahrung. Ich genieße die langen Vogelbeobachtungstouren durch unwegsame Gelände. Auch an Tagen, an denen ich kein Chukarhuhn zu Gesicht bekomme, genieße ich das Laufen trotzdem. Meine nun geschärften Sinne sind hinlänglich gefesselt, Schritte zählen oder Tagträumereien sind nicht mehr nötig. Da ich keinem vorgegebenen Weg folge, bleibe ich konzentriert, prüfe jeden meiner Schritte. Ich halte Ausschau nach möglichen Nestern oder einem leuchtend roten Schnabel. Ich horche, ob ich den Ruf des Chukarhuhns wahrnehme. Inzwischen weiß ich, dass ich mich dem Rand einer steilen Schlucht nähere, wenn mir auf der Ebene der Zitronenduft des Beifußes entgegenweht. Ich bin ganz dort, wo ich eben gerade bin, nehme die Landschaft wahr, deute ihre Signale in Echtzeit ohne irgendwelche Ablenkungen, hänge keinen Träumen nach, stelle keine To-do-Listen auf, starre nicht auf mein I-Phone.

Um meine Lust am Wandern zu entdecken, war es für mich vielleicht notwendig, ein bestimmtes Ziel zu haben, einen Anlass, um kilometerweit zu laufen. Auch unsere Vorfahren entwickelten ihre Ausdauer und die Fähigkeit, große Entfernungen zu Fuß zu bewältigen, durch die Notwendigkeit des Jagens und Sammelns. Der Evolutionsforscher Daniel Lieberman von der Harvard University sieht eine Verbindung zwischen der menschlichen Affinität zum Langstreckenlauf, zum Beispiel einem Marathon von 42 Kilometern oder gar einem doppelter Marathon, und der uralten Ausdauerjagd: Dabei verfolgten die menschlichen Jäger das Wild über lange Strecken bis zu dessen völliger Erschöpfung oder gar tödlichem Zusammenbruch.[13] Der Langstreckenlauf war früher also ein integraler Teil der menschlichen Jagd, so wie das Herbeischleppen von Beute beim Jagdhund von heute.

Doch ist die Jagd dem modernen Leben so fremd geworden, dass wir die Entstehungswege vieler heutiger Sportroutinen nicht mehr erkennen. Sogar unsere Sprache weist Spuren der historischen Jagd auf. Das amerikanische Wort „buck" ist zum Beispiel ein umgangssprachlicher Ausdruck für einen Dollar, weil man im 19. Jahrhundert einen Bock, sprich Hirsch, für einen Dollar kaufen konnte.[14] Und „sitting duck" („sitzende Ente"), das im allgemeinen Leben als Synonym für „leichte Beute", also „einfach", verwendet wird, leitet sich ursprünglich ab von der Einfachheit eines Schusses auf fast unbewegliches Wild, wie eben eine Ente auf dem Wasser. So ein Schuss gilt heute allgemein als nicht waidgerecht.

Eliminiert man die Jagd aus den üblichen Tätigkeiten des modernen Menschen, bleibt Folgendes: Ziellos umherlaufen, Herumhängen mit einem Hund, den man abrichtet, Frisbees zu fangen, oder Hunde darauf hin zu züchten, weniger Fell zu verlieren. Wie seltsam also, dass eine passive Aktivität wie Wandern zum Kernbereich der Naturschützer geworden ist. Wir gehen einerseits davon aus, dass jeder auf Sonnenwenden scharfe Hippie gerne wandern geht, während wir andererseits überzeugt sind, dass das Jagen Sache von Hinterwäldlern ist, die null Interesse an ökologischen Fragen haben.

In Wahrheit jedoch haben viele Jäger und Jägerinnen großes Interesse am Wohlergehen der Umwelt. Tatsächlich pflegen die meisten Jäger und Jägerinnen aus meinem Bekanntenkreis die Jagd aus dem einfachen Bedürfnis heraus, in der freien Natur zu sein, und erst in zweiter Linie geht es ihnen um das gesunde Wildbret. Bier zu saufen mit Kumpels im Wald oder pompöse Knochen zu erbeuten – so etwas käme ihnen nie in den Sinn. Sie sind das, was man in Deutschland waidgerechte, das heißt zivilisierte Jäger und Jägerinnen nennt.

Vor meinem Umzug nach Oregon waren alle Jäger in meinen Augen gleich. Inzwischen sind mir die Augen aufgegangen: Es gibt Jäger und es gibt Trophäenjäger. Wer auf der Suche nach Nahrung ist, achtet weit weniger auf die Größe des Geweihs. In seinem Kochbuch schreibt Roy Wall: „Der Sportjäger, der einen noblen Hirsch, den Monarchen der Waldlichtung, erbeutet, darf ruhig stolz auf seine Trophäe sein. Aber seine Tat erschwert die Arbeit des Kochs im Camp sehr, denn in den meisten Fällen ist die Größe des Geweihs ein Zeichen für die Zähigkeit des Fleisches."[15]

Scott und ich haben kein Kabelfernsehen, sodass ich bei Hotelaufenthalten nach Fernsehsendungen über Jagd und Natur suche. In einigen Regionen Amerikas findet man Sender, die rund um die Uhr Jagdprogramme anbieten. Ich stelle enttäuscht fest, dass die meisten Sendungen nur das Ende der Pirsch zeigen und alle Informationen über das weglassen, was dem Schuss vorausgegangen ist. Das typische Programm fasst die Geschichte eines Jagdausfluges in fünf Minuten zusammen. So entsteht schnell ein falscher Eindruck bei Zuschauern, die keine Jäger oder Jägerinnen sind.

Es beginnt mit einer kurzen Vorstellung des Jägers und seines Jagdführers, dann wird auf das verwendete Gewehr eingegangen. Die Filme besteht hauptsächlich aus einer raschen Aneinanderreihung der Sequenzen „Ausmachen des Wildes – In-Anschlag-Gehen – Abdrücken". Ein paar Sekunden lang bewundern Jäger und Jagdführer das erlegte Stück Wild und lassen ein paar Bemerkungen über die vielen Geweihenden fallen. Und schon geht es zur nächsten Jagd nach gleichem Schema. Zuschauern und Zuschauerinnen werden keine orientierenden Hintergrundinformationen geboten, z. B. über die Hintergründe der Jagd, über das typische Verhalten der Wildart, über die Dauer der Jagd – Stunden? Tage? Wochen? – oder über die Schwierigkeiten, mit denen der Jagderfolg verbunden war. Präsentiert werden einfach die interessanten Höhepunkte in eiliger Folge, damit genug Zeit für Werbung bleibt.

Jagdtouristen – so wollen wir sie im Unterschied zu normalen waidgerechten Jägern nennen – zahlen 200 000 Dollar und mehr für das Privileg, mit einem lokalen Jagdführer in entfernten Ländern auf die größten – und nicht selten gefährdeten – Tiere zu jagen. Der „Boone und Crockett Club", den Theodor Roosevelt mitbegründete, spielt heute noch eine wichtige Rolle bei Naturschutzinitiativen. Hinsichtlich der modernen Großwildjagd spielt er allerdings eher eine andere, sehr zweifelhafte Rolle, denn er erstellt periodisch Listen über Rekorderfolge auf der Großwildjagd. Auf diesen Listen stehen erlegte Trophäenträger, die anhand bestimmter Kriterien wie Geweihlänge und -masse, Endenzahl etc. „ausgepunktet" wurden und Spitzenwerte erzielten. Mit solchen Listen der „stolzesten Jagdmomente" trägt „Boone und Crockett" natürlich zur Verherrlichung des Trophäenkults bei. Durch die Fokussierung auf monumentale Geweihgrößen leistet der Club auch einen paradoxen Beitrag zur

Schwächung der Wildpopulationen. Im Zusammenhang der Trophäenjagd auf kanadische Dickhornschafe ergab eine Studie aus dem Jahr 2009, dass die durchschnittliche Stärke der Widderschnecken abgenommen hat.[16] Indem Jäger gezielt die Widder mit dem stärksten Kopfschmuck erlegen, beeinflussen sie unabsichtlich den Genpool der ganzen Population. Die leitende Wissenschaftlerin dieser Untersuchung teilte der National Geographic eine bedeutende Erkenntnis mit: „Durch ihre jagdlichen Eingriffe tragen die Menschen am stärksten zu schnellen organischen Veränderungen der in freier Wildbahn lebenden Wildtiere bei."[17] Diese Entwicklung sollte besorgniserregend für alle Jäger und Jägerinnen sein.

Vor jedem Outdoorbedarfsgeschäft in Zentraloregon steht eine „Prahltafel" vor dem Eingang. An diese Tafel pinnen Kunden Fotos, auf denen sie breit grinsend über ihrer Beute stehen. Früher eilte ich an diesen Tafeln einfach mit abgewandtem Blick vorbei. Es schien mir furchtbar und abnormal, sich grinsend mit einem toten Tier in Pose zu setzen. Oft sind die Zähne des Opfers rot von Blut, die Zunge hängt unnatürlich lang, einer Herabwürdigung des einst lebenden Tieres gleich, aus dessen Äser oder Fang.

Inzwischen verstehe ich das Bedürfnis der Jäger, sich zu profilieren, besser. Nun verstehe ich, wie viel Arbeit mit der Verfolgung und dem Erlegen eines Wildtiers verbunden ist. Was mir früher als grausamer Spott vorkam, verstehe ich jetzt als Andenken an Erfolg unter großer Anstrengung. Dennoch beunruhigen mich einige Fotos immer noch.

Nachdem ich im Herbst Lizenzen für eine Wildente und einiges anderes Federwild in einem Outdoorgeschäft gekauft habe, bleibe ich vor der Schautafel, der „Prahltafel", an dessen Eingang stehen, gefesselt von einem Mann, der über einem auf dem Bauch liegenden Bären steht. Fotos von toten Bären erschrecken und betrüben mich aus irgendeinem Grunde besonders. Bären sieht man in freier Wildbahn nur schwer. Mich persönlich erinnern sie eher an Hunde als an die meisten echten Wildtiere. Ich denke zum Beispiel an den Fang oder aus meiner Sicht die „Schnauze". Auch die Stirn eines Bären ähnelt derjenigen von Sylvia. Der Bär auf dem Foto ist ein Grizzly. Seine Pfoten sind groß wie Essteller, die Klauen scharf wie Rasierklingen. Lebendig ohne Zweifel eine gewaltige, ja bedrohliche Gestalt. Auf dem Foto aber ist er nur noch ein kraftloser Haufen Fell, über dem grinsend ein stämmiger Mann steht. So dahingestreckt sieht das Tier einem winterlichen Teppich ähnlicher als einen Grizzlybären. Die glorreiche Siegeshaltung des Alpha-Mannes ging auf Kosten eines einst imposanten Tieres.

KAPITEL 10

Freunde zum Essen

Im Juli 2008, nach wochenlanger genauer Planung, machen Scott und ich mit vier Freunden Angelurlaub in der Wildnis Alaskas. Am 4. Juli landen wir gegen Mitternacht in Anchorage. Am Himmel leuchtet ein Feuerwerk um die Stadt herum, obwohl es seine Wirkung gar nicht ganz entfalten kann, weil der Himmel in Alaska nachts nie richtig dunkel wird.

Am nächsten Morgen ziehen wir mit einer Einkaufsliste los, um Lebensmittel für die nächsten acht Tage zu besorgen. Mit dem Taxi fahren wir anschließend zur Anlegestelle eines kleinen Wasserflugzeug-Taxiunternehmens. Dort treffen wir unsere Freunde: Andy und Jessie aus Missoula, Dan Ryan aus Bend, der oft mit uns zum Fliegenfischen geht, und Evan, einen Freund von Andy aus Minnesota, den wir jetzt erst kennenlernen.

Andy arbeitete während seiner Studienzeit in dieser Gegend als Angelführer. Er kennt den Fluss bestens und hat die Flugzeugtaxis und die kleinen, unverzichtbaren Boote im Voraus bestellt. Wir laden unsere Ausrüstung – Kleidung, Angelzeug, zwei weiße Kühlboxen, zwei Schlauchboote – in zwei kleine Flugzeuge ein. Der Flug zum Ziel, einem kleinen See, dauert eine Stunde. Nach der Landung waten wir die kurze Strecke zum Ufer, packen die Boote aus und verstauen unsere Klamotten und die Angelausrüstung in wasserfesten Trockensäcken.

Ich habe ein etwas mulmiges Gefühl, als uns die Piloten zuwinken, ihre Maschinen auf dem Wasser starten und nach Anchorage zurückfliegen. Sie hinterlassen nur kleine Schaumkronen auf dem See, und auch die vergehen schnell. Wir sind allein. Hier in der tiefsten Wildnis sind wir nun völlig auf uns selbst angewiesen. Sollte etwas schiefgehen, gibt es keine rasche Hilfe. Mir wird klar, dass ich zum ersten Mal einem gewissen Risiko ausgesetzt bin, einem Raubtier zum Opfer zu fallen. Grizzlys sind in dieser Gegend reichlich vorhanden. Sie fangen ihre Chinooks, zu Deutsch Königslachse, an demselben Fluss, wie wir es tun werden. Andy erklärt, dass Grizzlybären Menschen zumeist aus dem Weg gehen. Dennoch kann jeder Bär auch einmal aggressiv werden, besondere eine Bärin mit Jungen, denen man zu nahe kommt.

Vor dem Abflug aus Anchorage haben Scott und ich Pfefferspray gekauft, das eine Bärin vorübergehend abschrecken kann, wenn es gelingt, ihr den Wirkstoff direkt ins Gesicht zu sprühen. Außerdem hat Andy eine 12er-Flinte mitgebracht. Ich bin also zum ersten Mal aus Gründen der Selbstverteidigung bewaffnet, oder zumindest die Gruppe ist es.

Andy mahnt eindringlich, das Pfefferspray oder die Flinte mitzunehmen, wenn einer von uns allein in den Wald geht – sei es auch nur, um die Notdurft zu verrichten. Als ich das höre, schlägt mein Puls schneller. Ich bin unsicher, was mir mehr Angst macht: der Gedanke an die Bären oder die Tatsache, ein Gewehr zur Selbstverteidigung mitgenommen zu haben. Vor allem habe ich Angst vor der potenziellen Langeweile. Die nächsten acht Tage verbringen wir nur mit Fliegenfischen ohne irgendwelche Ablenkungsmöglichkeiten!

Immerhin scheint die Sonne warm, als wir vom Ufer lospaddeln, und die Stimmung ist ausgelassen. Lachend und jauchzend rudern wir über den See, dann in einen Bach hinauf, den Talachulitna Creek. Am zweiten Tag schlägt das Wetter allerdings um. Kalter Dauerregen stellt sich ein und begleitet uns für den Rest des Aufenthaltes. Und die Mücken! Andy gesteht, noch nirgendwo so viele Mücken erlebt zu haben. Tag für Tag müssen wir von morgens bis in die Nacht hinein Moskitonetze über den Köpfen und Gesichtern tragen. Hier ohne solch ein Netz zu sein, wäre schrecklich. Ständig summende Insekten in den Ohren, in der Nase, in den Augen. Durch den vielen Regen ist die Strömung außerdem so stark, dass die Angelei nur mühsam vorangeht.

Trotzdem bietet jeder Tag ein kleines Abenteuer. Jede Kurve im Flusslauf bietet eine neue landschaftliche Perspektive und im Wasser zahlreiche potenzielle Fischstandorte, die getestet werden wollen. Wo machen wir Mittagspause und nehmen unseren Imbiss? Werden wir genug Trockenholz für ein Feuer finden? Mit Jessie verstehe ich mich gut, sodass manchmal nur ein Wort genügt, uns in Lachen ausbrechen zu lassen. Meine Würfe mit der Fliegenrute werden immer professioneller, gelingen immer weiter und mit schwereren Fliegen als jemals zuvor. Wir fangen Regenbogenforellen, Äschen und gelegentlich auch einen massiven Chinook. Fast jeden Abend essen wir frischen Königslachs und bereiten sogar Äschen-Sushi zu. (Warum haben wir eigentlich so viele Lebensmittel in den Kühlboxen mitgebracht?!) Die größte Überraschung dieser Reise ist für mich meine eigene Reaktion darauf: Sie macht mir wirklich Spaß!

Und noch etwas ist überraschend: Wir sind nicht allein hier draußen in der Wildnis. Einige Male am Tag fliegen Flugzeuge über uns hinweg. Und eine ganze Reihe von Anglern hält sich in der Nähe der aussichtsreichsten Gewässerabschnitte auf. Täglich werden sogar einige mit einem Hubschrauber von einer nahe gelegenen Fischerhütte eingeflogen.

Diese Angler erzählen uns von einem Ehepaar aus New York, das uns etwa zwei Tage mit dem Boot voraus ist. Ihre Reise mutierte zu einem Horrortrip. Sie erlebten Begegnungen mit Grizzlys, ihr Boot kenterte in einer Stromschnelle, und die Nahrungsmittel gingen ihnen aus. Die Frau scheint mir wie meine Doppelgängerin aus früherer Zeit. Nun paddelt sie unbeholfen vor mir her. Sie ist eine Ausgabe meiner selbst, wäre ich damals nicht nach Bend gezogen und hätte ich Scott nicht kennengelernt. Der Pilot, der uns wieder aus der Wildnis hinausfliegen wird, berichtet später, dass er das New Yorker Ehepaar an einem Treffpunkt traf, als er verabredungsgemäß eine andere Gruppe abholte. Die Ostküstler waren einige Tage vor der vereinbarten Zeit zum Treffpunkt zurückgekehrt. Und sie waren vollkommen durchnässt, kalt, hungrig, eingeschüchtert – überreif für die Heimkehr.

Das New Yorker Paar tut mir leid, und ich verstehe, warum sie ihre Fähigkeiten überschätzten. Auch ich habe heute so viel mehr Respekt vor den Gewalten der Natur als vor vier Jahren. Jährlich ertrinkt jemand im Deschutes River, normalerweise treibt das Opfer in Badezeug in der Flussströmung. Bis Scott mich ein paarmal im Boot mitnahm, ahnte ich nicht, wie gewaltig, ja gefährlich reißendes Wasser sein kann. Praktisch jedes Jahr verliert zum Beispiel auch eine Familie den geliebten Hund, weil sie so unvorsichtig ist, ihn einem Hirsch nachjagen zu lassen. Irgendwann dreht sich der Hirsch um und forkelt den Hund tödlich, spießt ihn einfach auf. Oder ein hungriger Luchs wandert in ein Siedlungsgebiet ein und frisst sich an Katzen und kleinen Hunden satt. Als ich früher mein Wissen über Natur und Wildnis nur aus dem Fernsehen bezog, wurde mir die Realität solch instinktgesteuerten Wildtierverhaltens auch nicht bewusst.

In Alaska scheint die Sonne im Sommerhalbjahr 24 Stunden täglich, sodass die ganze Naturlandschaft vor Leben summt und wimmelt, als ob jedes Lebewesen vom kleinsten Moskito bis zum größten Grizzly es eilig hätte, die versäumte Zeit der langen Winterpause nachzuholen. Chinooks schwimmen stromaufwärts an uns vorbei, Hunderte von Meilen vom Ozean entfernt, und steuern mit sicherem Instinkt den Laichplatz an, an dem sie selbst dem rosafarbenen Rogen der Mutter entschlüpften. Sobald die mächtigen Fische den Ozean verlassen und in die Flüsse hochsteigen, stellen sie die Nahrungsaufnahme ein. Fortpflanzung ist jetzt ihr einziges Ziel. Während ihrer Wanderung die Flüsse und Ströme hinauf wird ihre silberne Haut immer rötlicher, rot wie das Laub des Ahornbaums im herbstlichen Vermont. Das tiefste Rot erreicht die Färbung der Haut im Moment des Laichens.[1]

Lachse gelten als die Lebensadern der Flüsse: Zahllose andere Wildarten hängen von ihrer Wanderung im Frühjahr ab. Gierig wie hungrige Schulkinder, denen die Mutter ihr Lieblingsessen serviert, warten Regenbogenforellen auf die Lachsschwärme, die den Strom hinaufschwimmen und ablaichen. Einige Forellen folgen den dickbäuchigen weiblichen Königslachsen in wenigen Zentimetern Abstand, stoßen gar gelegentlich heftig gegen deren geschwollenen Leiber, um ein paar leckere Lachseier zu ergattern.

Nachdem das Weibchen, der sogenannte Rogner, die Eier in eine selbst ausgeformte, sandige oder kiesige Laichgrube gelegt und das Männchen, der „Milchner", sie befruchtet hat, sterben die Lachse in einem längeren regelrechten Verfallsprozess, der das genaue Gegenteil des raschen Todes durch den Schlag eines Anglers auf den Kopf oder dem Aufschlitzen durch Bärentatzen ist. Der Lachs durchlebt eine Veränderung: Sein tiefrotes Fleisch verblasst und wird glasig. Obwohl Teile seines Körpers regelrecht abfaulen und von der Strömung davongetragen werden, verharrt der Lachs bei der Laichgrube,

um die Brut zu bewachen und, falls nötig, kompromisslos zu verteidigen. Halbtot schwebt er über seiner Laichgrube, jederzeit bereit,
den Nachwuchs mit letzter Kraft und kräftigen Bissen vor gefräßigen
Forellen und anderen Räubern zu schützen.

Schon seit einigen Monaten sprechen Scott und ich über unseren
eigenen Nachwuchs. Die Zielstrebigkeit der Rogner und Milchner
hinsichtlich Fortpflanzung finde ich beeindruckend. In meinen Augen macht diese Strebsamkeit sonst ganz normale Fische zu fast etwas
Übernatürlichem. Ich kann nicht umhin zu denken: Wie würde es
mich verändern, Kinder zu bekommen? Würde sich meine jetzige
Friedfertigkeit in einen für mich bislang untypischen Charakterzug
ändern? Würde ich vielleicht zu einer zähnefletschenden Furie, die
jederzeit angreifen könnte? Würde ich zu einer gespenstischen Version meines ehemaligen Selbst werden?

Einige meiner Bekannten haben Kinder. Aber sie gehören nicht
zu meinen engeren Freundinnen. Es gibt niemanden, mit dem ich
über meine Ängste offen und vertraulich reden könnte. Als Vertrau-
ter wäre mein Bruder Nathan wohl naheliegend. Aber er wohnt so
weit weg ... und wir telefonieren so selten miteinander. Außerdem
habe ich weder seine Tochter bisher gesehen noch ihn in seiner Va-
terrolle erlebt. Wie hilfreich könnte er sein?

Wenn ich an eine Familiengründung denke, drehen sich alle meine Ängste um mich. Wie würde mich die Schwangerschaft verändern? Was würde aus meiner Ehe, meinem Beruf, meinem Alltags-
leben? Diese Sorgen unterstreichen, was ich für ein Paradox des
Mutterseins halte. Ein Kind zu gebären, ist einerseits ein selbstsüch-
tiger Akt. Andererseits verlangt die Kindererziehung eine endlose
Reihe an selbstlosen Akten.

Unentwegt spreche ich mit Scott über dieses Dilemma und komme zu keiner befriedigenden Lösung. Schließlich gestehe ich: Ich bin
noch nicht bereit, Mutter zu werden. Scott reagiert gottlob mit ver-

ständnisvoller Geduld. Doch nach unserem Gespräch werde ich einen Gedanken nicht los; dass Scott zu höflich ist, um zu fragen: Worauf wartest du denn? Ich habe keine Antwort darauf, auch wenn ich nach etwas forsche, das mich zu diesem entscheidenden Schritt veranlassen könnte.

Einen Monat nach unserer Rückkehr nach Hause wählte der republikanische Kandidat John McCain die Gouverneurin von Alaska, Sarah Palin, zu seiner Vizepräsidentschaftskandidatin. Palin versteht es, möglichst viele Kontroversen in kürzester Zeit zu entzünden, darunter einige zur Tradition der Familienjagd. Während einige Kritiker ihre Fähigkeit bewundern, einen Hirsch nach traditioneller Art aus der Decke zu schlagen und zu zerwirken, wird sie von anderen kritisiert für ihre Einstellung zur Großwildjagd. Die Jagd ist wieder zum Brennpunkt der Diskussion geworden.

Vor meinem Umzug nach Oregon habe ich das Thema Jagd immer nur im Zusammenhang mit Wahlkampagnen zur Präsidentschaftswahl gehört. Alle vier Jahre, so scheint es, ziehen sich Kandidaten eine funkelnagelneue Jagdweste an, besuchen einen Schießübungsplatz und verneigen sich demütig vor der allgewaltigen NRA, um ihren Respekt vor deren Interpretation des Zweiten Zusatzartikels der Grundverfassung zu zollen. Kein Wort aber hört man über das Thema Wildtiermanagement. Vergeblich wartet man auf Aussagen über den Erhalt von Lebensräumen. Meine Stimme bekommt Sarah Palin nicht, obwohl sie Jägerin ist. Ich vermisse bei ihr Zivilcourage und echte Inhalte in unserem nationalen Diskurs über die Jagd. Anscheinend gelingt es uns Amerikanern bei zwei polarisierenden politischen Themen – Waffen und Tiere töten – nicht, weiterzukommen, ernsthaft und sachlich Argumente auszutauschen und die gegensätzlichen Aussichten zu erörtern. Das persönliche Motiv, der Jagd nachzugehen, verrät viel über den echten Charakter einer Person. An welchen ethischen Werten orientiert er/sie sich bei der Jagd? Welche Argumente werden für oder gegen den Einzug neuer Technologien wie halbautomatischer Gewehre, Nachtzieloptik oder für den Einsatz von Fallen angeführt? In der Regel reduzieren die Medien wichtige Jagdthemen grob vereinfachend zu einer schlicht binären Ja-oder-Nein-Frage. Geht die Kandidatin auf die Jagd? Ja oder nein? Nächste Frage. Bla bla bla … Wir haben im Wahlkampf eine äußerst günstige Gelegenheit verpasst, mehr über den eigentlichen Charakter der politischen Kandidaten und Kandidatinnen zu erfahren, ihr Denken zu verstehen und die Vereinbarkeit ihres eigenen Verhaltens mit bestimmten Positionen und Standpunkten zu hinterfragen.

Im Herbst des Jahres überrascht mich einmal mehr die Großzügigkeit anderer Jäger und Jägerinnen. Andy und Jessie laden mich ein, mit zur Federwildjagd zu gehen. Andy und sein Vater Hank erteilen bereitwillig Ratschläge. Gary Lewis, der an der *Bend Bulletin* für Jagd und Fischerei zuständige Reporter, leiht mir Fachbücher aus. Andere bieten mir ihre Flinten und sonstige Ausrüstung an.

Der Psychologe und Philosoph Erich Fromm vertritt die Meinung, dass die enge Verbindung zwischen der Jagd und der sozialen Erfahrung guter Zusammenarbeit sowie der Neigung, die Früchte (und nicht nur das Zubehör) dieser Zusammenarbeit untereinander zu teilen, eine lange Vorgeschichte hat: „Der glückliche Ausgang des Jagdausflugs verteilte sich nicht gleichmäßig auf alle Jäger in der Partie, was eine praktische Folge hatte. Diejenigen, die heute Erfolg hatten, teilten ihre Beute mit denjenigen, die vielleicht tags drauf das Glück auf ihrer Seite haben würden", schreibt er. „Wenn wir annehmen, die Jagderfahrung führe zur Genveränderung, könnten wir logischerweise schlussfolgern, dass die Menschen heute eine inzwischen natürlich gewordene Neigung zur Zusammenarbeit im Gegensatz zur Todeslust und Grausamkeit entwickelt haben."[2]

Gruppen wie „Sportsmen Against Hunger" (Jäger gegen den Hunger), eine nationale Tafelorganisation, belegen diese Theorie, indem sie Wildbretspenden annehmen und an Hilfsbedürftige verteilen.

Ich möchte all den Leuten, die mich so oft unter die Fittiche nehmen, keinesfalls lästig werden. Es ist endlich an der Zeit, mein Jagdkönnen auch einmal allein unter Beweis zu stellen. Deshalb planen Scott und ich einen wochenlangen Ausflug für Oktober, eine Kombination aus Zelten und Federwildjagd. Na, ja, ich jage. Scott entscheidet sich für waffenfreie Waldspaziergänge. Während der vergangenen zwei Jahre ist sein Interesse an meinen Jagdabenteuern gestiegen, aber er will immer noch nichts mit Waffen zu tun haben.

Wir bauen unser Lager auf und erkundschaften dann das Revier. Auf der Landkarte entdecke ich drei kleine Seen und fahre in der Hoffnung auf Enten hin. Überwiegend werden Enten mit zwei Methoden bejagt.

Bei der Lockjagd setzt man Lockvögel im Gewässer aus, versteckt sich in der Nähe und setzt gelegentlich einen Entenlocker ein, um Entenrufe nachzuahmen und so vorüberstreichende Enten zur Landung auf dem Wasser zu bringen. Die zweite Methode ist das langsame Heranpirschen in guter Deckung an Enten, die bereits auf einem Gewässer liegen. Ich entscheide mich für diese zweite Methode.

Ich verlasse das Auto und gehe auf den ersten Weiher zu. Wegen der blendenden Sonnenstrahlen sehe ich nicht deutlich, ob Enten auf der Wasseroberfläche schwimmen. Dennoch schleiche ich hoffnungsvoll weiter, langsam jeden Fuß von der Ferse zur Spitze abrollend. Deckung gibt mir eine Reihe von Nadelbäumen, die einen Sichtschutz zum Wasser hin bilden. Als ich den letzten Baum in der Reihe erreiche, sind es noch zehn Meter bis zum See. Tarnkleidung besitze ich nicht, aber vorsichtshalber habe ich mich in neutralen Farben – beige und grün – angezogen, um mich der Umgebung anzupassen, denn das Sehvermögen von Vögeln ist extrem gut. Insbesondere wilde Vögel reagieren misstrauisch auf große einheitliche Farbflächen, denn die sind in freier Wildbahn unnatürlich!

Geduckt mache ich einen letzten, langen Schritt hinter dem Baum hervor, dann bleibe ich bewegungslos stehen und suche die Wasserfläche mit den Augen ab. Keine Bewegung am Wasser bis auf vom Wind verursachte Rippen auf der Wasseroberfläche. Noch einen Schritt vorwärts. Wieder stillstehen. Noch einen Schritt. So schleiche ich weiter, bis ich ganz nahe am Ufer stehe, wo ich links von mir kleine Wellen im Wasser wahrnehme. Irgendetwas platscht und lässt das hohe Grass am Ufer wackeln. Plötzlich fliegt eine Ente auf. Jawohl! Ich richte mich auf, lege die Flinte an, entsichere sie, schwinge vor die Ente und drücke ab. Peng!

Der Breitschnabel fliegt unbekümmert weiter. Ich repetiere die nächste Schrotpatrone in den Lauf und nehme die Ente erneut aufs Korn. Jetzt ist sie weiter weg. Peng!

Nichts. Der Vogel fliegt einfach weiter. Ich suche in der Tasche nach einer weiteren Patrone, finde aber keine. Den Rest meiner Munition habe ich im Auto liegen lassen. Während ich die Flinte sinken lasse, wendet die Ente im Kreis und streicht direkt über mich hinweg, steigt dann weiter hoch und verschwindet.

Enttäuscht kehre ich zum Auto zurück, um meine Taschen mit neuen Patronen vollzustopfen. Dann gehe ich von der Straße aus zum zweiten Teich, sehe aber kein Wild. Unter einer großen Weide nehme ich Deckung, sodass ich aus der Luft nicht zu sehen bin. Ich mache mich bereit. Ich warte. Und warte. Dann warte ich noch eine Weile. Ich tagträume ein wenig, grübele aber vor allem darüber nach, was ich tun werde, wenn eine Ente heranstreicht, das Wasser sieht und sich zur Landung entscheidet.

Wenn ich voll im Jagdfieber bin, fehlt die Zeit zum Nachdenken über so etwas. Ich konzentriere mich dann ganz auf das Jagen und, ja, maße mir das Recht an, einem Tier das Leben zu nehmen. Die Beute ist die Hauptsache, keine Zeit für Zweifel. Wenn ich wie jetzt aber ohne Wild in Sicht einfach warte, kommen mir immer wieder einmal ethische Bedenken.

Die häufigste Frage, die Jäger sich und einander stellen, ist folgende: Ist der geplante Schuss waidgerecht? Damit meinen sie einen Schuss, der der Beute eine echte Chance lässt, heil zu entkommen. Zwar gibt es keine allumfassende Definition dessen, was als fair gilt – jeder Jäger und jede Jägerin muss die Vertretbarkeit eines jeden Schusses ad hoc für sich beurteilen. Dennoch existieren einige festen Regeln. Zum Beispiel ist es erlaubt, ohne Bedenken auf eine vorüberstreichende Ente zu schießen, aber nicht auf eine im Wasser sitzende. Viele Jäger lehnen auch die Lockjagd ab, wenngleich es in den meisten Bundesstaaten gesetzlich erlaubt ist, etwas Äsung oder Salzlecksteine auszulegen, um Wild anzulocken. Das kommt diesen Jägern unfair vor, denn das Tier werde getäuscht. Manche Jäger haben auch ihren ganz persönlichen Ethikkodex und sagen zum Beispiel: „Einen Hirsch erlege ich gern, aber kein weibliches Stück." Hinter dieser Einstellung verbirgt sich bei einigen der Wunsch, die Wildpopulation auf möglichst hohem Niveau zu halten. Vielleicht ist sie bei manchen auch Ausdruck eines gewissen Machismus. Jungen lernen ja schon früh, wie „unmännlich" es ist, ein Mädchen zu schlagen.

Viele Jagdorganisationen haben eigene Leitlinien für waidgerechtes Jagen aufgestellt. Die Formulierung des „Boone und Crockett Clubs" gilt allgemein als nationale Norm für die Großwildjagd: „Die ethisch faire und legale Bejagung und Tötung des einheimischen nordamerikanischen, in freier Wildbahn lebenden Großwildes [besteht darin, dass] die Jagdmethode den Jagenden keinen unlauteren Vorteil gegenüber den gejagten Tieren sichert." Im Jahr 2005 hat die Organisation gegen „canned hunts" (Gatterjagd) Stellung bezogen.[3] Diese Art der Jagd bedeutet, dass Wildtiere in Gefangenschaft geboren und gezüchtet und dann in einem Gehege ausgesetzt werden, wo betuchte Jagdtouristen gegen Zahlung eines hohen Entgelts auf sie warten. Ein anderes Beispiel: Eine stark beworbene, allerdings kurzlebige Ranch bot Kunden versuchsweise die Möglichkeit, am Computer mit einem Mausklick ein Gewehr zu betätigen und damit ein eingegattertes Schwein abzuknallen.[4] Kein geschmackloser Scherz, sondern wirklich wahr!

Für mich liegt die Freude der Jagd im Recherchieren und Sammeln des notwendigen Wissens über eine jagdbare Wildart und deren Lebensraum, um sie besser aufspüren zu können. Sowohl Lock- als vor auch Gatterjagd sind meines Erachtens ethisch problematisch. Im Grunde genommen stehen sie in eklatantem Widerspruch zum eigentlichen Sinn der Jagd, wie ich ihn verstehe.

Meine eigene Definition von der gerechten Jagd ist einfach: In meiner Rolle als „Prädatorin" so wenig wie nur möglich in das Ökosystem einzugreifen. Allerdings bin ich nicht sofort auf diese recht einfache Verhaltensmaxime gekommen. Sie ist eher das Ergebnis monatelanger Recherchen und Überlegungen. Mit anderen Jägern und Jägerinnen – selbstverständlich auch mit Scott – habe ich lange Gespräche über das Thema geführt. Bücher über Jagdethik habe ich gelesen, ebenso Kurzgeschichten und Essays über das Waidwerk. Wie so viele andere Aspekte der Jagd werden auch ethische Leitlinien auf Grund aktueller Erkenntnisse und besonderer Umstände ständig verändert. Es ist und bleibt einfach unglaublich und irgendwie auch frustrierend schwierig, die Frage jagdethischen Verhaltens nicht allgemeinverbindlich beantworten zu können.

Wie erwähnt, war ich von den Bogenjägern, die ich in den ersten Monaten nach meiner Ankunft in Oregon kennengelernt hatte, sehr beeindruckt. Mir schien die Fähigkeit, bis auf 30 Meter – die tödliche Reichweite der meisten Bögen – an das Wild heranzupirschen und es dann mit einem wohlgezielten Pfeil sofort zu erlegen, ein wahrer

Höhepunkt aus Fairness und Sportgeist zu sein. Aber je länger ich mit Bogenjägern sprach, desto mehr Geschichten mit unbefriedigendem Ausgang kamen mir zu Ohren: Das Wild wurde getroffen, aber nicht getötet, und entkam schwer verletzt. Sicher tötet ein sauberer Schuss mit Pfeil und Bogen sofort. Ich kenne ja Leute, denen das immer wieder gelingt. Andere jedoch mussten der Beute zwölf Stunden lang hinterherlaufen und zwei weitere Pfeile verschießen, bis das Tier endlich erlöst war.

Meine eigene Zeitung veröffentlichte Fotos, auf denen Hirsche in Hinterhöfen und Parks mit Pfeilen im Hals herumstanden. Mit Büchse oder Flinte richtig und gut umzugehen, erfordert viel Übung. Noch mehr Training und Erfahrung sind jedoch erforderlich, mit Pfeil und Bogen einen tödlichen Schuss abzugeben.

Heute, als ich unter einer Weide hocke und über das Ethische der Jagd nachdenke, beschäftigt mich eine einzige Kernfrage, wenngleich das sehr unwahrscheinlich klingt angesichts der Tatsache, dass ich nun seit zwei Jahren auf die Jagd gehe. Sie ist außerdem die bei weitem schwerwiegendste Frage und stellt alle anderen in den Schatten: Ist das Töten von Tieren grundsätzlich falsch? Ist es überhaupt je zu rechtfertigen?

So merkwürdig sich dies anhört, muss die Jagd nicht zum Tod eines Tieres führen. Es gibt, wie ich feststelle, einige nicht letale Formen der Jagd. Im Frühherbst habe ich einen Catch-and-Release-(Fangen-und-Freilassen-) Jäger kennengelernt – eigentlich eine Jägerin. Der Präsidentschaftswahlkampf war in vollem Gange und für einen Zeitungsartikel über das politische Klima in einem ländlichen Wahlbezirk bin ich von Tür zur Tür gegangen, um Informationen einzuholen. Diese Art von Berichterstattung gefällt mir gut, weil ich dann eine Ausrede habe, an irgendwelche Türen zu klopfen, sodass ich meistens eingeladen werde, auf einen Moment hereinzukommen. Keine Tätigkeit bietet die Gelegenheit, so oft in das Wohnzimmer fremder Menschen eingeladen zu werden, wie der Journalistenberuf. Wenn man so neugierig ist wie ich, ist allein das schon Grund genug, diesen Beruf zu ergreifen. Man sieht zum Beispiel, wie leger sich die Menschen zu Hause am Feierabend anziehen. Man hat die Gelegenheit, ihre Kinder und Haustiere kennenzulernen. Man sieht ihre Tapeten. Man riecht, was es zum Abendessen geben wird.

Die fragliche Frau steht leider draußen, als ich mit dem Auto vorfahre, sodass wir das Interview in ihrem Vorderhof abhalten, während die Abendsonne hinter den Bergen westlich des Bauernhofs versinkt. Sie ist eine Brünette Anfang 50 mit kurzen Haaren und athletischem Körperbau. Sie erklärt sich als überzeugte Republikanerin, die befürchtet, Barack Obama werde ihr nach einem Wahlsieg die Waffen wegnehmen. Also alles klar. Dann frage ich, ob sie jagt.

„Ja, schon", sagt sie lächelnd. „Ich jage Federwild, aber hauptsächlich stellen und gleich wieder freilassen."

„Wie bitte?!"

Sie lacht wieder. „Diese Reaktion liebe ich. So reagieren fast alle." Dann erklärt sie, dass sie Vorstehhunde abrichtet. Wenn sie mit den Hunden ins Feld zieht, will sie nicht anderes als den Hunden beibringen, Wild zu suchen und an den Fleck zu binden. Sie gibt das Kommando, den Vogel auszulassen, und belohnt die Hunde, sobald das Wild fortgeflogen ist.

Es stellt sich heraus, dass sie nicht die einzige Person ist, die alle Aspekte der Jagd bis auf das Erlegen des Wilds genießt. Im Jahr 2010 rief die Whitetail-Pro-Fernsehserie[5] einen Hirschjagdwettbewerb ins Leben. Die Wettkämpfer pirschen an die Hirsche heran, zielen auf sie mit einem digitalen Zielfernrohr, das mit einer SD-Karte ausgestattet ist, und schießen Platzpatronen ab.[6] Je nach der Größe und

Anzahl der „erlegten" Hirsche und der Genauigkeit des Schusses erhalten die Wettbewerber Punkte.

Seitdem im Jahr 2004 in England die Fuchsjagd mit Hunden verboten wurde, haben passionierte Jäger zu Pferde den Fuchs total aus dem Geschehen genommen. An dessen Stelle verfolgen die Hunde nun einen speziell gewählten und entsprechend geschulten Menschen.[7] Haben die Hunde die Person gestellt, tun sie ihr nichts an, sondern lassen es gut sein. Die Verfolgung ist zur Hauptsache geworden, nicht mehr das Erbeuten eines Tieres am Ende der Hetze.

Diese neuen, sogenannten humanen Jagdmethoden bieten neues Potenzial für das Hobby, weil alle umstrittenen Aspekte hinfällig sind: Gefährdung von Menschen, negative Beeinflussung der Wildpopulationen und selbstverständlich auch die erschreckende Realität des Tötens. Die nicht-letale Jagd spielt freilich nur eine absolut untergeordnete Rolle unter den Gesamtjagdmethoden. Und ich frage mich, ob sie das Wesen der Jagd nicht verkennt. Warum? Weil die tötungsfreie Jagd alle schwerwiegenden ethischen Fragen einfach ausklammert, mit denen sich „tötende" Jäger, zu denen auch ich gehöre, abplagen. Der berühmte spanische Schriftsteller und Philosoph José Ortega y Gasset kritisierte eine britische Version der nicht-letalen Jagd mit einer Kamera im frühen 20. Jahrhundert, die sogenannte Fotojagd. Sie besteht darin, dass die Jagd, ähnlich dem von Catch-and-Release-Anglern praktizierten Vorgehen, mit einem Foto der Beute endet. Das Wild wird anschließend unbeschadet wieder freigelassen. „Man kann die Jagd ablehnen", meint Ortega, „aber wenn man sich zur Bejagung eines Tieres entschließt, muss man bestimmte Konsequenzen in Kauf nehmen ... Ohne diese Elemente der realen Selbstverantwortung ist die Jagd unsinnig. Das Verhalten der gejagten Beute lässt deutlich erkennen, dass es ihr ernsthaft um Leben und Tod geht. Wenn das Tier begreift, dass es nur um eine Scheinjagd geht, nur um einen Schnappschuss, wird es mit der Zeit sein instinktmäßiges Verhalten verändern. Die Jagd würde in eine Farce ausarten, und sie würde ihre eigenartige Spannung verlieren."[8]

Mein Unbehagen über Catch and Release beim Jagen beeinflusst mit der Zeit auch meine Einstellung zu dieser Methode beim Fliegenfischen, obgleich es sich meines Erachtens mit der Angelei etwas komplizierter verhält. Im Gegensatz zu den Jägern können sich Angler selten einen bestimmten Fisch als Ziel auserwählen. Meist muss man den Fisch erst fangen, um seine Art identifizieren, ihn vermessen und dann entscheiden zu können, ob er außerhalb des Schonmaßbereiches liegt und getötet werden darf. Mit anderen Worten muss der Sportangler die Methode „Fangen und wieder aussetzen" gelegentlich praktizieren. Scott macht mich auf einen weiteren wichtigen Punkt aufmerksam. Catch and Release führt dazu, dass infolge des Wiederaussetzens der Fische mehr Angler das Hobby ausüben können. Diese Erklärung löscht jedoch nicht mein Unbehagen über den der Methode innewohnenden Betrug des Fisches aus. Wenn ich einen Fisch mit meiner Fliege zum Beißen verlocke, weil ich weiß, dass ich ihn wieder aussetzen will, während der Fisch vollkommen ahnungslos ist, kommt mir das wie Schikane und eine Degradierung des Tiers zu einem Spielzeug vor. Den Fisch als etwas zu betrachten, das ich liebevoll zubereiten und essen will, ist ehrlicher – meines Erachtens auch würdiger dem Fisch gegenüber. Ortega y Gassets Meinung teile ich also: Der Kampf um Leben und Tod ohne den eigentlichen Tod ist am Ende unsinnig.

Aber dann ist es auch wieder egal, ob wir jagen, denn auch ohne Jagd bringen wir alle immer wieder Tiere ums Leben. Und zwar regelmäßig. Unsere moderne Gesellschaften basieren auf einem Grundprinzip: Menschliches Leben rangiert über dem Leben von Tieren. Gänse werden getötet, um Kollisionen mit Flugzeugen zu verhindern, denn die brauchen wir für den Transport von Menschen und ihren Waren. Um Medikamente für die Gesundheit des Menschen und zur weitest möglichen Verlängerung seines Lebens zu entwickeln, müssen Tiere als Versuchskaninchen herhalten. Jeden Tag gehen in den Vereinigten Staaten fast 2430 Hektar Wildtierlebensraum verloren durch die Bebauung von Naturlandschaften, Offenland und Waldflächen.[9] Einstige Urwaldgebiete mit ihrer immensen Artenvielfalt werden zu lebensfeindlichen Zuckerrohrfeldern verunstaltet, um unsere Vorliebe für Süßes zu befriedigen. Die geteerten Straßen, auf denen wir gerne fahren, die gepflegten Grasflächen im geliebten Vordergarten, auf denen wir spielen, die Einkaufsläden, in denen wir einkaufen gehen – alles war früher Lebensraum von wild lebenden Tieren. Kraftwerke, Öl- und Gasbohrungen und auch Windkraftanlagen Schaden den Wildtieren in hohem Maße.

In Bend beschließt die Stadtparkbehörde, 109 Gänse zu töten. Diese Gänse ziehen nicht mehr zwischen ihren Brutgebieten und ihren Winterquartieren, sondern haben es sich in Bend bequem gemacht, das ganze Jahr hindurch. Und sie haben sich vermehrt. Trotz jahrelanger wiederholter Versuche seitens der Behörden, die Population in Grenzen zu halten; trotz Störungen durch Hunde, trotz ihrer zwischenzeitlichen Verfrachtung in ein Flugwildschutzgebiet 100 Meilen entfernt, verharren sie in Bend. Ihre Kotsansammlungen sind unangenehm und stellen sogar eine Gesundheitsgefahr dar. Überdies sind die Gänse aggressiv: Sie vertreiben andere Vogelarten. Also ist die Entscheidung der Behörde, sie zu töten, richtig, und das Fleisch wird städtischen Nahrungsmittelhilfeorganisationen gestiftet, denen es sowieso schwerfällt, Hilfsbedürftige während der langen, tiefen Wirtschaftsrezession zu unterstützen.

Dessen ungeachtet führt die Entscheidung zu rabiaten Protestaktionen. Menschen veranstalten eine ernst gemeinte Trauerfeier in einem der kotübersäten, von den Gänsen bevorzugten Parks. Erboste Demonstranten besuchen die städtische Suppenküche, nachdem die Gänse dort serviert wurden, und bedrohen den Manager.

Diese heftigen Reaktionen erstaunen mich. Öffentliche Proteste finden in Bend so gut wie nie statt. Was glauben die Demonstranten wohl, frage ich mich, woher Fleisch überhaupt stammt?

Leider hinterfragen wir selten das Schlachten von Nutztieren, aber wir sind gerne bereit, über das Töten von Tieren zu anderen Zwecken, das übrigens weit seltener vorkommt, zu schimpfen. Laut dem Anthrozoologen Hal Herzog töten Amerikaner „200 Nutztiere, bezogen auf jedes Tier, das für ein Forschungsexperiment genutzt wird, 2000 auf jeden unerwünschten Hund, der im Tierheim verendet, und 40000 auf jedes Sattelrobbenbaby, das auf einer kanadischen Eisscholle erschlagen wird."[10]

Tierschützer empören sich über Pelzmode, ignorieren jedoch die Tausende von Lebensmittelgeschäften, die lebende Hummer in miserablen, von Algen überwucherten Wassertanks aufstapeln. In den Vereinigten Staaten ist der Vegetarismus, nach allem, was man hört, nie so populär gewesen. Vegetarische Ernährung bleibt jedoch eine Seltenheit. Ganz genau weiß man es nicht, aber die Zahl der Vegetarier liegt laut den meisten Umfragen und Untersuchungen schätzungsweise zwischen sieben und elf Millionen Menschen. Das entspricht etwa der Bevölkerung von North Carolina.[11] Vegetarier sind eine winzige Minorität, kaum zu sehen auf einer demografischen Tortengrafik. Um auch die beiden Gruppen zu vergleichen: In den USA gibt es etwa zwei Millionen mehr Jäger und Jägerinnen als Vegetarier und Vegetarierinnen. Ganz abgesehen davon, dass 60 Prozent der selbstdeklarierten Pflanzenesser einer Umfrage nach zugegeben, in den vergangenen 24 Stunden Fleisch gegessen zu haben …[12]

Selbstverständlich töten auch Tiere andere Tiere. Das stört uns wenig. Sie sind halt Fleischfresser. Die meisten Vegetarierinnen in meinem Bekanntenkreis füttern ihren Haustieren Fleisch. Einige Wildtiere töten ohne die Absicht, die Opfer zu fressen. Von Wölfen und Wapitis ist zum Beispiel bekannt, dass sie Mitglieder der eigenen

Tierart während der Brunft- beziehungsweise Paarungszeit gelegentlich umbringen, um den eigenen Status zu erhöhen.

Einige Tierschützer sind der Meinung, wir sollten alle vegetarisch essen, denn die Menschengattung sei nicht mehr auf Fleisch als Nahrungsmittel angewiesen. Selbstverständlich ist es lobenswert, sogar edel, Tieren unnötiges Leiden und Sterben ersparen zu wollen. Dennoch ist zu bedenken, dass sogar vegane Ernährung zur Tötung von Tieren führt. „Das Getreide in einer veganen Mahlzeit", schreibt Michael Pollan, „wird mit einem Mähdrescher geerntet, der bei der Mahd zig Feldmäuse zerschreddert, während die ziehenden Traktoren mit ihren Riesenrädern Waldmurmeltiere in ihren Erdhöhlen zerquetschen. Die in der Landwirtschaft eingesetzten Chemikalien vergiften Singvögel und lassen sie tot vom Himmel fallen. Nach der Erntezeit eliminieren wir zudem lästige Tiere, ‚lästig', weil sie unsere Nutzpflanzen fressen … Selbst wenn alle Amerikanerinnen und Amerikaner auf einmal vegetarisch äßen, würde das vielleicht nicht einmal sicher dazu führen, dass die Gesamtzahl jährlich getöteter Tiere wirklich zurückginge, denn eine strikt vegetarische Lebensweise aller würde zu einer noch deutlich intensiveren Nutzung von Acker- und Weideland und zu neuen Kulturlandschaften mit all den negativen Begleiterscheinungen für zahllose Tierarten führen. Die großflächige und lebensfeindliche Monokulturlandwirtschaft müsste noch weiter intensiviert werden."[13]

Rinder, Hirsche, Schafe und Gabelböcke brauchen dagegen nur Gras und verwandeln es direkt in Proteine. Bergige und steinige Gegenden sind besser für weidende Wiederkäuer geeignet als für den Landbau, somit effizienter für die Nahrungserzeugung. Mit anderen Worten, wenn unser Ziel darin besteht, wie Pinchot es formuliert, den höchsten Gewinn für die größte Zahl Menschen über die längste Zeit zu erzielen, dann mag der Fleischkonsum doch die beste Lösung sein. Und auch die ethisch naheliegende.

Alle Argumente für und wider den Fleischkonsum drehen sich fast immer um Abgrenzung, beschwören die trennende Linie zwischen „denen" und „uns". Der exakte Verlauf dieser Trennlinie hängt von der Perspektive des Einzelnen ab. Für einige Fischesser sind beispielsweise Kühe und Schweine zu intelligent, zu haarig oder dem Menschen zu ähnlich, um sie zu essen. Fische zu futtern, ist dagegen okay.

Romanschreiber Jonathan Safran Foer zieht einen Vergleich zwischen den Argumenten gegen den Fleischkonsum und gegen Abtreibung. „In beiden Fällen", bemerkt er, „ist es unmöglich, einige ausschlaggebende Details mit Gewissheit zu kennen: Wann ist ein Fötus ein Mensch, wann nur ein potenzieller Mensch? Was empfindet ein Tier eigentlich? Dieses Nicht-genau-Wissen sorgt für ein tiefes Unbehagen, das oft eine totale Abwehrhaltung oder gar Aggression hervorruft. Das Thema ist schwer zu fassen, frustrierend, und es wird laut debattiert. Eine Frage führt zur nächsten, und bald verteidigt man einen Standpunkt, der weit extremer als derjenige ist, den man zum Leitprinzip des eigenen Lebens wählen würde. Oder schlimmer noch, man findet gar keinen Standpunkt, der sich mit gutem Gewissen verteidigen oder als Richtschnur heranziehen lässt."[14]

Wie ein Mensch persönlich Tierhaltung und Schlachtung beziehungsweise Jagd und Wildbretbeschaffung für die eigene Ernährung als ethisch gerechtfertigt definiert, kann sich im Laufe seines Lebens durchaus ändern. Vielleicht ist das der Grund dafür, dass in den Vereinigten Staaten die Zahl der Ex-Vegetarier dreimal so hoch ist wie die der aktuell praktizierenden.[15]

Um uns die ethischen Leitlinien hinsichtlich der eigenen Essgewohnheiten ziehen zu helfen, formulieren Philosophen radikale hypothetische Fragen. An dem einen Ende des Spektrums stehen Peter Singer und Tom Regan mit ihrer These des „Speziesismus". Damit meinen sie die Ausbeutung und Unterdrückung nicht menschlicher Tierarten, quasi ein Pendant zu Sexismus, Rassismus und der

Ausbeutung und Unterdrückung von Menschen.[16] Wenn wir die Behandlung von Tieren als „nützliche Dinge" für unsere Ernährung rechtfertigen mit deren Unfähigkeit, wie Homo sapiens zu sprechen und zu denken, was hielte uns dann eigentlich noch davon ab, so wollen Singer und Regen wissen, geistig gehandicapte Menschen als Nahrung zu verwenden, da auch sie nicht wie Menschen sprechen oder rational denken können?

Diesem radikalen Argument stellt die Philosophin Cora Diamond ein anderes Argument entgegen, nämlich dass es gar nicht um eine Frage nach den Rechten von Mensch oder Tier geht. Ihrer Meinung nach ist das Problem der Singer-Regan-Position gegen das Fleischessen deren logische Inkonsequenz. Singer/Regan lassen offen, ob ein Vegetarier ohne Bedenken eine Kuh essen darf, die durch einen Blitzschlag getötet wurde. Es gibt kein grundsätzliches Argument gegen die Nutzung dieser toten Kuh.

Diamond konstatiert: „In ihrer [Singers und Regans] Diskussion findet man nichts, das suggeriert, eine Kuh sei kein Nahrungsmittel; es geht nur darum, dass man den Prozess (eine lebende Kuh in Nahrung zu verwandeln) nicht fördern soll."[17] Damit, so schlussfolgert Diamond, übersähen Singer und Regan einen kritischen Unterschied zwischen Menschen und anderen Tierarten.

Etwas anderes als die reine Nahrungsfrage ist entscheidend dafür, dass wir zwar bereitwillig Rindfleisch essen, niemals aber Menschenfleisch – auch nicht das von Verkehrsopfern – verzehren. Dieses zusätzliche Etwas geht über die einfache Frage von Ernährung hinaus. Wenn zum Beispiel ein Menschenbaby mit zwei Wochen stirbt, sind eine Todesanzeige und eine formelle Begräbnisfeier durchaus angemessen. Das aber gilt nicht im Falle eines gestorbenen Hundes, nicht einmal eines geliebten langjährigen Familienhundes.

Mit Blick auf ein leidendes Tier stellt sich zum Beispiel auch die Frage, ob wir (moralisch) verpflichtet sind, jene Schmerzen möglichst zu verhindern oder wenigstens zu mindern. „Dass dieses Tier ein Wesen ist, dem ich kein Leiden zufügen oder dessen Leiden ich verhindern helfen sollte", schreibt Diamond, „bezeichnet ein besonderes Verhältnis zu diesem Tier."

Als Zeitungsfrau ist mir durchaus bewusst, dass sich unser Empfinden von Tragödien nach deren Nähe zu uns selbst einstufen. Als ich damals im Sommer als Praktikantin bei der *Hartford Courant* arbeitete, verfasste ich einen Artikel über einen Einsatz der örtlichen Feuerwehr in Connecticut in Oregon; einige Feuerwehrleute flogen dorthin, um beim Kampf gegen einen verheerenden Waldbrand zu helfen. Das Großfeuer zerstörte über 4 000 Quadratkilometer, was ich doch etwas schade fand. Erst nachdem ich nach Oregon – also in die Nähe des damaligen Einsatzes gezogen war, war ich in der Lage, die wahren Konsequenzen eines solchen Großbrandes zu verstehen. Ein unkontrollierbarer Flächenbrand ist mehr als nur „schade"; er ist ein furchterregendes Desaster. Als ich zum ersten Mal eine Familie interviewte, die wegen eines Waldbrandes ihr Einfamilienhaus hatte verlassen müssen, und der jungen Mutter Tränen in die Augen stiegen, begriff ich die wahre Tragweite des Naturereignisses: Für die betroffenen Menschen war es tragisch. Die Nähe zum Geschehen verwandelte „schade" in „tragisch", begründete ein besonderes Verhältnis zu dem Ereignis.

Die gleiche Logik erklärt, warum ich zwar unbekümmert ein Steak verzehren kann, aber emotional aufgewühlt bin, wenn ich meinen geliebten Hund von seinen Qualen erlösen muss. Das Rind habe ich nicht persönlich gekannt. Der Hund aber war wie ein Familienmitglied.

Die gleiche Logik bezüglich der Nähe zum Geschehen macht den Ärger der Bewohner von Bend über das Töten der 109 Gänse verständlich. Sie fühlten sich den Tieren zu nahe, um sie als potenzielles Lebensmittel zu betrachten. Was sollen wir dann von der eigenen

Einstellung halten, die uns erlaubt, unbekümmert Fleisch zu essen, das außerhalb unserer Sichtweite gemästet wird? Aus den Augen, aus dem Sinn? Genau genommen ist dies reine Heuchelei.

„Kein anderes Volk in der Geschichte der Menschheit", schreibt Pollan, „hat je so distanziert zu den Tieren gelebt, die es aß."[18]

In diesem Licht betrachtet, erscheint die Jagd als ein besonders differenziertes Unterfangen: Die Verfolgung des Wildes fördert ein direktes Sonderverhältnis zwischen Jäger und Beute. Diese nahe Verbindung ändert jedoch nichts an der Bereitschaft des Jägers, das Wild zur Strecke zu bringen und dessen Wildbret zu genießen. Im Gegenteil sind Bejagung und Zubereitung der Jagdbeute Ausdruck dieses zustande gekommenen Sonderverhältnisses.

Die Jagd erinnert mich wiederholt an einen bedeutenden Aspekt der Mensch-Tier-Beziehung, der mir keineswegs immer bewusst ist. Meine Beziehungen zu Tieren fallen in zwei grobe Kategorien: „Freunde" (zum Beispiel meine Haushunde) und „Feinde" („Schädlinge" wie Mäuse).

Zwischen diesen beiden Kategorien besteht eine ungeheure Distanz. Der Schwarzbär, der wenige Stunden vor mir Schwarzbeeren vom gleichen Busch pflückte. Die Henne, die meine Frühstückseier gelegt hat. Das Eichhörnchen im Baum in meinem Hinterhof. Die Kuh, ohne deren Milch es keinen Cheddarkäse auf meinem Tisch gäbe. Das neue Kaninchengehege in meiner Nähe, verdrängt durch den Bau eines neuen Einfamilienhauses in meiner Straße. Die Krabben, die in mein Netz gegangen und dann in meiner Stir-fry-Pfanne gelandet sind. Der Fisch, der sich im gleichen Netz gefangen hat, den ich aber tot wieder ins Wasser geworfen habe. Das Leben all dieser Tiere ist mit meinem verstrickt, ob ich diese Vernetzung nun bewusst anerkenne oder nicht.

Die meisten Tierarten auf Erden fallen irgendwo in die Mitte zwischen den beiden Extremen „Freund" und „Feind". Ich kann nicht mit Worten beschreiben, was ich für sie empfinde, wie ich sie behandle, welche Rolle sie in meinem Leben spielen. Ich kann sie in keine Kategorie einordnen und damit fassbarer machen. Dann und wann wird ein hübscher Kolibri, der sich an meinem Futterspender gütlich tut, zum „Freund". Das Eichhörnchen, das den Futterspender zerstört, wechselt vielleicht vom „Freund" zum „Feind". Von solchen Ausnahmen abgesehen, nehme ich die Tiere an sich nicht wahr.

Das Problematische an diesem binären System liegt in seiner betrügerischen Einfachheit. Seit mehr als 20 Jahren hat die Neigung zum Binären mein Denken in die Irre geführt, zu Schwarz-Weiß-Entscheidungen bezüglich meiner Behandlung von Tieren. Als Fleischesser stehe ich vor einer klaren Wahl:

1. Entweder genieße ich einen Freund zum Abendessen oder
2. ich verzehre einen Feind zum Abendessen, der den Tod „verdient" hätte.

Welche vernünftige Person würde die erste Option wählen? Und wer findet die zweite Wahl glaubwürdig, nachdem man ein Tier – ja, fast jedes Tier – näher gekannt, ihm in die Augen – den sprichwörtlichen Spiegel der Seele – geschaut hat? Bisher vor kurzem entschied ich mich für folgende Lösung: Das Fleisch auf dem Teller betrachtete ich einfach nicht als Tier. Durch die Jagd ist jedoch die Wahrheit nun voll in mein Bewusstsein gedrungen. Erst dieses Handwerk ließ mich die bis dahin übersehene Tierkategorie zwischen „Freund" und „Feind" entdecken. Nun gebe ich offen zu: Die Welt funktioniert nicht nach meinem Schwarz-Weiß-Prinzip. Sie funktioniert ganz anders.

In einer Szene seines Buches ist Foer Zeuge einer Schweineschlachtung. Das Schwein schaut Foer im letzten Augenblick seines Lebens an, und die brechenden Augen sind zutiefst bewegend.

„Dieses Schwein wurde nicht zum Gegenstand des Vergessens", notiert er. „Dieses Tier wurde zum Gegenstand meines Mitleids. Ich empfand – und ich empfinde heute immer noch – Erleichterung bei dieser Erkenntnis. Mein Gefühl der Erleichterung hilft dem Schwein zwar herzlich wenig, aber das Gefühl ist mir wichtig."[19]

Der Respekt, den wir Tieren zollen, ist in mancher Hinsicht tatsächlich alles, was wir ihnen bieten können. Tiere sterben mit oder ohne unsere Anerkennung, ob wir uns von ihnen ernähren oder nicht, ob wir an ihrem Tod willig und direkt beteiligt sind oder indirekt und unbewusst.

Und wie stehe ich nun dazu? Wie steht es mit mir? Die Jagdbeute am Esstisch ist mir zu etwas Besonderem geworden. Ich empfinde vor der Mahlzeit ein Gefühl der Dankbarkeit. Zum ersten Mal ist dieses Gefühl authentisch. Ich bin aufgewachsen in einer Familie, für die ein Tischgebet zum Ritual gehörte: „God is great, God is good. And we thank him for our food." („Gott ist erhaben, Gott ist gut. Wir danken ihm für dieses Gut.") Als Kind fand ich den Spruch fast lächerlich. In unserem Haushalt wurde Gott nur in diesem Tischgebet erwähnt. Auch der ungehobelte Reim störte mich. Erst seitdem ich mir mein Essen selber erjage – und zuschaue, wie die Beute im Nu von einem vitalen Lebewesen zu einer Tierleiche wird – bin ich für das Fleisch auf dem Teller echt dankbar. Auch das ist ein besonderes Verhältnis.

KAPITEL 11

Jahr des Todes

Im Oktober steigt meine Spannung zusehends, denn im Frühsommer habe ich eine Lizenz für einen Wapiti, den amerikanischen Verwandten des europäischen Rothirsches, gekauft. Das bedeutet, ich darf auf einen Hirsch waidwerken in einem Reservat etwa 100 Meilen südlich von uns. Mental fühle ich mich eigentlich noch nicht bereit, ein Tier dieser Größe zu bejagen. Ich befürchte, das Schuldgefühl wird der Größe der Beute entsprechen, ganz zu schweigen von dessen – ach du lieber Gott! – voluminösen Eingeweiden!

„Das Gescheide eines Hirsches", sagt mir ein Jäger, „stellt einen echt auf die Probe."

Ich suche eine Ausrede, die viertägige Jagd abzusagen, und überraschenderweise bietet unser Hund Bob eine.

Nach der Arbeit pflegen Scott und ich täglich mit den Hunden rauszugehen. Eines Tages fängt Bob unweit des Zuhauses an, ein Bein zu schonen. In einer verlängerten Mittagspause bringe ich Bob am nächsten Tag zur Tierärztin. Die Diagnose ist ein Osteosarkom, ein

Knochentumor, in seinem rechten Hinterbein. Diese Art Krebskrankheit führt meist zu einem schnellen und schmerzhaften Tod. Die Ärztin verschreibt ein mildes Opiat und versichert mir, dass ich schon spüren werde, wenn die Schmerzen für Bob nicht mehr auszuhalten sind. Ich fahre den Hund wieder nach Hause, rufe Scott auf der Arbeit an und teile ihm die traurige Nachricht mit tränenerstickter Stimme mit.

Bobs Zustand verschlechtert sich täglich. Während der Oktobertage werden die Spaziergänge mit den Hunden immer kürzer. Dann laufen wir getrennt, um Bob zu schonen. Ich jogge mit Sylvia in der Umgebung, während Scott mit Bob nur um die Ecke geht, damit der Hund die Gerüche wahrnehmen kann, die immer den Höhepunkt seiner Spaziergänge seit seiner Adoption vor neun Jahren ausmachten. Die Jagdsaison auf Wapitis beginnt, aber ich bleibe mit Scott zu Hause bei Bob.

Mitte November – es ist ein Montag – lese ich bei der Arbeit meine E-Mails. Die erste Mail teilt mir mit, einer meiner Mitarbeiter, Jim Witty, sei an dem Morgen infolge eines massiven Herzinfarkts gestorben. Jim war als Reporter für alles zuständig, was unter freiem Himmel passiert. Er war erst 50 Jahre alt. Seine Leser haben ihn hochgeschätzt – einige werden mir später anvertrauen, dass sie ihn wegen seiner Beiträge als Kumpel betrachteten, obwohl sie ihn nicht persönlich kannten. Vor drei Tagen sind Scott und ich ihm, seiner Frau und zwei Freunden noch in einer Pizzeria begegnet.

Wenige Tage vor Erntedanktag erfahren wir, dass der Vater unserer Schwägerin – auch er wird Jim genannt – im Krankenhaus liegt. Er ist einer der Leiter der gemeinnützigen Organisation, für die Scott arbeitet. Jim war mit der ganzen Familie an der Küste Oregons im Urlaub, als er plötzlich erkrankte. Seine Frau fuhr ihn nach Bend zurück. Kurz vor dem Ziel wurde er ohnmächtig, daher fuhr ihn seine Frau direkt ins Krankenhaus.

„Es steht schlecht um Jim", teilt Scott mir mit.

Genau an Thanksgiving versammeln sich Jims Ehefrau und seine Kinder an seinem Bett, und lebenserhaltende Maschinen werden eine nach der anderen abgeschaltet. Jim war Rechtsanwalt in Bend und vertrat vor allem die „Confederated Tribes of Warm Springs" („Verbündete Indianervolksstämme von Warm Springs"). Zudem war er auch Veteran des US Marine Corps, sodass seine Begräbnisfeier recht prunkvoll mit Indianerriten und Ehrensalven vonstattengeht.

Auf dem Rückweg von der Beerdigung unterhalten Scott und ich uns über das Zeremoniell, das wir gerade erlebt haben.

„... na, das regt zum Nachdenken an ...", beginnt Scott.

„Ich weiß."

„ ... darüber, was wir hinterlassen, wenn wir sterben."

„Ich weiß."

„Ich muss mir klar darüber werden, woran ich eigentlich glaube."

„Moment ... wovon redest du?"

„Ich meine nicht unbedingt Religion, aber ...", Scott verstummt, hält inne, und fügt dann hinzu: „Wie würde meine Begräbnisfeier aussehen? Beim Militär war ich nicht. Ich bin kein Kirchgänger. Ich bin kein Indianer. So, was wirst du also mit mir machen? Einfach ins Loch werfen?"

Ich kann mir nicht helfen, ich lache laut.

„Was ist so witzig?"

„Du hast Recht, ja, das hast du!" Ich schüttele den Kopf und bemühe mich um einen ernsten Ton. „Es ist nur, ja ich dachte, wir reden über etwas anders."

„Worüber denn?"

„Ich dachte, du meintest mit ‚was hinterlassen wir' Kinder. Dass, na ja, wir uns beeilen müssen, Kinder in die Welt zu setzen. Sonst erscheint niemand zu unseren Beerdigungen."

„Stimmt", sagt Scott lachend.

Am 11. Dezember finde ich nach der Arbeit Bob zu Hause auf dem Bauch liegend, unfähig aufzustehen. Mit der Tierärztin haben wir vereinbart, dass sie am nächsten Nachmittag, einem Freitag, zu uns kommt und Bob einschläfert. Morgen ist aber offensichtlich schon zu spät. Unter Tränen rufe ich Scott an.

„Es geht um Bob", sage ich schluchzend. „Du musst sofort nach Hause kommen."

Scott trägt Bob in den Hinterhof, wo der Hund offenbar hinwollte, als er zusammenbrach. Wir streicheln ihn sanft, gehen dann hinein, um die Tierärztin anzurufen.

Während wir auf sie warten, beruhigen wir Bob, geben ihm stückchenweise die Würste aus unserem Kühlschrank und sagen ihm dabei, was für ein toller Hund er ist. Dass wir ihn immer liebbehalten werden, dass es reines Glück für uns war, als er zu uns kam.

Später am Abend vertraue ich Scott an, dass mir die Reihe von Todesfällen in letzter Zeit unsere ganze Lebensenergie aufzusaugen scheinen. Ich habe keine Ahnung, dass dies erst der Anfang war.

Zu Weihnachten fliegen wir nach Washington, D.C. Im Ferienhaus meiner Eltern nahe der Chesapeake Bay findet ein Treffen der Familie meiner Mutter statt. Auf der Feier geht es hektisch und gedrängt zu; mit einigen Familienmitgliedern plaudere ich über Bagatellen, mit anderen führe ich ausgedehnte und tiefer greifende Gespräche.

Meine Cousine Donna und ihr Mann Seth verbringen die Nacht hier mit ihrer Tochter Audrey, die im August des vergangenen Jahres zur Welt gekommen ist. Donna habe ich vor Audreys Geburt zuletzt gesehen und ich bin neugierig, sie als Mutter zu erleben. Seit einigen Jahren verlaufen unsere Ehen parallel. Wir heirateten mit acht Tagen Abstand. Wir haben beide kürzlich ein Haus gekauft. Audrey ist in Donnas und Seths Leben jedoch ein Riesenschritt, den Scott und ich noch nicht gewagt haben, ein Schritt, der mich noch ängstigt.

Als die anderen Familienmitglieder und meine Eltern ins Bett gehen, bleiben Scott und ich noch eine Weile auf, um uns im Wohnzimmer mit Donna, Seth und meiner Schwester Gretchen zu unterhalten.

Später warte ich ungeduldig darauf, mit Scott ins Bett zu krabbeln, Zeit mit ihm allein, ohne die Familie, zu haben. Ich rutsche unter die Decke, strecke mich neben Scott aus und seufze tief vor Müdigkeit.

Dann höre ich einen schrillen Schrei.

Scott und ich schauen uns verwirrt an.

„Hat da gerade jemand geschrien?", frage ich flüsternd.

Scott nickt bejahend und runzelt die Stirn.

Wir setzen uns im Bett auf und hören noch mal einen Schrei. Diesmal ist er lauter und unmissverständlich – er drückt höllische Pein aus. Es ist Donna.

Wir stürzen aus dem Bett und reißen die Tür auf.

Donna läuft ins Esszimmer mit einer erschlafften Audrey in ihren Armen.

„Den Notarzt rufen!", schreit sie hysterisch und beugt sich über das Kind, hält das Ohr an Audreys Brust. Meine Eltern und meine Schwester treten bestürzt durch die Tür am anderen Ende des Zimmers ein.

Mein Vater hält das schnurlose Telefon in der Hand. Die Nummer hat er bereits gewählt. „Wir brauchen einen Krankenwagen!"

Inzwischen leitet Donna, die Rettungssanitäterin von Beruf ist, Wiederbelebungsmaßnahmen ein. Im Wechsel drückt sie ihren Handballen schnell und rhythmisch gegen Audreys kleinen Brustkorb und beatmet das Kind von Mund zu Mund. Seth sitzt am Boden, Audreys Füße liegen in seinem Schoß. Er reibt die kleinen Beine mit seinen Händen.

Mein Vater teilt der Notrufleitstelle unsere Adresse und Audreys Alter mit. Donna nimmt ihren Mund von den rosenroten Lippen ihrer Tochter weg und sagt mit tränenerstickter Stimme: „Ich kann das nicht."

„Doch, du kannst", erwidert meine Mutter. „Du schaffst es schon, Donna. Mach weiter, du machst es gut."

Donna fährt fort mit Herzmassage und Beatmung, obwohl überdeutlich klar ist, dass ihr das Herz bricht. Man hört es am Wimmern, man sieht es an ihrem Tränenstrom. Währenddessen stehe ich hilflos abseits. Alle meine Sinne sind extrem angespannt und ich zittere leicht. Ich erfasse alle Einzelheiten der Szene, ich schmecke den eigenen Speichel, ich nehme alle Gerüche des Esszimmers wahr. Scott geht in unser Schlafzimmer zurück und zieht sich schnell an. Ich folge ihm und ziehe Stiefel über die Schlafanzughose. Wir laufen auf die Straße hinaus. Alle Nachbarhäuser sind ganz dunkel; die Straßen sind nass. Ein Sirengeheul erschallt aus der Ferne.

Ich laufe ins Haus zurück, um allen mitzuteilen, dass wir den Krankenwagen hören. Er kommt. Dann laufe ich zurück, um mit Scott zu warten. Wir reden nicht, warten unruhig. Obwohl das Sirengeheul laut und deutlich ist, sehen wir immer noch kein Rettungsfahrzeug. Minuten vergehen, ehe Scheinwerfer am Hügelkamm vor uns sichtbar werden.

Wir winken wild mit den Armen, ein Feuerwehrfahrzeug fährt heran und bleibt vor dem Haus neben der Einfahrt stehen.

„Bitte, beeilt euch! Sie liegt drinnen!"

Zwei Sanitäter eilen hinein, nehmen Audrey hoch. Sie tragen blaue medizinische Gummihandschuhe. Von der Diele aus beobachte ich, wie sie mit dem kleinen, baumelnden Körper in ihren Armen vor das Haus laufen. Ein Krankenwagen fährt die Einfahrt hoch. Wir ziehen uns nun alle an und fahren in zwei Autos zum Krankenhaus – zwei Polizisten oder Sanitäter, ich weiß es nicht genau – bleiben zurück, weil sie den Vorschriften entsprechend das Haus durchsuchen müssen.

Ich stelle den Wagen ab und laufe mit Scott ins Krankenhaus. Auf der Notstation warten Donna und Seth vor einem Zimmer, wo Ärzte und Krankenschwestern im Kreis um Audrey herumstehen. Donna fleht den Notarzt an, den Defibrillator einzusetzen, um Audreys Herzschlag zu reaktivieren. Ich geistere durch die weiß gestrichenen Gänge des Krankenhauses, bis mich mein Vater findet. Er führt mich, Gretchen und Scott in einen separaten Warteraum.

Ich sitze erstarrt, stiere auf das Lotusmuster am Lehnstuhl vor mir, jede Kurve des Musters, jede Färbung des Stoffes studierend. Mir schwirrt der Kopf, ich komme nicht zur Ruhe; keine Ahnung, wie ich dem Rasen im Gehirn ein Ende setzen kann. Ich ergreife Scotts Hand und halte sie als Notlösung fest. Bald steigt in mir die Angst auf, dass Audrey sterben wird, wenn ich meine Hand zurückziehe.

Meine Eltern erscheinen hin und wieder in der Tür, um uns zu informieren, was passiert. Die Nachrichten sind nicht ermutigend. Alle bisherigen medizinischen Maßnahmen sind erfolglos geblieben.

Eine gedrungene Frau mittleren Alters kommt herein und stellt sich als Traumaberaterin vor. Sie steht vor uns, sieht uns nur sprachlos an, sucht vermutlich nach den richtigen Worten. Wir wissen auch nichts zu sagen. Dann geht sie wieder.

Irgendwann kommt jemand weinend ins Zimmer – meine Mutter? Mein Vater? – und teilt uns die grauenhafte Nachricht mit. Die Ärzte haben Audrey für tot erklärt. Donna und Seth halten sie in den Armen und nehmen Abschied von ihr.

Später kommen die beiden gramerfüllt auch in den Warteraum, ihre Augen sind rot unterlaufen und geschwollen, ihr Blick ähnelt dem von Zombies. In gewissem Sinne sind sie das auch, denn Audreys Tod hat ihnen das Leben geraubt, ihnen ihr Elternsein gestohlen, ihre Träume über die Zukunft der Tochter entrissen, alle künftigen Kindergeburtstage vernichtet; alle „Ich-mache-mich-fein"-Spiele, alle Tänze, eine mögliche Hochzeit, womöglich auch Enkelkinder zerstört. Der Tod eines Menschen ist mehr als sein Fehlen. Sein Verlust verändert so viel mehr.

Scott, Gretchen und ich fahren zum Ferienhaus zurück, um alle Sachen zusammenzupacken. Meine Eltern nehmen Donna und Seth zu sich nach Takoma Park mit, wo ich aufgewachsen bin. Tagelang hüten wir das Haus, versuchen uns gegenseitig zu trösten, bemühen uns um eine Erklärung für den tragischen Fall. Wie konnte dieses blauäugige kleine Kind mit dem lockigen Haar, das vor Leben und Potenzial strotzte, ohne erkennbare Ursache einfach aus seinem gerade erst begonnenen Leben gerissen werden?

Die Todesursache wird nie ermittelt. Eine Autopsie und monatelange intensive genetische Untersuchungen liefern keine Erklärung. Weil Audrey älter als ein Jahr war, bezeichnet man ihr Hinscheiden nicht als „plötzlichen Kindstod". Stattdessen fällt es unter eine weniger bekannte, doch gleichermaßen vage Überschrift: „Nach dem ersten Lebensjahr unerwartet auftretende Todesfälle."

Das Elternhaus habe ich nie so still wie jetzt erlebt. Die Stille wird durch leises Schluchzen hinter geschlossenen Türen unterstrichen. Oder das Rumoren eines leeren Magens. Niemand macht ein Auge zu. Wir sitzen herum, gehen auf und ab, Augen glasig, Gesichter blass.

Im Januar bin ich wieder zu Hause und arbeite nachts und am Wochenende, um eine Artikelserie über eine junge Frau, die ich im Herbst kennengelernt habe, fertig zu schreiben. Summer Stiers ist 31 Jahre alt, hat graue Haare und braucht einen Spazierstock zum Gehen. Bis zum 18. Lebensjahr war sie gesund, aber dann begannen die regelmäßigen Anfälle. In den Jahren danach verschlechterte sich ihr Gesundheitszustand merklich. Sie litt an Darmblutung, Muskel- und Knochenschwund. Die Nieren versagten, und nur andauernde nächtliche Dialyse hält sie am Leben. Die ärztliche Diagnose lautet auf „unbekannte letale genetische Erbkrankheit". Die Gespräche mit

Summer finde ich paradoxerweise angenehm, denn sie behält eine positive Einstellung und ist dankbar für das, was ihr noch gegönnt ist. Aber dann wiederum ist die schwerkranke Frau eine Mahnung, nicht zu vergessen: Der Tod lauert um die Ecke.

Ich ertappe mich beim Nachdenken über die Tiere, die ich zur Strecke gebracht habe. War der Schuss auf jener Gänsejagd im vergangenen Jahr tatsächlich ethisch vertretbar? Wie jung war der Fasan, den ich während des Jagdseminars für Frauen getötet habe? Hat er lang genug gelebt, um das Leben zumindest einigermaßen auskosten zu können? Ich mache mir Sorgen, dass ich den überlebenden Tieren ähnliche Leiden und Qual zugefügt habe, wie ich sie während der vergangenen Monate durchmachen musste. Die Gewissensbisse sind fast nicht auszuhalten.

In der ersten Februarwoche gehen Scott und ich mit Freunden auf Skitour. Das soll entspannend werden, eine nötige Pause in der Arbeitsroutine sein und für willkommene Ablenkung von der Trauer über Audreys Tod sorgen. Nun sehe ich aber überall Lebensgefahr. Beim Skilaufen habe ich Angst vor Lawinen. Wenn wir nach den Skiausflügen in unser entlegenes Hüttenquartier zurückkehren, befürchte ich, Scott könnte im Schlaf für immer einschlafen.

Am 10. Februar hocken wir nach einem langen Arbeitstag auf der Couch zu Hause. Das Telefon klingelt, und Scott geht ins Esszimmer, um den Hörer abzunehmen.

„Hallo, Mel", sagt er.

Es ist mein Vater. Ich schaue auf die Uhr: kurz nach 21 Uhr, also nach Mitternacht bei meinen Eltern an der Ostküste. Verdammt. Dieser Anruf bedeutet nichts Gutes. Dann sagt Scott: „Ja, sie ist hier. Moment mal. Hey, Lil?" Sofort fällt mir mein Großvater väterlicherseits ein, der 88 ist und täglich schwächer wird.

Ich atme tief ein und nehme Scott den Hörer ab.

„Hallo?"

„Hi, Lily, hier ist dein Vater." Seine Stimme klang nie so traurig. Was immer der Grund für den Anruf sein mag, ist er schlimmer als vermutet.

„Was ist los?" Mein Herz rast und ich fange an, zu schwitzen, wie damals, als Audrey starb.

„Ich habe eine schlechte Nachricht. Nathan hat sich heute Nacht das Leben genommen."

Die Vergangenheitsform – „killed" – erreicht mein Bewusstsein zuerst. Er ist weg, es ist schon zu spät. Später sagt mir mein Vater, ich hätte einen Schrei ausgestoßen, als ob er mir seine Faust in den Magen gestoßen hätte. Mir aber war nicht bewusst, irgendeinen Laut von mir gegeben zu haben. Hätte mich tatsächlich jemand geschlagen, ich hätte es nicht gemerkt. Hätte mich ein Lastwagen überrollt, wäre mir auch das nicht aufgefallen.

In dem Augenblick, als mein Vater die entsetzlichen Worte ausspricht, empfinde ich tiefen Schmerz und ungeheure Trauer, die mich über die nächstens Stunden, Tage, Monate, Jahre wiederholt und im Wechsel heimsuchen werden. In manchen Momenten werden mich eine einzige Erinnerung oder ein plötzlicher Anfall tiefer Trauer so überwältigen, dass ich unter Tränen zu Boden stürze. Aber kein Moment wird in seiner Intensität an diesen heranreichen, in dem alles auf einmal auf mich einstürzt: die große klaffende Wunde, die mein einziger Bruder und Weggefährte seit meiner Geburt bei mir hinterlässt. Mitbewahrer der Erinnerungen, die meine Eltern vergessen oder vertuschen. Der Gefährte, der mich auf die Top-40-Schlagerliste aufmerksam machte, um mich später zu bereden, diese Liste zu vergessen, weil es viel schicker sei, einen eigenen Geschmack zu entwickeln, als den anzunehmen, der gerade als populär gilt. Der Mensch, der mich während einer meiner Brasilienreisen dazu überredete, Schweineschwanz zu probieren (er schmeckte wie ein besonders fettiges Wiener Würstchen).

Die Einzelheiten von Nathans Tod erhalten meine Eltern aus zweiter Hand und durch einen Übersetzer. Als er sich eines Tages mit seiner Freundin stritt, griff er nach einer Schere durchtrennte das Netz über dem Geländer des Balkons und stürzte sich 17 Stockwerke hinab in die Tiefe.

Den Rest der Nacht verbringe ich auf dem Teppich im Wohnzimmer. Ich gerate in Panik, wann immer ich mich plötzlich trotz aller Anstrengung nicht mehr an meinen Bruder erinnern kann – an nichts, an keine beliebige Szene mit uns beiden, keine einzige Lektion, die er mir erteilte. Mir fällt in diesen Momenten nichts ein. Absolut nichts. Scott legt mir seine Hand auf den Rücken und tröstet mich leise: „Die Erinnerungen kommen schon wieder, wenn der Schock vorbei ist", versichert er mir. Ab und zu rufe ich meine Schwester an, und wir heulen gemeinsam, sie in Los Angeles, ich in Bend. Selbst ihr Geschluchze wirkt besänftigend. Wenn wir aufgelegt haben, krümme ich mich heulend vor Elend auf dem Boden. Bei dem Bild, wie Nathan vom Balkon stürzt, dreht sich mir der Magen um. Auch in meiner Vorstellung kann ich ihn nicht daran hindern: Er springt. Immer wieder. Ich stelle mir vor, was ihm wohl im Fallen durch den Kopf ging. Ich hoffe – das kann ich nicht lassen –, dass er am Ende weder Reue noch Panik, sondern Befreiung und Ruhe empfand. Ich hoffe, dass er irgendwie den inneren Frieden gefunden hat. Wie konnte er so vollständig die Kontrolle über sich verlieren? Freilich konnte Nathan sehr impulsiv handeln, aber dass er sich das Leben nehmen könnte? Der Gedanke lag mir vollkommen fern. Warum habe ich ihn nicht angerufen? Zum letzten Mal habe ich Nathan gesehen, als wir ihn in Brasilien vor unserer Hochzeit besuchten. Einige friedliche Worte zwischen damals und heute hätten vielleicht geholfen: Wie geht es dir? Ich habe dich lieb. Ich will, dass du am Leben bleibst! Die innere Distanz – nicht bloß die geografische Entfernung –, die zwischen uns in den vergangenen

Jahren leider größer geworden ist, dient mir als Instrument zur Selbstfolter.

Am nächsten Tag gehen Scott und ich in der Nähe mit Sylvia am Deschutes Fluss spazieren. Es ist sonnig und ungewöhnlich warm für die Jahreszeit. Eine große Zahl von Gänsen und Enten treibt in der Strömung. Mitten auf der Fußgängerbrücke halten wir an. Scott sucht nach Fischen unten im Wasser. Ich beobachte die Vögel, die oben auf der Oberfläche planschen, die ich jedoch durch den Tränenschleier so verschwommen sehe wie die Fische unten im Wasser. Sie erinnern mich an das Federwild, das ich erlegt habe; an das Kaninchen, das ich erschoss; an die Fische, die ich tötete. Eine neue Welle tiefer Trauer überwältigt mich.

Sophia, Nathans Tochter, kam am gleichen Tag zur Welt, als ich meinem ersten Fasan das Leben nahm. Damals habe ich mich riesig gefreut, dass die beiden Ereignisse zusammentrafen. Aber nun sind der Tod des Fasans und derjenige meines Bruders in meiner Psyche ewig miteinander verknüpft. Nun schäme ich mich zutiefst über die Euphorie, die mich angesichts der Jagdbeute erfüllte.

Der Tod war für mich immer etwas, das erst im hohen Alter passiert. Aber in Wahrheit sterben Kinder wie Audrey selbstverständlich auch. Junge Erwachsene wie mein Bruder Nathan sterben. Menschen mittleren Alters sterben wie mein Mitarbeiter Jim. Menschen aller Altersgruppen sterben, an einer ganzen Reihe von Ursachen, viele davon „natürliche".

Die gleiche Wahrheit gilt auch für Tiere. Meine Jagdausflüge haben die Lebensdauer der von mir Erlegten verkürzt. Zwar kenne ich ihr Alter nicht genau, doch waren vermutlich alle erlegten Vögel und Kaninchen in ihren besten Jahren. Erneut frage ich mich: Hat sich das Zur-Strecke-Bringen gelohnt? Rechtfertigen einige außergewöhnliche Mahlzeiten das Töten dieser Tiere? Ich komme mir wie ein Scheusal vor.

Am selben Abend nehmen wir einen späten Nachtflug nach Washington, D. C. Nach der Landung fällt es mir schwer, das Flugzeug zu verlassen. Ich muss angestrengt einen Fuß vor den anderen setzen, denn ich weiß, was mich erwartet. Dass Nathans Tod noch überwältigender sein wird, sobald ich meine Eltern sehe. Es graut mir davor. Aber ich muss es irgendwie durchhalten.

Die folgenden Tage sind voller hektischer Planung für die Beerdigung. Die „Was-bleibt-Fragen" über Leben und Tod während Scotts und meiner Heimfahrt von Jims Begräbnis schießen mir durch den Kopf. Zur Linderung harter Zeiten haben unsere Familien nicht das nötige religiöses Fundament. In meiner Jugend respektierten wir zwar fast jeden heiligen Feiertag, dank meiner katholischen Mutter und meines jüdischen Vaters. Aber noch vor ihrer Hochzeit hatten beide ihre jeweilige religiöse Erziehung weit hinter sich gelassen, sodass unsere Feiern ohne ein tieferes Verständnis ihrer ursprünglichen geistigen Bedeutung in Kirchen oder Synagogen waren. Zu Ostern suchten wir bemalte Eier, zu Sukkot bauten wir draußen eine Festung, zu Chanukka aßen wir Latkes, zu Weihnachten lobten wir das Wunder von Sankt Nikolaus. Damit will ich nicht sagen, dass wir ohne geistliches Feingefühl eigner Art waren. Nathan studierte Judaismus während seiner Schul- und Studienzeiten, dann las er intensiv Bücher über Sufismus. Soviel ich weiß, bekannte er sich aber zu keiner Glaubensrichtung. Seine inneren Überzeugungen, ob und welche Riten er einhielt – solche Details mussten wir erraten.

Familienmitglieder und Freunde erscheinen. Sie bringen was zu essen mit und sagen nette Worte, nehmen weinend an unserer Trauer teil. Sie bauen eine Art Menschenkokon um uns herum, einen, den ich ungerne verlasse.

Zwei Wochen später sind Scott und ich wieder in Bend. Wir schaffen es rechtzeitig zur Beerdigung von Scotts Lieblingsonkel, der zehn

Tage nach Nathan gestorben ist, nach einem langen Kampf gegen ein multiples Myelom.

Vier Monate danach wird eine andere Cousine Wehen bekommen und einen kleinen Jungen entbinden, der sofort nach der Geburt stirbt.

Summer Stiers stirbt.

Als ich meinen Vater anrufe, um ihm zum Vatertag zu gratulieren, teilt er mir mit, dass einer meiner Onkel an der Alzheimerkrankheit gestorben ist.

Unser Nachbar, Raymond, stürzt von einem Stuhl auf den Kopf und stirbt an einer Gehirnblutung.

Mein Gefühl der Beklommenheit nimmt zu. Manchmal überwältigt mich die Angst, ich könne jeden Augenblick alles und alle mir teuren Menschen verlieren. Die furchterregende Beklemmung macht sich auf merkwürdige Weise in meinem Leben merkbar. Wenn ich einen Flug buche, schließe ich nun einen Sonderlebensversicherungsvertrag ab. Ich leide plötzlich an Höhenangst.

Weil ich so oft als möglich erzählende Literatur lese und mir so viele Filme anschaue, beginne ich, mein eigenes Leben immer häufiger als einen Roman zu betrachten. Ich weiß, dass ein Großteil des Lebens das Ergebnis reiner Zufälle ist. Dennoch neige ich dazu, im Chaos des Alltags literarische Erzählstrategien wie Vorausdeutung und Symbolisierung zu sehen. Will mir diese rapide Folge von Todesfällen signalisieren, dass ich etwas tun soll, oder dass sich bald etwas ereignen wird? Ich mache mir Sorgen, dass ich irgendwie Ursache dieser Todeswelle bin und Schuld an der herrschenden Verzweiflung trage. Ich frage mich, ob alle diese Menschen noch fröhlich am Leben wären, wenn sie mit mir nicht in Kontakt gekommen wären, als Kollegen, Freunde oder Verwandte. Ich komme auf extreme Gedanken: Soll ich mich vom Familien- und Freundeskreis abschotten, mich zu Hause einsperren, damit all das Sterben ein Ende hat?

„Du bist nicht die Ursache", sagt Scott tröstend. „So ist das Leben halt. Menschen sterben."

Die tägliche Arbeit bei der Zeitung wird mühsam. Mein Arbeitsplatz ist in Hörweite des Polizeifunks. Wenn die Meldung eines tödlichen Autounfalls herüberschallt, zucke ich nun zusammen wie nie zuvor. Durch die Kette von Sterbefällen in den vergangenen Monaten ist meine Fantasie noch lebhafter geworden. Die Meldung über einen Verunglückten, vermute ich ängstlich, betrifft niemand anderen als Scott. Ich starre auf mein Handy, mache mich auf einen entsprechenden Anruf gefasst.

Da Reporter regelmäßig mit tragischen Vorkommnissen zu tun haben, müssen wir einen Verarbeitungsmechanismus entwickeln, eine psychologische Trennungsmauer zwischen uns und den Menschen errichten, über die wir auch wirklich Privates schreiben. Das heißt bei weitem nicht, dass uns gewisse Geschichten nicht nahe gehen. Es ist nur so, dass wir uns manchmal mit drei bis vier Tragödien an einem einzigen Arbeitstag befassen müssen. Wir erfinden Strategien, wie über schlimme Dinge sogar zu scherzen, um uns von den Opfern mental so weit zu distanzieren, dass wir objektiv über einen Fall berichten können. Doch jetzt erfüllt mich seit einiger Zeit der nagende Kummer wegen meines Bruders. Er hat meine seelische Schutzmauer durchsiebt.

In flüchtigen Momenten ärgere ich mich über meinen Bruder. Den Fachleuten nach ist diese Reaktion natürlich und kommt häufig vor. Wie konnte er uns allen das antun? Insbesondere seiner Tochter? Und auch meinen Eltern? Und genauso schnell schlägt mein Ärger in Mitleid um. Trotz allen tiefen Grams geht mein Leben weiter, Nathan aber hat alles verloren.

Mit Luciana bleiben wir in Kontakt; sie schickt uns Fotos von Sofie per SMS. Beim Öffnen der Mail gibt es mir jedes Mal einen Stich ins Herz. Die Fotos zeigen, wie Sofie wächst, die Babyphase hinter sich lässt, immer mehr zu einer eigenen Persönlichkeit wird. Nathan jedoch wird seine Tochter nicht mehr erleben: nicht ihren ersten Witz, nicht den ersten Schultag, ihre ersten selbstgefahrenen Meter auf dem Fahrrad. Er verpasst alles. Genau wie Donna und Seth. Ohne Audrey ist ihr Blick auf die Zukunft radikal anders und viel trüber als er es vor Audreys Geburt war.

Im kommenden Jahr werden einst fröhliche Feiertage von Trauer erfüllt sein. Das gilt vor allem für die Weihnachtstage, die die traumatische Erinnerung an Audreys Tod lebhaft wiederauferstehen lassen werden. Schwermut und Trübsal erwarten uns alle. Ich trauere den verstorbenen Familienmitgliedern nach, aber auch dem unbeschwerten früheren Familienleben. Audrey werde ich nie wieder sehen ... oder Nathan. Genauso wenig werde ich die früheren glücklicheren Versionen meiner Eltern oder meiner Cousinen noch einmal erleben. Wenn ich ernsthaft darüber nachdenke, verschlagen mir all die Trauerfälle den Atem. Doch irgendwie will ich dieses Trauergefühl nie ganz verlieren, denn mit dessen Verlust verliere ich, was ich einst hatte.

Wie ich zwischenzeitlich erfahre, sind einige meiner Freundinnen guter Hoffnung. Zwei meiner Busenfreundinnen in Bend erzählen innerhalb weniger Wochen nach Nathans Tod, dass sie ein Baby erwarten. Ich verbringe den Sommer mit dem Stricken von Babysachen und mit der Planung von Babypartys. Die schnelle Folge von Nachricht über Tod und Geburt zieht einen immer engeren Kreis um mich. Sie erschüttert die Fundamente meiner Existenz.

Was will mir das Schicksal sagen? Schon wieder die alte, quälende Frage: Wann ist die rechte Zeit für die Familiengründung? Ich zweifle an unserer grundsätzlichen Entscheidung für eine Familiengründung. Jetzt sehe ich mich noch einmal ganz anders in einer Mutterrolle als vor etlichen Monaten, vor den vielen Sterbefällen. Nun bin ich noch ängstlicher, ist mir noch bewusster geworden, wie vergänglich alle existenziell wichtigen Dinge wirklich sind. Träumte ich früher von Babykleidung, dem Baden des Babys und von Fingermalerei mit ihm, denke ich jetzt an Missgeburt, Geburtsfehler, Wirbelsäulenverletzung. Wenn Scott und ich tatsächlich Kinder in die Welt setzten, wie würde ich mit der beständigen Befürchtung fertig werden, dass ihnen etwas Schlimmes zustoßen könnte?

Das Leben ist voll von Risiken, die auch tödlich sein können. Man fährt Auto auf der Landstraße mit Tausenden von anderen Autofahrern; einige von ihnen fahren betrunken, ermüdet, abgelenkt oder wutentbrannt. Das Flugzeug, in dem man gerade sitzt, gerät plötzlich in ein heftiges Unwetter oder einer der Düsenmotoren setzt aus. Man überquert die Straße bei Grün, aber ein Bus fährt bei Rot über die Kreuzung. Man nimmt den Aufzug, der bei der letzten Kontrolle versehentlich nicht gewartet wurde. Man nimmt verdorbene Nahrungsmittel zu sich. Ganz abgesehen von körperlichen Bedrohungen wie Gehirnaneurysma, Krebs, Sekundentod.

Mein Kopf weiß dies alles seit langem. Aber nun sind diese Dinge verwandelt in Bauchgefühle, reine Emotionen. Ich schließe die Augen und höre Donnas durchdringenden Schrei bei der Entdeckung ihres leblosen Kleinkindes. Ich sehe Donnas verzweifelte Rettungsversuche am erschlafften Körper ihrer süßen Tochter. Ich höre die Niedergeschlagenheit in der Stimme meines Vaters, als er verkündet: „Ich habe eine schlimme Nachricht." Ich spüre meinen rasenden Pulsschlag, als ich auf die nächsten Worte aus seinem Munde warte. Diese Ereignisse, diese Empfindungen haben mein Lebensgefühl radikal verändert.

Verglichen etwa mit tödlichen Autounfällen ist die Zahl tödlicher Jagdunfälle äußerst gering. Verglichen mit anderen und populäreren Freizeitbeschäftigungen wie etwa Videospielen ist die Jagd jedoch eindeutig gefährlich. Ich gehe selbst ungerne Risiken ein. Ich habe zum Beispiel kein Interesse an Fallschirmspringen oder Bungee-Jumping. Rückblickend gebe ich dennoch zu, dass ich die Gefahr bei der Jagd schätze. Die vielen ruhigen Stunden im Wald bieten viel Zeit zu tiefgreifendem Nachdenken über Fragen von Leben und Tod.

Klar, die menschliche Existenz war früher mit Risiken und gefährlichen Aktivitäten wie der Jagd untrennbar verbunden. Vor nicht allzu vielen Generationen gingen die meisten Bewohner in Gegenden wie Oregon regelmäßig jagen. Das aus Notwendigkeit, denn sie mussten sich ernähren. Große Beutegreifer, Unwetter, sogar mittlerweile leicht zu heilende Krankheiten stellten häufig eine Lebensgefahr für die Menschen dar. Heute schützt ein kompliziertes, gesetzliches Sicherungssystem vor zahlreichen Situationen, die vor ein paar Generationen tödlich gewesen wären. Präventivmedizin, lebensrettende chirurgische Eingriffe und Medizingerätetechnik – die Ergebnisse wissenschaftlicher Forschung – halten uns auch in Extremfällen am Leben, wenn das Gehirn – das Kontrollzentrum für Herzschlag, Kreislauf und Atemrhythmus – ausfällt.

Mag sein, dass unsere Generation ein längeres Leben erwarten darf, als früheren Generationen vergönnt war. Aber eines Tages sterben wir doch alle. Sterben ist nur die Kehrseite vom Leben. Leider sehen wir es aber selten so. Oft genug nennen wir den Tod nicht einmal mit Namen, verwenden stattdessen Euphemismen wie „von uns gehen", „abtreten", „verscheiden", „nicht mehr unter uns weilen", „einschlafen".

Die vergangenen zwei Jahre als Jägerin haben mich mit meiner eigenen Vergänglichkeit konfrontiert. Die Jagd dreht sich im Wesentlichen um den Tod. Wenn man beim Erlegen eines Tiers sieht, wie das Leben in seinen Augen erlischt, kommt man notgedrungen zur Erkenntnis: Der Tod ist endgültig. Nichts hätte mich auf die Todesfälle in meinem Lebenskreis vorbereiten können. Und doch bin ich dankbar dafür, dass mich die Konfrontation mit dem Tod von Tieren in den vergangenen Jahren zumindest in einem geringen Maße mit dem Sterben vertraut gemacht hat. Selbstverständlich ist der Tod eines Wildtiers nicht mit dem eines Menschen vergleichbar. In meinem Unterbewusstsein jedoch schwang bei der Jagd immer der Gedanke mit, dass sich das nächste Todeserlebnis vielleicht auch in meinem eigenen engeren Lebensumfeld ereignen könnte: ein Familienmitglied oder eine Freundin.

Meine in einem Stahlschrank verschlossenen Jagdgewehre bereiten mir nun andere Sorgen. In den Vereinigten Staaten ist der Suizid mit einer Waffe die häufigste Art der Selbsttötung. Die Zahl der Suizide mit einer Waffe ist sogar höher als die aller Mordfälle und tödlichen Unfälle mit Schusswaffenbeteiligung zusammen.[1] Mein Bruder hat sich nicht erschossen. Hätte er es getan, ließe ich meine Gewehre zusammenschmelzen und aus dem Metall irgendein Friedenszeichen schmieden. Jede Nachricht über ein weiteres Opfer von Waffengewalt in den USA bricht mir das Herz. Meine Sorge ist, dass ich als (legale) Waffenbesitzerin irgendwie indirekt an der Gewalttätigkeit mitschuldig bin, eben weil ich selbst Waffen besitze.

Trotz aller dieser morbiden Gedanken überrascht mich die Tatsache, dass ich mir nun mehr als je zuvor ein Kind wünsche. Meine Ängste vor dem Mutterwerden verändern sich unversehens. Meine Sorge kreist nicht mehr darum, welchen Einfluss ein Baby auf meinen Beruf und mein Privatleben hätte, sondern wie es dem Kind gehen würde. Mit diesem Perspektivenwechsel kommen andere Ängste ins Spiel. Und doch finde ich diesen Wechsel ermunternd. Die Sorgen um eine andere Person ist lähmender, fühlt sich aber angemessener an, mehr elterlich. Meine Cousinen und Eltern sinken gramgebeugt immer tiefer in eine entsetzliche Leere hinab. So intensiv sind ihre Verzweiflungsanfälle, dass es mich erschreckt. Mir wird allmählich deutlich, dass ich alles Gute im Leben verpassen werde, wenn ich mich weiter den Gedanken darüber hingebe, was alles schiefgehen könnte. Dann wieder halte ich es für möglich, dass mich so viel Gram, so viel Verzweiflung irgendwie zu einem besseren Elternteil machen könnte, denn ich würde nie mehr irgendetwas einfach gedankenlos hinnehmen. Die schönen Tage und glücklichen Momente würde ich umso mehr schätzen, weil mir nun klar geworden ist, wie flüchtig sie sind. Hier aber liegt der Haken: Wenn Angst die eine Seite der Münze ist, ist das Wachsein deren hellere Kehrseite; nämlich die Fähigkeit, jeden Moment bewusst wertzuschätzen. Wenn der nächste Atemzug mein letzter sein sollte, dann sollte ich noch einmal richtig tief Luft holen!

Kurz gesagt, haben alle die Sterbefälle mir geholfen, meinen Fokus auf das Wesentliche zu legen. Ich vergeude keine Zeit mehr mit stundenlangen Suchen im Internet. Schlechte Filme schaue ich mir nicht an. Unwichtige Schikanen nehme ich gelassen hin, komme mir sogar dämlich vor, dass ich vor einem Jahr Zeit mit Ärger darüber verschwendet hätte. Ich gehe meiner Arbeit gewissenhaft nach, mache mir keine Gedanken mehr darüber, ob die Zeitung nicht zu klein, der Titel auf meiner Visitenkarte nicht imposant genug ist. Wenn wir nun am Wochenende zelten oder zum Fliegenfischen gehen, kann ich jetzt den Arbeits- und Alltagsstress viel leichter hinter mir lassen und mich auf den Genuss des Moments konzentrieren. Ich genieße den Anblick der vor mir stromabwärts treibenden, in der Sonne leuchtenden Fliege. Ich freue mich über das Spiel des Lichts auf dem Wasser und die kühle Strömung um meine Watstiefel. Ich schaue zu Scott, der etwas entfernt von mir einen Platz gefunden hat, und ich lächele entspannt und zufrieden. Hier bin ich richtig, in diesem Moment nehme ich alles bewusst auf.

Die schweren Verluste der vergangenen Monate haben mich bescheiden und genügsam gemacht, so wie ein Hirsch sich wohl fühlen muss, seitdem sein Feind, der Wolf, in den Yellowstone-Nationalpark zurückgekehrt ist. Dies ist der Grund, warum es wichtig ist, gelegentlich an den Tod erinnert zu werden: So vergisst man nie, dass das Leben vorübergehend und flüchtig ist und deshalb jeder einzelne Tag umso bewusster gelebt werden muss.

Manchmal überwältigt mich aber doch die Trauer und verschlägt mir den Atem. Meist aber kehrt rasch ein Gefühl der Liebe zurück. Nachts lege ich mich zu Scott ins Bett und schmiege mein Gesicht an seinen warmen Hals. Etwas – kann es das Leben selbst sein? – packt mich an der Schulter, schaut mir direkt in die Augen und befiehlt: Festhalten! Nur dies hier hast du. Du hast nur das Jetzt und Hier. Dann atme ich den schönsten Duft der ganzen Welt ein – seinen. Und mich überkommt das Gefühl reiner Glückseligkeit.

KAPITEL 12

Bambi ade –
willkommen Artemis

Vor einigen Jahren verbrachte ich einen Tag am tosenden Wasserfall des Deschutes River mit einem Indianer namens Roland vom Warm-Springs-Volksstamm. Damals arbeitete Roland als „creeler" an diesem alten Angelplatz. Seine Aufgabe war es, mit Mitgliedern seines Stammes die Zahl der gefangenen Lachse und Regenbogenforellen zu notieren. Er war von stämmiger von Statur, sein breites Lachen reichte von Ohr zu Ohr und ließ einen abgebrochenen Schneidezahn erkennen. Ich interviewte ihn beruflich zu seiner Tätigkeit[1], aber dann kamen wir vom Thema ab und sprachen über seine Angelleidenschaft. Dabei erwähnte er, es sei eine uralte kulturelle Tradition seines Stammes, nach dem Tode eines engen Freundes oder eines Familienmitgliedes für Monate oder gar Jahre aufs Angeln zu verzichten. Obwohl Roland die Sitte nicht weiter erklärte, muss ich jetzt daran denken, weil ich diesen Verzicht nun verstehen kann.

Die naheliegende Erklärung ist, dass wir vor Trauer keine Lust mehr spüren, etwas zu tun, das uns sonst glücklich macht. Eine zweite mögliche Erklärung kann ich nur vermuten: Man braucht vielleicht eine Pause vom Sterben und Töten überhaupt, selbst vom Töten eines Fisches. Ein Hauptgrund für das Unbehagen von Nichtjägern und -jägerinnen ist ja ohnehin die enge Verknüpfung von Jagd und Töten.

Nach dem Selbstmord meines Bruders kann ich keinen Hauch von Schuld und Trauer mehr ertragen, weshalb ich eine Weile nicht mehr jage. Diese Pause bedeutet allerdings nicht, dass es mir gelingt, kein Tier zu töten.

Im Herbst 2009 beurlaube ich mich von der Zeitung auf neun Monate, um nach Ann Arbor, MI, zu ziehen, wo ich an der Universität Michigan ein Stipendium für Journalismus erhalten habe. Scott bleibt in Bend, fliegt jedoch einmal im Monat zu mir.

Als ich eines Nachmittags im September das Gras vor dem gemieteten Haus mit einem alten, klapprigen, elektrischen Rasenmäher schneide, spüre ich, wie etwas gegen mein Bein fliegt. Ich schaue hin. Etwas Kleines und Graues liegt zuckend zu meinen Füßen. Mir verschlägt es den Atem und ich weiche zurück. In dem Moment tut das Tierchen aber einen Satz, sodass ich versehentlich darauf trete. Es springt hoch in die Luft und landet auf der Seite, versucht vergeblich, vorwärts zu laufen wie ein normales … was weiß ich. Wahrscheinlich hat der Rasenmäher dem Wesen ein Bein abgeschnitten. Es torkelt herum und versucht, ohne das Bein (die Beine?) ins Gleichgewicht zu gelangen. Ich stoße einen Schrei aus und laufe erschreckt ins Haus.

Von der Vorderveranda aus blicke ich zurück und rechne ängstlich damit, ein mitleiderregendes Hüpfen oder schreckliches Zucken zu sehen. Aber nichts. Alles still im Gras. Ich fasse mich und schleiche zum Rasenmäher zurück. Das Tierchen liegt tot etwa einen Schritt entfernt.

Ich beschließe, weiterzumähen. Ein trauriger Tod, sage ich mir, aber die Hälfte des Rasens ist noch zu mähen, und niemand sonst erledigt die Arbeit. Rasenpflege ist nun einmal meine Pflicht laut Mietvertrag. Von Neuem schiebe ich also den altersschwachen Mäher langsam und vorsichtig vor mir her. Alle paar Schritte blicke ich auf das tote Wesen zurück. Soll ich es entfernen? In eine Tüte stopfen und in den Mülleimer werfen? Oder für einen hungrigen Aasfresser liegen lassen? Als ich den Rasenmäher am Ende der Bahn wende und erneut in Richtung „Unfallstelle" steuere, fällt mir, einige Schritte entfernt vom verendeten Tierchen, eine mit Haaren ausgepolsterte Mulde auf. Ruckartig schießt eine zweite Kreatur aus dieser Mulde und hüpft ungelenk davon. Ich zucke zwar zurück, mähe aber weiter, und lasse das (lebende) Tierchen nicht aus den Augen. Es läuft unbeholfen quer durch den Garten und verschwindet unter eine Fichte. Seine kurzen Ohren sind nach oben gerichtet. Obwohl ich kein Stummelschwänzchen am Hinterteil, in der Jägersprache „Blume", erkenne, bin ich mir ziemlich sicher, dass es ein neugeborenes Kaninchen ist. Und es ist ein exakter Doppelgänger des Totgefahrenen. Als ich die Grünfläche ein weiteres Mal durchquere, mache ich einen weiten Bogen um die Mulde, aus der kleine, lebende Kaninchen springen. Als ich den Mäher vorbeischiebe, krabbeln zwei weitere kleine Tierchen heraus. Sie laufen in Richtung Straße. Tränen steigen mir in die Augen, aber ich mache weiter, um rasch mit dem Mähen fertig zu werden und dann im geschlossenen Haus Zuflucht zu suchen. Den Rest des Tages will ich hinter verschlossenen Türen verbringen.

Beim Wegräumen des Rasenmähers zucke ich jedes Mal zusammen, wenn ich auf einen Kiefernzapfen trete. Paranoid betrachte ich jedes Grauhörnchen, jeden Spatzen, als ob sie mir einen Tod anhängen wollten, den ich gar nicht beabsichtige. Vor all den kleinen Tierchen in meiner Umgebung graust es mich. Ich befürchte, noch einmal versehentlich etwas zu töten. Ich schwanke zwischen dem Gefühl, hier ein Eindringling ohne Recht auf Anwesenheit zu sein, und Zorn darüber, nicht einmal im eigenen Privatbereich ich Ruhe gelassen zu werden.

Im Schutz des abgeschlossenen Hauses beruhige ich mich allmählich. Doch dauert es nicht lang, bis ich einsehe, dass ich das tote Kaninchen wegschaffen sollte. Mich im Haus zu verstecken, ändert nichts an der Tatsache, dass ich das Tier getötet habe. Aus Respekt sollte ich es zumindest begraben.

Ich sperre die Tür auf und trete auf Zehenspitzen hinaus. Das kleine Kaninchen ist weg! Kaum eine halbe Stunde war ich im Hause, und nun ist keine Spur mehr von ihm zu sehen. Ich schreite langsam durch den Vorgarten und suche den Boden ab, achte vor allem auf jene Mulde. Kein Kaninchenbaby. Ich überlege, was geschehen sein mag: Vielleicht hat die Katze von nebenan es verschleppt oder ein Vogel ist damit weggeflogen. Die Natur waltet überall, auch in Vororten wie diesem. Nichtsdestoweniger lässt mich eine herzzerreißende Vorstellung nicht los: Die arme Kaninchenmutter hat ihren Nachwuchs in ein Versteck geschleppt, um über seinem toten Körper zu trauern. Dann sehe ich Audrey in dem neugeborenen Kaninchen und Donna in der Kaninchenmutter. Und wieder überfällt mich die Gewissheit, ein Ungeheuer, eine Mörderin zu sein, das Leben des Kaninchens vernichtet und die Glückseligkeit aller Kaninchen, die es lieb hatten, zerstört zu haben. Sofort kommen mir erneut die Tränen und ich laufe ins Haus zurück.

Den Rest des Tages vergehe ich einerseits vor Schuldgefühlen und Kummer, andererseits vor Zorn, dass ich so blöd war, mir überhaupt die Schuld zuzuschreiben. Warum geht mir der Tod des kleinen Kaninchens so sehr an die Nieren? Als ich zum ersten Mal ein Kaninchen schoss – damals, während des Jagdseminars mit den Beagles –, empfand ich reine Freude. Worin liegt der Unterschied? Stimmt, jenes

Kaninchen war erwachsen, dieses ein ganz kleines. Aber es gibt auch einen weiteren bedeutsameren Unterschied.

Jeder Jagdausflug machte mich nervös. Ich hatte stets ambivalente Gefühle gegenüber der Jagd selbst. Im Nachhinein trug diese ständige Unsicherheit zu meinem psychologischen Reifungsprozess bei. Jede Jagd löste eine Konfrontation mit meiner anfänglich zaghaften Entscheidung für die Jagd vor drei Jahren aus.

In der Tat waren alle meine Jagderfahrungen mit einer Reihe hemmender Fragen verbunden, die sich mir immer wieder stellen: Will ich wirklich jagen? Will ich ausgerechnet diese Wildart bejagen? Gerade zu diesem Zeitpunkt? Genau an diesem Ort? Mit diesem Gewehr? In Gesellschaft mit diesen Jägern und Jägerinnen?

Andere subtilere Fragen drängen sich auch auf: Bin ich bereit, nach dem Jagen mit dem eventuellen Schuldgefühl fertig zu werden? Wird diese Erfahrung zu denen zählen, die ich stolz weitererzählen werde?

Erst wenn alle diese Fragen positiv beantwortet sind, kann ich auf ein Stück Wild schießen. Bis ich tatsächlich abdrücke, habe ich also die klare Entscheidung getroffen, dieses Wildtier an diesem Ort in diesem Augenblick zu erlegen. Die Entscheidung, ein Tier zur Strecke zu bringen, ist also ganz und gar zweckgerichtet.

Im Falle des kleinen Kaninchens hatte ich allerdings keine Checkliste. Ich hatte keine Zeit, mich mental auf die Flut von Emotionen vorzubereiten, die Bedeutung seines Lebens und meiner Intentionen gegeneinander abzuwägen. Nach mehreren Jahren genauen Nachdenkens über die Recht- und Zweckmäßigkeit jedes tödlichen Schusses erschüttert mich das gedanken- und achtlose Töten des kleinen Kaninchens weit mehr als vor Beginn meines Jagens.

Wir Jäger und Jägerinnen töten absichtlich Tiere in freier Wildbahn. Damit setzen wir uns heftiger und allgemeiner Kritik aus, oft auch seitens anderer Jäger. Seitdem ich selbst jage, schimpfe ich über die sogenannten „road hunters", auf diejenigen also, die Wild aus dem Autofenster schießen, ohne ihr Fahrzeug überhaupt zu verlassen. Echte Jäger pirschen zu Fuß tief im Wald weit abseits von Autopisten oder trekken gar mit Rucksack in die entlegene Wildnis. Sie bezeichnen die „road hunters" als faul und betrachten ihre Art zu jagen als unethisch. Aus einer gewissen Perspektive sind jene unzivilisierten „Autojäger" dennoch weit weniger faul als die Hunderte von Millionen Amerikaner und Amerikanerinnen, die sich überhaupt nicht bemühen, ihr Fleisch selber zu erbeuten. Nein, sie fahren mit dem Pick-up oder SUV zum Supermarkt, holen das Fleisch in Beuteln einfach ab – alles bereits getötet, zerwirkt und vakuumiert – und fahren gemächlich wieder nach Hause. Welche von den beiden Gruppen ist eigentlich verdammenswerter?

Ein Tier zur Strecke zu bringen, ist eine Entscheidung von Gewicht; sie wiegt umso schwerer, als man bewusst und absichtlich handelt. Wir Jägerinnen und Jäger tragen eine große Verantwortung. Die Fragen, die wir uns selbst stellen, sind von Belang: Ist der Schuss anständig? Geht es hier um gerechtes Waidwerk? Nicht alle betrachten die Jagd als gerechtfertigt. Das ist schon in Ordnung. Dennoch müssen jede Jägerin und jeder Jäger ihre Schüsse vor sich selbst rechtfertigen können. Umso schwerwiegender sind diese Selbstfragen angesichts der Tatsache, dass die meisten Menschen nicht jagen, unter Umständen auch nicht jagen können.

Bei dem radikalen Schwund an Wildtierlebensräumen in den Vereinigten Staaten gibt es ja auch gar nicht genug Jagdmöglichkeiten für 300 Millionen potenzieller Jäger und Jägerinnen. Anders als beim Waffenbesitz enthält die Verfassung keine Garantie für Jagdangelegenheiten, egal wie man sie auslegen mag. Immerhin haben einige Bundesstaaten ihre eigene Staatsverfassung geändert, um ein allgemeines Jagdrecht ihrer Bürger zu sichern.[2] Obwohl ich für meinen Teil zur überzeugten Advokatin der Jagd geworden bin, betrachte ich sie nicht als ein unveräußerliches Recht. Sie sollte m. E. auch kein solches Recht sein. Im Gegenteil ist die Jagd ein ungeheures Privileg. Ein Hauptmerkmal ihres Wertes ist ihr totaler Anspruch. Jägerinnen und Jäger müssen ganz bei der Sache sein, die jeweilige Situation (mit Umgebung) genau verfolgen und alle Faktoren ständig neu bewerten. Freie Schussbahn auf das Wild bedeutet noch lange nicht Abdrücken. Die staatlichen Wildtiermanagementbehörden müssen für ihren Zuständigkeitsbereich die Wildpopulationen, den Lebensraumstatus und die vertretbare Abschusshöhe stets neu beurteilen. Die Annahme, dass die Lebensraumqualität eines gegebenen Wildtierreservats oder gar eines ganzen Bundesstaates so dramatisch sinken könnte, dass die Jagd weder länger möglich noch ethisch verantwortbar wäre, ist durchaus kein Hirngespinst.

Auch nicht jagenden Amerikanern und Amerikanerinnen stehen viele Wege offen, die waidgerechte Jagd zu unterstützen. Wenn sie dazu gewillt wären. (Nicht jeder Nichtjäger ist automatisch ein Jagdgegner.) Großgrundbesitzer könnten beispielsweise die Jagd auf ihrem Privatgrund unter waidgerechten und gesetzeskonformen Bedingungen erlauben. Und wie viel könnten wir gemeinsam erreichen, wenn Naturschützer und Jäger zusammenarbeiteten. Im Kollektiv wären umweltschutzgesinnte Jagdvereine eine unaufhaltsame Macht, einflussreicher als die „National Rifle Association".

Auf alle Fälle würde die allgemeine öffentliche Akzeptanz des Waidwerks einen wesentlichen Fortschritt ermöglichen: Das Vorantreiben einer vernünftigen Umweltpolitik. Wildtiere sind öffentliche Ressourcen des Staates. Somit haben Jäger wie Nichtjäger ein Miteigentumsrecht an diesem öffentlichen Gut. Nichtjäger können einen wichtigen Beitrag leisten, indem sie vernünftige, gründlich durchdachte Initiativen für eine Nachhaltigkeit der in freier Wildbahn lebenden Tiere förderten. Die zuständigen staatlichen Jagdbehörden hätten hohen wissenschaftlichen Ansprüchen zu genügen. Und sie soll-ten über ausreichende Mittel verfügen. Um das alles zu erreichen, müssen alle Bürger und Bürgerinnen – nicht nur die Jägerinnen und Jäger – gut informiert und politisch engagiert sein.

Auch während meiner Jagdpause gehen mir solche Dinge, Gedanken über Aufgaben, Probleme und die Zukunft der Jagd durch den Kopf. Im Lichte aller meiner oft ambivalenten Gefühle hinsichtlich des Waidwerks staune ich über das starke Gefühl der Verantwortung, die Flinte wieder aufnehmen und auf die Jagd gehen zu müssen. Es ist, als ob mein selbst auferlegtes Ausscheiden der Verleugnung einer Tradition gleichkäme; einer Tradition, deren Wiederbelebung mir am Herzen liegt. Mein Schuldgefühl wegen des Jagens weicht nun einem Schuldgefühl darüber, dass ich nicht jage. Man stelle sich das vor!

Bemerkenswert ist die Ansicht mancher Fachleute, dass der Schlüssel zur Wiederbelebung der Jagd und Angelei in den USA die Frauen sind. An das Bild einer jagenden Mutter knüpft sich die Hoffnung, dass deren Kinder geneigt sein werden, dem Exempel der Mutter zu folgen. Die meisten Bundesstaaten bieten eine Art Workshop an zum Thema „Wie frau zum Outdoorfan wird" („Becoming an Outdoor's Woman"), wie denjenigen über die Fasanenjagd, an dem ich teilnahm. Die Absicht ist, Frauen für die Jagd- und das Freizeitangeln zu gewinnen. Die Initiative scheint erste Früchte zu tragen. Jeder zehnte Jäger in Amerika ist nun eine Jägerin. Dies ist der höchste Prozentsatz in der Geschichte der Jagd; Frauen sind im aktiven Waidwerk die einzige zunehmende demografische Gruppe.[3]

Angesichts moderner, technologisch hoch entwickelter und zuverlässiger Gewehre gibt es keinen Grund, anzunehmen, dass Frauen nicht genauso gut wie Männer jagen können. Ich kenne eine Frau, die hochschwanger einen kapitalen Hirsch erlegte, einen Zwölfender! Es ist gut möglich, dass der steigende Frauenanteil genau das ist, was die Jagd braucht. Allerdings aus einem weiteren, nicht sofort ersichtlichen Grund: Viele Frauen kommen erst als Erwachsene zur Jagd. Warum ist dies wichtig? Weil diese Frauen eine bewusste Entscheidung treffen: Die Eltern drängen sie nicht dazu. Daraus leitet sich ein ethischer Aspekt ab, der auf andere Aspekte der Jagd vermutlich leicht zu übertragen ist.

Meine Freundin Jessie beispielsweise entschied sich mit über 20 für die Jagd und erst, nachdem sie sich in einen Jäger verliebt hatte.[4] Allerdings beeinflusste die Liebe ihre Einstellung zur Jagd dann doch nicht so sehr, dass sie sofort nach der Flinte gegriffen hätte. Die Zubereitung und der Verzehr des von Andy erlegten Wildes machten ihr freilich Spaß. Bald begleitete sie ihn und seine Eltern auf die Jagd.

„Nach und nach dachte ich mir logischerweise, wenn ich kein Problem mit dem Verzehr von Wildfleisch habe, sollte ich mich auch auf dessen Erlegen einlassen", gab sie zu. „Und ich wollte wissen, wie es bei dem Erlegen eines Wildtiers zugeht. Man muss etwas selbst aus unmittelbarer Nähe erleben, um es wirklich verstehen zu können."

Bevor Jessie überhaupt je ein Gewehr geladen hatte, dachte sie lange über die philosophischen und psychologischen Folgen der Jagd nach. Diese vorausgehenden Erfahrungen und Überlegungen trugen zu ihrer ernsthaften Einstellung zum Jagen bei. Sie bilden die Basis ihrer ethischen Verpflichtung der Jagd gegenüber. Dieses Pflichtbewusstsein ist die beste Voraussetzung für die Bewahrung der Jagdtradition und eine weitere Zukunft für den Sport. Jessies reflektierter Werdegang zur Jägerin trug wohl auch bei zu ihrer Fähigkeit, die weitreichenden Konsequenzen des Waidwerks – vor allem über den Kreis der Jägerschaft hinaus – zu erkennen. Diese Einsichten bewegten sie dazu, sich aktiv für die Jagd zu engagieren, indem sie Jagd- und Naturschutzvereinen beitrat und sich konsequent über alle Angelegenheiten der Jagd- und Wildtierpolitik informiert. Kurz gesagt:

Jessie ist genau der Typ Jungjägerin, der für das Überleben der traditionellen Jagd unverzichtbar ist.

In einem gewissen Sinne ist die Jagd die letzte Hürde des Feminismus. Indem Frauen als Pionierinnen in amerikanischen Jagdangelegenheiten zahlenmäßig stärker auftreten, erobern sie allmählich und erkennbar eine historische Männerdomäne. Nicht immer waren Frauen – ob Jägertöchter oder in Jäger Verliebte – bei Jagdausflügen gern gesehen. Tine, eine Jägerin von Anfang 60 aus La Pine, ist mit zwei Brüdern aufgewachsen. Ihr Vater nahm die beiden Söhne zum Jagen mit; gelegentlich durfte auch sie mit ins Feld ziehen, allerdings ohne Gewehr und ohne zu schießen. Eines Tages erlegte einer der Brüder einen Hirsch. Der Vater erklärte beiden Söhnen, wie man dieses Wild aufbricht und aus der Decke schlägt, und reichte ihnen das Jagdmesser. Beide jedoch schraken entsetzt zurück und weigerten sich, den Hirsch selbst aufzuschneiden.

Tina verlor schließlich die Geduld: „Gib mir das Messer! Ich mache es schon", sagte sie, und griff nach der Klinge. „Und dann weidete ich den Hirsch aus", erzählte sie.

Mich befremdet es, dass die Jagd über Jahrtausende Männersache war, während die Frauen sich angeblich auf das Sammeln von Früchten und das Aufziehen der Kinder konzentrierten. Aber es gibt in der Historie auch Ausnahmen. Artemis zum Beispiel, Jägerin und Göttin der Jagd, gilt manchen als feministische Figur aus der griechischen Antike. Aus einer Laune heraus leihe ich mir ein Handbuch zur griechischen Mythologie aus der Universitätsbibliothek in Ann Arbor aus. Es dauert nicht lange, bis ich mich für den Mythenkreis um die rätselhafte Artemis begeistere.

Die Griechen sahen die Göttin als vielseitige Figur.[5] Sie verkörperte die Natur, die Wildnis, die Jagd, den Mond, die Keuschheit und die Fruchtbarkeit. Nach dem Glauben einiger stand sie auch für den Tod und die Rache. Das weite Spektrum dieser Charakterisierungen hebt ihre Rolle als widersprüchliche Göttin hervor. Bewaffnet mit einem silbernen Bogen und einem Köcher voller Pfeile, fügte sie denen Krankheit und Tod zu, die sie zugleich auch schützte. Obwohl sie großen Respekt für Wildtiere hegte, ging sie in Begleitung ihres Nymphengefolges im Wald auf die Jagd. Nach der damaligen Männermode trug auch sie eine Tunika anstelle der üblichen langen Frauenkleidung, um sich bei der Jagd freier bewegen zu können. Ihren goldenen Wagen zogen zwei Rothirsche. Traditionell wird die Göttin mit einem Rothirsch oder einem ihrer vielen Jagdhunde abgebildet.

Als ich die unterschiedlichen Legenden über Artemis lese, wird mir klar, dass Jagen vielschichtige Bedeutung für sie besaß, wie auch für die Griechen, die die Göttin anbeteten. Artemis konnte durchaus rachsüchtig sein. Einigen Mythen zufolge tötete Artemis Orion, den einzigen Jäger, dessen Fertigkeiten ihren eigenen ebenbürtig waren, weil er behauptet hatte, er würde jedes Wildtier im Wald einzeln erpirschen und erlegen.[6]

Eine weitere Charakteristik der Artemis war ihre Jungfräulichkeit, die sie mit aller Entschlossenheit verteidigte. Einst stieß der Jäger Aktaeon zufällig auf Artemis und ihre Gefolgschaft beim Baden in einem entlegenen Weiher. Bezaubert vom Anblick der Schönheiten versteckte er sich, um sie zu beobachten. Aber Artemis entdeckte ihn und war rasend vor Zorn. Sie verwandelte Aktaeon in einen Hirsch und hetzte seine eigenen Hunde auf ihn. Die Tiere rissen ihren Herrn in Stücke, bevor sie ihn erkannten.

Gütig konnte die Göttin dennoch sein. Da sie eine meisterliche Bogenschützin war, galt der Tod durch einen ihrer Pfeile als Geschenk, ja als Segen Alle Lebewesen müssen ja irgendwie sterben, und der Tod, den Artemis verlieh, war schnell und schmerzlos. Sie war auch als Beschützerin und Heilerin bekannt. Als Hüterin der Gebärenden verkörperte sie den gesamten Lebenszyklus. Paradoxerweise wollte sie jedoch keine eigenen Kinder und bat deshalb ihren Vater Zeus um das Geschenk der ewigen Unberührtheit.

Die Lektüre bringt mich abermals dazu, über die Frage nachzudenken, ob ich ein Kind in die Welt setzen möchte oder gar sollte. Und das Lesen spornt mich an, nach weiteren Informationen über Artemis zu suchen. Eine Erklärung für ihre Bitte um die ewige Unschuld finde ich jedoch nicht. Hätte sie durch eine Mutterschaft vielleicht etwas Wertvolles verloren? Hätte sie auf etwas noch Teureres verzichten müssen? Hatte sie vielleicht auch Angst vor der Verantwortung und dem Herzschmerz, welche die Mutterschaft mit sich bringt? Wusste sie mit anderen Worten etwas, was ich nicht weiß?

Solche Nabelschnurbetrachtungen helfen eigentlich nicht. Wenn ich das breite Spektrum der Artemisdeutungen nüchtern betrachte, wundere ich mich über die Widersprüchlichkeiten ihres Wesens. Sie verkörperte das Licht und die Dunkelheit, das Leben und den Tod. Keineswegs würde man sie mit einer Disney-Prinzessin – die immer entweder ganz brav oder ganz bösartig ist – verwechseln. Trotz ihrer Mystik kommt mir Artemis natürlich und realistisch vor. Keine moderne Kulturikone könnte so viele Widersprüche in sich vereinigen und immer noch von einem breiten Publikum akzeptiert werden. Heute wird einfach viel stärker in Schablonen und in „binären Symbolen" gedacht. Besonders augenfällig ist diese Tendenz in der Darstellung von Tierarten.

Betrachten wir zum Beispiel erneut den Fantasiefilm Bambi, der den Mythos bekräftigt, das Jagen und der Verzehr von Wildfleisch entspreche dem Töten und Verzehr von Freunden. Bambi, Faline oder Thumper zum Abendessen aufgetischt! Durch meine jagdlichen Erfahrungen sehe ich dieses Schubladendenken nun anderes. Die wahren Verhältnisse sind undurchsichtiger und viel verwickelter. Nach den vielen Todesfällen seit dem vergangenen Herbst sehne ich mich dennoch nach einem schmerzlosen Leben wie in Disneys' Version des ursprünglichen Bambi-Romans. Nach so vielen Verlusten in so kurzer Zeit habe ich mich gegen tiefe Trauer und Verlustschmerz so weit wie möglich abschirmen wollen. Ich wollte Bambi, nicht Artemis.

In den Monaten seit dem Tod meines Bruders hat die Intensität der Trauer allmählich nachgelassen. Die positiven Aha-Erlebnisse im Zusammenhang mit dem Jagen sind nicht in Vergessenheit geraten. Die Jagd hat zur Wertschätzung des Essens auf dem Teller, der Haushündin und selbst aller Tiere geführt, die um mich herum leben, wenn ich sie auch nicht zur Kenntnis nehme. Sie verstärkte zudem mein Zugehörigkeitsgefühl zu Bend und Umgebung. Die Jagd hat mir auch die Wichtigkeit politischer Fragen bewusst gemacht. Mit all diesen neuen Entdeckungen bin ich jedoch immer noch nur an der Oberfläche dessen geblieben, was das Abenteuer Jagd wirklich bedeutet. Es geht letzten Endes um ein tiefgründiges Verständnis des Lebens überhaupt.

Der Herbst hat begonnen, und meine vorläufige Heimat in Michigan bietet neue Landschaften und neue Wildarten, die entdeckt werden wollen. Die Zeit ist gekommen, mein Gewehr zur Hand zu nehmen und jagen zu gehen. Diesmal wird es um den Weißwedelhirsch gehen.

KAPITEL 13

Liebes Hirschtagebuch

Die Einwohner Michigans reden über Weißwedel- oder Virginiahirsche wie New Yorker über Ratten. Sie gelten als Schädlinge und sind überall. Sie äsen die Azaleen im Garten. Sie liegen verblutend am Straßenrand. Sie springen im Wald über meinen Lieblingsweg beim Joggen. Trotz ihrer Allgegenwärtigkeit stellt der Schuss auf einen dieser Hirsche meine Entscheidung für die Jagd auf die Probe. Auch ein kleiner Hirsch wiegt mehr als ich. Ich frage mich – oh, diese entsetzliche, immer wiederkehrende Frage! –, ob ich ihm in die Augen schauen und den Abzug ziehen kann. Ob ich nach dem Schuss an ihn herantreten kann, ohne mich zu übergeben und dann mit dem Fleisch nichts mehr anfangen zu wollen.

Kurz vor Beginn der Jagdzeit sehe ich mich nach einem neuen Gewehr um. Meine Flinten habe ich vorsichtshalber nach Michigan mitgebracht, falls ich auf die Federwildjagd gehen möchte. Aber für die Hirschjagd reicht die Flinte nicht. Man braucht eine Büchse, die eine einzelne Kugel weit und präzise schießt und damit einen waidgerechten Schuss auf einen Hirsch gewährleisten kann. Um mich zu informieren, forsche ich online, rede mit vielen Jägern und verbringe einige Stunden in der Gewehrabteilung eines großen Ausrüstungsgeschäfts. Schließlich entscheide ich mich für eine Weatherby 7mm-08. Das Kaliber ist recht stark für die verhältnismäßig schwachen Weißwedel Michigans. Aber ich möchte nicht so viele Waffen zu Hause haben und wähle deshalb eine Büchse mit etwas stärkerem Kaliber, mit dem ich gegebenenfalls auch einen Maultierhirsch und vielleicht auch einen Wapiti in Oregon erlegen kann.

Einheimische geben mir nützliche Informationen. Dann fahre ich eine gute Stunde zum nächsten Schießübungsplatz, wo mir einer der Standbetreuer zeigt, wie man die Büchse lädt und abfeuert. Vor Beginn der Jagdsaison fahre ich noch öfter zu dem Schießstand, um mich an die neue Büchse zu gewöhnen.

Es ist unmöglich, die Jagdsaison für Weißwedelhirsche in Michigan zu übersehen, sogar in der liberalen Stadt Ann Arbor. Das heißt nun nicht, dass alle auf die Jagd gehen, weiß Gott nicht. Scheinbar alle kennen aber einen Jäger oder eine Jägerin. Und niemand geringschätzt die Jagd. Im Gegensatz zu Oregon, wo sich die Bevölkerungszahl zwischen 1965 und 2010 verdoppelte, verlassen die Einwohner von Michigan den Bundesstaat massenweise infolge der schwächelnden Wirtschaftslage und des Niedergangs der Autoindustrie. Somit sind die meisten Menschen in Michigan Alteingesessene. Und damit bleiben alte Traditionen wie die Hirschjagd erhalten und schockieren niemanden. Eine Einwanderungsdynamik mit den entsprechenden kulturellen Auswirkungen wie in Bend gibt es hier nicht. Jeden Herbst errichten Kleinstädte wie Dexter, nur zehn Meilen außerhalb von Ann Arbor, „buck poles" aus zwei Holzmasten mit zwei daran genagelten Querbalken im Ortszentrum, an denen die erfolgreichen Jäger und Jägerinnen ihre aufgebrochene Jagdbeute zur allgemeinen Bewunderung präsentieren können.

In Oregon und auch in vielen anderen Gegenden in den USA würde ein solches Holzgestell mehr Ärger und Protest als Bewunderung und Anerkennungsfeste hervorrufen. Aber nicht in Michigan. Als Scott und ich eine solche Ausstellung am ersten Wochenende der Jagdsaison besuchen, lachen nur wir nervös, während wir zwischen zwei Reihen von aufgehängten und etwas im Wind schaukelnden Hirschen entlanggehen. In der Nähe steht ein Suppentopf mit köchelndem Hirschragout auf einem Grill. Der leckere Duft des Wildbrets weht zu uns herüber. Doch das Ragout wird erst in einigen Stunden fertig sein, wie wir erfahren.

„Schon in Ordnung", sage ich zu Scott auf dem Weg zum Auto zurück. „Ich habe sowieso keine Lust auf Hirschfleisch."

Einige Wochen später sitze ich mit meiner Büchse bewegungslos am Boden unter einem Ahornbaum und halte Ausschau nach Weißwedelhirschen. Mein Mentor an der Universität Michigan, Charles Eisendrath, besitzt eine Kirschbaumplantage im Norden des Bundesstaates und hat mich freundlicherweise zur Jagd auf diesem Grundstück eingeladen. Scott ist mitgekommen, um mir im Falle eines Jagderfolgs zu helfen.

Weißwedelhirsche (*Odocoileus virginianus*)[1] werden auch Virginiahirsche oder verkürzt einfach nur Weißwedel genannt. Sie zählen zum Schalenwild – Huftiere –und sind eine von drei einheimischen Hirscharten in den Vereinigten Staaten. Sie leben praktisch überall, von entlegensten Gebieten über Vororte bis hin zu Städten selbst. Insbesondere lieben sie landwirtschaftliche Flächen, weil sie gerne äsen, was wir essen: Weizen, Hafer, Mais, Sojabohnen, zudem Früchte und Gemüsesorten, aber auch das Weidegras des Zuchtviehs schmeckt ihnen. Wenn eine größere Zahl Weißwedelhirsche ungehindert auf landwirtschaftlichen Flächen äsen dürfte, würde das zu immensen Schäden führen. Da die meisten Bauernhöfe in den USA kaum mehr rentabel sind, können es sich die Bauern nicht leisten,

Weißwedel (und ja, eben auch Gänse und Kaninchen) ihre Anpflanzungen ungehindert beweiden zu lassen. Das wäre auch nicht in unserem Interesse: Wir leben schließlich auch von landwirtschaftlichen Produkten.[2]

Um die Schäden durch das Wild in Grenzen zu halten, greifen einige Bauern zu Abschreckungsmaßnahmen wie künstlich erzeugten Lärm, sich automatisch bewegenden Vogelscheuchen und Knallapparaten. Die weitest verbreitete Gegenmaßnahme ist aber die Jagd. Jedes Bundesland hat ein Sonderprogramm zur Reduktion der Wildschäden, das meist in Ausnahmegenehmigungen für zusätzliche Abschüsse besteht. Der Kulturanthropologe Richard Nelson erläutert die allgemeine Situation in *Heart and Blood*: „Jeder Bewohner Nordamerikas, der täglich von landwirtschaftlichen Produkten lebt, ist Teil eines ökologischen Netzwerks, das die Bejagung des Weißwedelhirsches notwendigerweise voraussetzt. ... In diesem Sinne kann man davon ausgehen, dass das Blut dieser Hirschart genauso durch unsere Adern fließt, wie das Brot und der Wein, die wir am Esstisch konsumieren."

Ich sitze jetzt hier nicht zwischen gepflegten Reihen von Kirschbäumen, sondern in einer fast 25 Hektar großen Waldfläche, die sich zwischen der Kirschplantage und einem großen See erstreckt. Ich habe eigentlich kein Problem damit, auf Kulturland zu jagen (das tut übrigens Charles einige 100 Meter von mir entfernt), doch ich brenne darauf, die Fährte dieses Wildes lesen zu lernen.

Fast jeder Amerikaner hat schon einen Weißwedel gesehen. Aber hinauszugehen, dieses Wild auszumachen und es zu erlegen, ist eine ganz andere Geschichte. Die ersten Versuche gleichen der sprichwörtlichen Suche nach der Nadel im Heuhaufen. Da diese Nadel allerdings frei und ungehindert herumlaufen kann, muss ich ihre Gewohnheiten herausfinden, um erahnen zu können, wo das Wild wohl auftauchen wird.

Weißwedelhirsche leben vorzugsweise im Grenzlinienbereich zwischen zwei Landschaftsformen: dort, wo zum Beispiel Wald an eine äsungsreiche Wiese grenzt, auf landwirtschaftlich bestelltem Kulturland oder in Grassteppen. Wie Kühe und andere Säugetiere ist der Virginia-Hirsch ein Wiederkäuer, das heißt, er hat vier Mägen (Pansen, Netz- und Blättermagen, Labmagen). Hirsche und Hirschkühe fressen Pflanzen und schlucken sie unzerkaut in den ersten Vordermagen, den Pansen. Hier wird die Äsung in einer ersten Phase vorverdaut. Ist der Pansen voll, legen sich die Tiere nieder, würgen den halbverdauten Brei wieder hoch, kauen ihn fein und schlucken ihn erneut hinunter. Der fein zerriebene Nahrungsbrei passiert nun den Netz-, den Blätter und den Labmagen. Nelson berichtet, wie er nahe an eine Hirschkuh heranschlich, um sie beim Wiederkäuen genau zu beobachten. Seine Erfahrung beschreibt er metaphorisch: „[Es sah aus, als ob] innen in ihrer Speiseröhre Mäuse auf und ab liefen."[3] Zusammengefasst besteht der Tagesablauf der Weißwedel aus einem Wechsel aus Äsungsphasen und Verdauungspausen im Liegen, versteckt in Gestrüpp oder tief im Wald. Am aktivsten ist das Wild in der Morgen- und in der Abenddämmerung, den hellen Tag verbringt es meist in seinem Einstand.

Der Schlüssel zur erfolgreichen Hirschjagd ist, herauszufinden, wo die Äsungs- und wo die Einstandsgebiete sind. Weißwedel sind Gewohnheitstiere und sehr einstandstreu. Sie ziehen meist auf den gleichen Wechseln zwischen immer denselben Orten hin und her. Eine weitverbreitete Jagdstrategie besteht darin, an einem bekannten Wechsel anzusitzen und dort das Wild zu erwarten.

„Du musst den Super-Highway der Weißwedel finden", erklärt Charles und zeigt mir ein paar Plätze, die in den letzten Jahren vielsprechend waren.

Ich habe eine Jagdlizenz für ein männliches Stück, einen Hirsch, gekauft – das Übliche hier. Ich darf also einen Geweihträger erlegen.

Als Plantagenbesitzer erhält Charles aber auch Jagdlizenzen für weibliche Weißwedel („Alt-" oder „Schmaltiere" oder einfach nur „Tiere"). Diese Lizenzen sind schwerer zu bekommen, weil die Stückzahl weiblicher Tiere in den Populationen genau kontrolliert wird. Die sogenannten „Zuwachsträger" sollen geschont werden, und damit die gesamte Weißwedelpopulation. (Bei polygamen Arten wie dem Weißwedelhirsch genügen wenige Hirsche, um Dutzende von Tieren zu begatten oder zu „beschlagen", sodass im Frühjahr wieder die gleiche Zahl an Kälbern gesetzt wird.) Charles schenkt mir eine Lizenz für ein weibliches Stück, die ich zu meiner Hirschlizenz in den Rucksack lege.

„Die Weibchen sind fetter und schmecken besser", setzt er hinzu.

Mein erster Gedanke ist: nur auf einen Hirsch schießen. Außerdem ist mir etwas unwohl wegen der anderen Vorteile, die ich genieße: eine Jagdeinladung auf Privatland neben einer Kirschplantage in Begleitung des absolut ortskundigen Grundbesitzers und ohne weitere Jäger. Mit den Lizenzen für einen Hirsch und ein Tier darf ich fast jedes Stück erlegen. Dies kommt mir recht großzügig, beinahe schon dekadent vor. Doch dann vergehen einige Tage ohne Anblick irgendwelcher Weißwedel.

Jeden Morgen vor Sonnenaufgang schleichen wir hinaus zu einer der mutmaßlich Erfolg versprechenden Stellen am Hauptwechsel, , wie Jäger Charles den „Super-Highway" der Weißwedel jetzt nennt. Wir verstecken uns und warten auf den Sonnenaufgang, in der Hoffnung, dass die Morgendämmerung den „Stoßverkehr" des Weißwedels auslöst. Wenn mir zu kalt wird oder ich vom Sitzen genug habe, stehen wir beide auf und gehen so leise wie möglich auf die Suche nach Trittsiegeln oder Losung oder einem anderen Zeichen, das die Nähe von Weißwedelhirschen verrät.

„Wenn jetzt ein Weibchen direkt vor dir auftauchte", flüstert Scott am dritten Tag, „würdest du es schießen?"

Ohne zu zögern sage ich: „Na, klar. Bestimmt."

Virginiahirsche haben zwar ein ausgeprägtes Hör- und Sehvermögen, aber der bestentwickelte Sinn ist der Geruchssinn. Um sich dem Wildtier zu nähern, muss man auf die Windrichtung achten, denn Witterung des Menschen kann das Wild über sehr große Entfernung wahrnehmen. Die Fortpflanzungperiode oder auch Brunft, die während der Jagdsaison stattfindet, beschert dem Jäger allerdings einen kleinen Vorteil gegenüber den Hirschen: Die tobenden Hormone lassen die sonst ausgesprochen wachsamen Hirsche nachlässig werden. Leider liegt unser Jagdausflug Mitte November etwa zehn Tage vor Beginn der Brunft. Zudem ist das Wetter ungewöhnlich warm und trocken. Nicht schlecht zum Herumsitzen im Wald, aber ausgesprochen schlecht, um auf Schalenwild zu jagen. Kälte kostet die Tiere Energie, sodass sie mehr äsen müssen, um warm zu bleiben. Bei mildem Wetter können sie in ihrem sogenannten Bett liegen bleiben und mit dem Äsen warten, bis es dämmert und die Bedrohung durch Raubtiere geringer ist. Vertrocknete Blätter und Zweige erschweren außerdem das Heranschleichen an die Beute deutlich, denn Weißwedel hören oder „vernehmen" wie gesagt hervorragend.

Als ich mit Scott im Wald herumpirsche, fühle ich mich von all diesen Unwägbarkeiten überfordert. Meine Gedanken überschlagen sich: War das Knacken des Zweiges, auf den ich eben getreten bin, wirklich so laut, wie ich befürchte? Hat der Wind gerade gedreht? Wenn ich jetzt nach Norden in Richtung der Schlucht pirsche, in der womöglich Weißwedel stecken, werden sie sofort Wind von mir bekommen? Duck dich! Wenn du an diesem Hügelkamm aufrecht gehst, kann dich das Wild womöglich eräugen.

Kein Wunder, dass man die Jagd oft mit einer Situation im Krieg vergleicht. Abgesehen von der Verfolgung bis zum Töten, das beiden gemeinsam ist, verlangt beides auch eine Strategie und ein oft körperlich anstrengendes Vorgehen. Wenn ich mich selbst reden höre, staune ich hin und wieder über meinen militärischen Ton. Ich rede wie ein Bataillonskommandeur mit seinen Truppen.

Als wir beispielsweise auf einem kleinen Höhenrücken mit Blick auf einen verheißungsvollen dichten Gebüschstreifen sind, möchte ich Scott mein geplantes Vorgehen mitteilen. Weil ich aber befürchte, dass mich von unten irgendwelche Weißwedelhirsche sehen können, krieche ich auf allen vieren zu Scott und passe höllisch auf, dass meine Knie das trockene Laub möglichst nicht berühren, um jedes Rascheln zu vermeiden.

„Neuer Plan!", flüstere ich. „Ich gehe den Hügel da hoch, an den Kirschbäumen vorbei und komme da drüben wieder runter." Ich deute über das Gestrüpp hinweg auf einen anderen bewaldeten Hügel. „Bleib du hier. Wenn ich auf Position bin – winken werde ich nicht, weil mich das verraten könnte –, komm langsam durch das Tal auf mich zu."

„Warum?"

„Wenn ein Weißwedel aus Büschen springt, werde ich ihn wenigsten sehen können. Dann wissen wir, dass sie dort drinstecken."

„Verstanden."

Stundenlang laufen wir von einem verheißungsvollen „Verkehrsknotenpunkt" zum anderen. Dann sitzen wir so still wie möglich an strategisch gewählten Stellen … und warten. Genauso habe ich mir die Hirschjagd ausgemalt und deshalb vermutet, dass diese Erfahrung meine intuitive Bevorzugung der Federwildjagd bestätigen würde. Bewegungs- und lautlos im Wald zu sitzen, schien mir von Anfang an … na, ja … stinklangweilig! Doch wider Erwarten stelle ich ziemlich schnell fest, dass diese Erfahrung gar nicht öde ist. An sich ist es verblüffend, wie viel ich zu sehen bekomme: Singvögel hüpfen ganz nahe an mich heran, ohne mich wahrzunehmen. Grauhörnchen flitzen über gefallene Baumstämme, vermutlich eifrig Nahrungsvorräte für den Winter sammelnd. Eine herrliche Vorstellung bietet das Theaterspiel des Waldes – und ich sitze in der ersten Reihe! Ähnlich wie beim Skifahren oder Trekking ist die Beobachtung des Lebens um mich herum Anlass zu mentalem Training, zur Schärfung der Beobachtungsgabe. Es macht mich zur Beteiligten am Naturgeschehen, zu einer engagierten Zuschauerin eines kontinuierlich ablaufenden Schauspiels.

Am letzten Abend im Wald, nach drei Tagen ohne den Anblick eines einzigen Weißwedels, höre ich ein Rascheln im trockenen Laub. Dann noch mal Rascheln. Ich mache mich bereit. Mit schwitzenden Händen packe ich die Büchse fester und schaue durch das Zielfernrohr. Der Wald ist wieder still geworden. Hat das, was auch immer es war, meine leichte Bewegung mitbekommen? Dann erneutes Rascheln. Es läuft weiter.

Jetzt bin ich sicher, dass es ein Weißwedelhirsch ist. Ich sitze ganz ruhig, aber mein Herz schlägt so laut wie eine Basstrommel. Mein ganzer Körper ist angespannt. Die Trittgeräusche bewegen sich von unten den Hügel herauf, wo ich jenseits einiger dürrer Ahornbäume sitze. Ich stelle das Zielfernrohr scharf. Mit seiner grau-braunen Farbe, die sich harmonisch ist fast jede Umgebung einfügt, sind Weißwedelhirsche genial getarnt. Langsam suche ich die Umgebung ab, sehe aber nichts bis auf ein fettes, kleines Grauhörnchen, das durch die Blätter hüpft. Langsam geht mir ein Licht auf: Das Rascheln im Laub ertönt synchron mit den Sprüngen des Grauhörnchens!

Verdammt! Kein Hirsch. Nur das dumme, graue Viech.

Es wird immer dunkler, sodass ich nur noch wenige Schritte vor mir etwas sehen kann. Dennoch will ich meinen Ansitz noch nicht verlassen. Scott, der etwa zehn Meter links von mir an einem Baum angelehnt sitzt, steht schließlich auf. Er verursacht eine wahre Kakofonie von Lauten: das Knistern des Laubs, das durchdringende Geräusch zerbrechender Zweige, das Rascheln seiner Kleidung. Ich werfe ihm einen bösen Blick zu. Er zieht die Schultern hoch, was wohl ach ja bedeutet. Dann kommt er auf Zehenspitzen auf mich zu, die Welle von Geräuschen kommt mit.

„Lil, es ist dunkel."

„Ja, ich weiß." Beim Aufstehen seufze ich. Meine Beine sind so steif, dass ich fast in mich zusammenfalle. Mein Hintern ist total taub. Auf dem Weg zurück zum Bauernhof beschwere ich mich über die Erfolglosigkeit meiner ersten Hirschjagd.

„Hörte sich das Rascheln im Laub nicht wie ein Hirsch oder so was an?"

„Ja, tatsächlich."

„Nie im Leben hat mich ein Grauhörnchen schon mal so voll aufgehypt."

Scott legt mir seinen Arm um die Schultern.

„Tja", sagt er, „nun weißt du, wie sich Sylvia fühlt."

Zwei Tage später sind wir wieder in Oregon und verbringen Thanksgiving bei den Schwiegereltern. Auf der Heimfahrt fährt Scott mit meinem alten Toyota einen Weißwedel an. Wir sind vollkommen überrascht, als drei Weißwedel, einer nach dem anderen, vor uns die Straße überqueren. Obwohl Scott scharf bremst und die Geschwindigkeit noch auf etwa 30 Stundenkilometer reduzieren kann, erwischt er doch das letzte Stück mit der Ecke der Stoßstange am Hinterlauf. Das Tier läuft weiter, „gedopt" wohl durch einen Adrenalinschub. Auch wir setzen die Fahrt ziemlich hochgepusht fort. Dem Auto ist nichts passiert, aber wir schweigen beide aus Kummer um das Weißwedeltier. Ich muss an mein „Attentat' auf das Kaninchen mit dem Rasenmäher denken. Komisch. Vor einer Woche habe ich mich tagelang bemüht, einen Weißwedelhirsch zur Strecke zu bringen. Aber mit dem Auto? Bitte nicht!

Im nächsten Herbst bin ich entschlossener denn je, einen Stück Schalenwild zu erlegen. In Oregon dürfen die Hirscharten für eine kurze Zeit im ganzen Bundesstaat bejagt werden, anschließend gelten streng kontrollierte Jagdzeiten für die verschiedenen Regionen Oregons. Eine begrenzte Zahl von Lizenzen für die einzelnen Managementregionen werden per Los vergeben. Dieses System ermöglicht den Wildtierbiologen einen besseren Überblick über die verschiedenen Schalenwildpopulationen im Staat, über die Anzahl der Tiere und sogar deren körperliche Kondition, sodass sie die Lizenzvergabe im Folgejahr entsprechend anpassen können. Für die Jäger macht es das System allerdings komplizierter.

Als der Annahmeschluss für die Verlosung näherrückt, gebe ich unwillig 15 US-Dollar für eine Statistikbroschüre aus. In ihr ist festgehalten, welche Jagderfolge in der Lotterie zustande kamen. Man findet dort Informationen über die gezogenen Abschusslizenzen, die jeweiligen Regionen und den tatsächlichen Erfolg der Jagd. Am Ende des langwierigen Prozesses bin ich im Besitz von Marken für einen Maultierhirsch und einen Wapiti. Beide gelten für die gleiche Region etwa 160 Kilometer südlich von Bend. Das Jagdgebiet zeichnet sich nicht durch eine besondere Erfolgsquote aus. Beim Blick auf die Landkarte fällt sofort auf, dass die Gegend von einem Netz schmaler Schotterstraßen durchzogen ist. Zwar äsen dort Weißwedel, Maultierhirsche und Wapitis, aber wirklich wilde, weitgehend unberührte Landschaft findet sich nicht in dem Gebiet. Von echter Wildnis würde ich mir einen Vorteil gegenüber anderen Jägern versprechen, weil ich vor langen Fußmärschen nicht zurückschrecke.

Ich lese alles, das ich in die Hände bekommen kann, über die Hirschjagd. Ich führe Gespräche mit vielen Jägern. Beim Fliegenfischen mit Scott im Sommer halte ich Ausschau nach Hirschfährten. Als ich die Trittsiegel von Schalenwild finde, stelle ich fest, dass ich nicht mal weiß, ob sich die spitzen Enden der Schalen an deren Vorder- oder Rückseite befinden. Mir scheint das aber wichtig. Ich marschiere auf eine Kuhweide, weil ich vermute, dass Kühe nahe genug mit Hirschen verwandt sind, um mir mit ihren Hufabdrücken etwas zu verraten. Aha, die Spitzen zeigen in Laufrichtung nach vorn.

Je näher die Jagdsaison rückt, desto unsicherer werde ich. Dies ist auch ein Teil meiner Vorbereitung. Ich habe eigentlich weniger Sorge, kein Wild zu finden: Ob es Wild gibt oder nicht, liegt außerhalb meiner Kontrolle. Dennoch nervt mich nach wie vor die Tatsache, dass ich meine Reaktion auf etwaige Beute immer noch nicht einschätzen kann. Das Aufbrechen eines Hirsches ist ein einschüchterndes Szenario. Im Englischen auch „field dressing" genannt, bedeutet Aufbrechen das Entfernen der Gedärme, das Ausweiden also. Der Körper muss möglichst schnell abkühlen, um eine Verschmutzung des Wildbrets durch Fäulnisbakterien und damit dessen Verderb zu vermeiden.

Zudem zerlegt der Jäger große Beutetiere in Teile – er „zerwirkt" sie –, um sie leichter aus dem Wald transportieren zu können. Unter anderem darf das Wildbret auch nicht mit Kot und insbesondere beim Hirsch in der Brunftzeit nicht mit Harn in Berührung kommen, denn der Urin brunftiger Hirsche enthält stark riechende Hormone, die den Geschmack des Wildbrets verändern und es vollkommen ungenießbar machen können. Kot und Innereien sind ohnehin voller Bakterien.

Das Aufbrechen des Wildes in freier Wildbahn beginnt gleich mit einem ekelig wirkenden Schnitt: „Führe einen tiefen Einschnitt um den Anus herum und binde das Darmende fest mit einer Schnur ab." Egal wie oft ich den Satz lese, finde ich das widerlich, sodass ich schnell zu leichter verdaulichen Abschnitten weiterblättere, wie zum Beispiel zur Beschreibung des Öffnens der Bauchhöhle! Ein weiterer Spitzenreiter auf meiner Angstliste: Was, wenn ich das Tier am Abend schieße, seine Fährte noch weiter verfolgen muss, um es zu finden, und dann noch auszunehmen, zu zerlegen und hinauszuschleppen habe? Alles im Dunkeln! Obwohl man sich nach Sonnenuntergang in den staatlichen Wildreservaten noch legal aufhalten darf, verstehe ich nicht, wie man sich in so einem rauen Terrain im Dunkeln noch orientieren soll. Was, wenn ich ein Stück Wild nur verwunde und es nicht gleich verendet? Wie soll ich den Blutströpfchen im Dunkeln folgen, um die Beute zu finden? Und dann auch noch 50 Pfund Wildbret auf dem Rücken unter Umständen kilometerweit tragen?!

Einige Wochen vor Beginn der Jagdzeit bewege ich Scott dazu, jedes Wochenende in jeweils einem anderen Teil meines zugewiesenen Reviers zu zelten. Wir fahren herum, erkunden das Rückwegenetz, steigen immer wieder aus und suchen zum Beispiel einen Hügel nach Fährten und Kot ab. Für Letzteren haben die Jäger ebenfalls eine beschönigende Bezeichnung: „Losung". Frische Schalenabdrücke zeigen leicht erhöhte Ränder, die noch unberührt von Wind, Regen oder Tau sind. Die Fährte ist dunkler als die Erde darum herum, weil die feuchte untere Bodenschicht noch nicht ausgetrocknet ist. Extrem frische Losung sieht nach einem schimmernden Haufen dunkel gerösteter Kaffeebohnen aus, später ähnelt sie eher einem Haufen zerkauten Gemisches aus Gras und Laub.

Eines Tages fahren wir auf einer geteerten Forststraße im Platzregen, als wir zwei Stück Schalenwild einen recht kahlen Hügel hinaufziehen sehen. Scott fährt langsamer und ich nehme mein Fernglas zur Hand, um das Wild genauer zu betrachten: ein weibliches Tier und ein Hirsch, dessen neu gebildetes Geweih noch von der haarigsamtenen sogenannten Basthaut bedeckt ist.

Die männlichen Tiere aller Arten in der systematischen Familie der „Hirsche" werfen ihr Geweih jedes Jahr im Frühjahr ab und bilden dann über vier Monate ein neues. Manche Jäger neigen zu der Annahme, dass die Zahl der Verzweigungen und Enden auf das Alter des Tieres hinweist. Je mehr Enden, auch Sprosse genannt, desto älter der Hirsch. Das trifft tendenziell zu, gilt aber nicht absolut sicher, denn Gene spielen auch eine Rolle für die Größe und Form der Geweihstangen, überdies wird die Geweihbildung auch von den Umweltbedingungen wie vor allem dem Äsungsangebot beeinflusst.

Anfang des Jahres bilden sich Trennfugen an den Basen der Geweihstangen aus. Ähnlich einem Zahn, der sich immer weiter lockert, fallen dann irgendwann die vorjährigen Geweihstangen beim Anstoßen an Bäume oder andere Hindernisse oder auch einfach so ab. Die verbleibenden Stümpfe bluten dabei mitunter noch etwas. Anschließend wächst sofort das neue Geweih, das in der Entstehungsphase über Blutgefäße in eben der Basthaut versorgt wird.

Im Spätsommer reibt das männliche Tier das Geweih an Bäumen und Ästen, um die weitgehend eingetrocknete Basthaut zu entfernen. Die Haut fällt in mitunter noch etwas blutigen Fetzen herunter. Während der Brunft im Spätherbst kämpfen die Hirsche um die brunftigen weiblichen Tiere. Oft geschieht dies mit gegenseitigem Imponiergehabe, zwischen annähernd gleichalten und -starken Rivalen kann es aber auch zum Geweihkampf kommen. Solche Kämpfe können hart sein und zu starken Verletzungen, sehr selten sogar zum Tod eines der beiden Hirsche führen. Ganz selten verkeilen sich die Geweihe zweier Hirsche im Kampf. Gelingt es den beiden nicht, die Geweihe wieder voneinander zu lösen, verhungern beide, verenden vor Erschöpfung oder fallen Raubtieren zu Opfer.

Am Tag vor Beginn der Jagdsaison müssen Scott und ich noch voll arbeiten. Abends packen wir unsere Ausrüstung ins Auto und fahren dann zwei Stunden nach Süden. Kurz vor Mitternacht erreichen wir einen kleinen Zeltplatz, setzen unsere Stirnlampen auf und schlagen unser Zelt auf. Den Reisewecker stelle ich auf 4 Uhr 30 ein, ändere aber bald meine Meinung und die Weckzeit auf fünf Uhr – die vergangene Arbeitswoche war doch anstrengend. Kaum habe ich die Augen zugemacht, geht der Wecker los. Verschlafen tapse ich auf die Schlummerfunktion und schlage noch einige Minuten Ruhe raus. Das geschieht mehrfach hintereinander, ehe ich fähig bin, meine Stirnlampe anzuschalten und mir – immer noch im Schlafsack – schichtenweise Kleidung anzuziehen. Der Plan war, Kaffee zu kochen, aber uns ist es zu kalt, um zu warten, bis das Wasser auf dem Campingkocher heiß genug ist. Wir steigen ins Auto und fahren an den Ort, den wir für die Jagd ausgesucht haben.

Gegen sechs Uhr fahren wir einen Inselberg hinauf und biegen von einer Schotterstraße ab. Ich packe meine Büchse aus der Gewehrtasche und schiebe eine Patrone ins Patronenlager. Einige paar weitere stecke ich in meine Taschen. Begierig, den gewählten Ansitzplatz vor Sonnenaufgang zu erreichen, laufen wir geräuschvoll zu einem großen, vermodernden Baumstumpf. Ich habe diese Stelle gewählt, weil sie uns Sichtschutz und zugleich einen Rundumblick gewährt. In der noch tiefen Dunkelheit hüpft das Licht unserer Stirnlampen auf dem unebenen Boden vor uns wild hin und her. Als wir unseren Weg durch den Wald machen, frage ich mich, ob die Hirsche das Licht unserer Stirnlampen sehen können. Am Ziel angekommen, setze ich den Rucksack ab und lehne mich mit dem Rücken gegen den Baumstubben. Scott bezieht an einem anderen Stumpf etwa zehn Meter hinter mir seinen Platz. Wir sitzen so still und leise wie nur möglich. Die Dämmerung ist so weit vorangeschritten, dass ich jetzt schon die Landschaft um uns herum erkennen kann. Irgendwann rennt ein Streifenhörnchen an einem gefallenen Baumstamm entlang und prallt gegen meinen Rücken. Das fasse ich als Kompliment auf: Was das Tierchen betrifft, bin ich eins mit der Natur. Leider immer noch kein Zeichen von irgendwelchem Schalenwild in der Nähe.

Bis um zehn Uhr warten wir, dann signalisiere ich Scott, dass wir gehen sollten. Beim Aufstehen spüre ich, wie durchgefroren Arme und Beine sind. Wir laufen zum Auto, fahren dann zum Zeltplatz zurück, um ein Schläfchen zu halten und endlich die lang ersehnte Tasse Kaffee zu kochen. Am Nachmittag wird es wärmer – über 20 Grad Celsius. Während Scott im nahe gelegenen Bach angelt, lese ich erneut in einem Buch mit dem Titel *Deer Hunting* (2003) aus der Feder des Meisterjägers Gary Lewis.[4] Das aufgeschlagene Kapitel behandelt die Kunst des Pirschens. Sein Vorschlag: nach jedem Schritt innehalten, warten, lauschen und intensiv beobachten. Der Mensch ist das einzige Tier, das einen gleichmäßigen, rhythmischen Schritt hat, schreibt Lewis, sodass unser normaler Gang ein Warnzeichen für die feinen Lauscher des Schalenwilds ist. Ich denke an unseren halbverschlafenen Gang von heute Morgen. Wie peinlich. So viel Lärm, so viel Licht. So kann man nicht pirschen.

Später am Nachmittag fahren wir zu unserem Ansitz zurück. Diesmal parken wir das Auto in größerer Entfernung weiter unten an dem Berg und laufen den Kamm hoch, diesmal langsam und leise. Wir suchen uns einen anderen Baumstumpf an einer etwas größeren Lichtung. Scott liest, während ich die Lichtung, insbesondere die dunkleren Stellen, nach einem Schwanzwedeln oder einer Geweihsprosse absuche. Ich bin überzeugt, dass wir diesmal einen Hirsch sehen werden. Und wie inzwischen üblich frage ich mich, ob ich tatsächlich werde abdrücken können, wenn es so weit käme. Wie groß würde das Schuldgefühl sein? Will ich wirklich mit dem Aufschärfen, Aufbrechen und – Gott behüte! – mit dem Abbinden des Anus zu tun haben? Nach zwei weiteren erschöpfenden Stunden des regungslosen Sitzens an der gleichen Stelle fällt mir dir Antwort – wohl vor lauter Ärger – überraschend leicht: ein deutliches Ja! Heute ist ja der erste Tag der Jagdsaison, und ich habe bereits zu viel Energie investiert, um mich mit leeren Händen nach Hause zurückzuziehen.

Als es dunkel ist, schalten wir unsere Stirnlampen an und schleichen auf Zehenspitzen zum Auto zurück. Wieder am Zeltplatz, wärmen wir den Hackbraten vom gestrigen Abendessen auf und gehen um 20 Uhr 30 schlafen. Zwei Männer in einem Auto mit einem New-Jersey-Kennzeichen fahren auf den Platz neben uns und fangen an, anderthalb Stunden lang Holz zu hacken, wobei ihre Taschenlampen ständig in unser Zelt scheinen, weil sie die Baumstämme direkt an uns vorbei zu ihrem Hackblock schleppen.

Am nächsten Morgen scheppert der Wecker um 4 Uhr 30 laut. Ich bin schon wach, wünschte jedoch, ich würde noch schlafen. Wieder drücke ich die Schlummertaste ein paar Mal und bleibe warm eingewickelt im Schlafsack. Leichte Regentropfen trommeln leise auf das Zeltdach.

Wir stehen auf und fahren zu unserem üblichen „Parkplatz", wie wir den Abstellplatz für das Auto getauft haben. Wieder unter Einsatz der Stirnlampen marschieren wir leise den Kamm hoch und zu dem Riesenbaumstumpf, von dem aus wir gestern den Sonnenuntergang erlebten. Nada, niente, nichts. Einige Stunden später schleichen wir lautlos zur Holzabfuhrstraße und folgen dem Weg hinunter zum Auto. Da wir langsam mit abrollenden Füßen pirschen, fällt uns eine scheinbar frische Fährte auf.

„Sind sie auf der Straße an uns vorbeigeschlichen?", frage ich leise.

„Es sieht so aus", antwortet Scott.

Wir kehren zum Zeltlager zurück, wo wir Kartoffeln, Zwiebeln, Paprikaschoten, Pilze, Wienerle und Eier zu einem Bauernfrühstück in der Bratpfanne zusammenhauen. Während der Zubereitung bemerke ich, wie merkwürdig es doch ist, dass wir keine Schüsse gehört haben. Ich gestehe Scott, dass ich mich gestern Abend an unserem Ansitz nahe der Lichtung gefragt habe, ob ich vielleicht die falschen Jagdzeiten notiert hätte. Nein, die Daten stimmen.

„Vielleicht haben wir uns halt einen sehr ungünstigen Platz ausgesucht", meint Scott.

„Oder vielleicht", versuche ich eine optimistischere Erklärung, „ist es so warm, dass andere Jäger auch kein Glück haben."

Wir fahren zur nächsten Ortschaft, Chiloquin, um Benzin zu tanken. Ich frage den Tankwart, ob viele Leute mit erlegtem Wild im Städtchen aufgetaucht wären.

„Ich habe nur einen erlegten Hirsch gesehen", antwortet er. „Von allen anderen hört man nur Schlechtes. Vor zwei Wochen, als es kühler war, sah man die Hirsche hier unten. Aber sobald es wieder warm wurde, sind die Rudel wieder hinaufgezogen."

Ich nicke. Als ich Scott später im Auto von dem Gespräch erzähle, feuert er eine Frage nach der anderen ab: „Wo hat denn dieser Jäger seinen Hirsch erlegt?" – „Wo ist denn dieser ‚Da-oben-Platz', an den sich das Wild zurückzieht, wenn es ‚hier unten' zu warm ist?" – „Wir waren doch oben am Berg und sind keiner Menschenseele, keinem einzigen anderen Jäger begegnet. Geschweige denn, dass wir irgendwo mal Wild gesehen hätten!"

Darauf weiß ich auch nichts zu antworten.

Am späteren Nachmittag fahren wir zu unserem üblichen Platz zurück, aber dieses Mal klettern wir zu einer kleinen Lichtung mit Blick auf die oberhalb verlaufende Straße. Schon wieder entdecken wir eine frische Fährte auf dem Weg. Das fasse ich als verheißungsvolles Zeichen auf. Die Sonne steht hinter uns, sodass vor mir her ein langer Schatten mit Gewehr wandert. Ich bin überrascht, wie anders ich mit der Waffe aussehe. Ich wirke gefährlich. Aber genauso sieht mich wahrscheinlich das verfolgte Wild.

Scott setzt sich in einen dichten Nadelbaumbestand und liest ein Buch. Ich setze mich etwas näher an die Lichtung, um einen besseren Überblick zu gewinnen. Aber ich zapple ungeduldig die ganze Zeit herum. Es rumort in meinem Bauch. Der Rücken tut mir vom vielen Sitzen weh. Und wo sind die verdammten Hirsche!? Ich stehe auf und pirsche langsam um die Kuppe des „Butte" bis zum Sonnenuntergang, ohne ein einziges Wildtier zu sehen.

Am nächsten Morgen weckt uns ein Gewitter auf: heulender Wind, strömender Regen, Blitz und Donner. Nach all dem, was ich gelesen habe, bleibt das Wild bei solch einem Unwetter ruhig in seinem Lager. Ich schalte den Wecker aus und schlafe wieder ein.

Am Nachmittag hellt es auf; wir schleichen durch dicke Baumbestände zu einer kleinen Lichtung. Scott sucht sich einen Baum hinter und unterhalb von meinem Platz aus.

Die Zeit wird mir lang. Ich fange an, Tagträumen nachzuhängen, und muss mich anstrengen, ruhig zu sitzen. Die Büchse ist zu schwer, um sie immer in den Händen zu halten, und liegt deshalb in meinem Schoß. Durch die eintönige Beobachtung der wildleeren Lichtung ermüdet, lässt meine Konzentration stark nach und ich verfalle unmerklich in eine Art meditativen Zustand. Die Laufwege jedes einzelnen Grau- und jedes Streifenhörnchens sind mir inzwischen bekannt, ich weiß, wann und wo sie anhalten, um nach einer Nuss oder einem Samen zu suchen. Ich schiele auf die andere Seite der Lichtung und male mir aus, wie Dutzende von Hirschen im Schatten stehen und ihrerseits mich beobachten. Jener dunkle Strich … ist er Teil eines Geweihs? Mit dem Fernglas sehe ich genauer hin. Nein. Es ist ein dicker Ast.

Und dann auf einmal, wie hervorgezaubert, erscheint ein geweihloses Tier in der Lichtung mit riesigen Ohren oder auch „Lauschern" direkt vor mir. Ich meine ehrlich „erscheint". Weder habe ich das Wild kommen hören noch auf die Lichtung hinaustreten sehen. Es steht einfach auf einmal da, als ob es ein Spezialeffekte-Genie in die Lichtung gebeamt hätte.

In dem Augenblick, in dem ich die Hirschkuh sehe, eräugt sie mich auch. Wir starren uns eine halbe Ewigkeit an, die tatsächlich nur wenige Minuten dauert. Das Tier richtet seine maultiergroßen Lauscher auf mich. Die gigantischen Ohren verleihen der Hirschart, die in dieser Gegend Oregons heimisch ist, den Namen „mule deer" (Maultierhirsch, *Odocoileus hemionus*). Ich verhalte mich mucksmäuschenstill, hoffe inständig, dass mein laut schlagendes Herz das Tier nicht verscheucht. Ich kneife meine Augen zusammen, in der Hoffnung, dadurch zwei Geweihstangen auf seinen Kopf zaubern zu können, so wie das Tier selbst geradezu magisch in der Lichtung erschienen ist.

Aber das Geweih erscheint nicht. Und nun hat die Hirschkuh genug. Sie springt elegant ab und wirft bei jedem Sprung die Schalen nach hinten. Ich entspanne mich. Selbst wenn es ein Hirsch gewesen gewesen wäre – mit Geweih! –, hätte ich meine Büchse gar nicht schnell genug anlegen können, ehe er absprang. Was lerne ich aus diesem Vorfall? Leg deine Waffe nicht in den Schoß, du Idiotin! Du musst sie immer schussbereit halten!

Scott erzählt mir später, dass ihn das Tier direkt angeschaut hat. Dies erinnert mich an den Besuch eines Spukhauses in Disney World, in dem alle Geister scheinbar in Augenkontakt mit dem Betrachter traten, egal wer alles im Geisterhaus war.

Am Ende des Tages fahren wir zum Zeltplatz zurück, packen unsere Sachen zusammen und fahren nach Hause. Scott muss zur Arbeit und ich neuen Proviant kaufen.

Zwei Tage später sind wir wieder in unserem „Deer Camp", wie wir es nun nennen. Wir stehen um fünf Uhr auf – die Hirschjagd erinnert eher an einen Marathonlauf als an einen Sprint, warum uns also mit masochistischen Weckrufen vorzeitig verschleißen? Dann fahren wir ein weiteres Mal zum „Buck Butte" („Hirschberg"), wie Scott unseren Berg nennt. Er ist der ewige Optimist.

Wir wählen für den Ansitz einen Platz in einem Baumbestand mit Blick auf die Schotterstraße, die wir gerade hinaufgewandert sind. Heute Morgen ist es neblig und etwas wärmer, knapp über dem Gefrierpunkt. Nach Sonnenaufgang pirsche ich nacheinander zu allen Lichtungen, die ich bisher auf dieser Bergkuppe ausfindig gemacht habe. Danach klettern wir zu einem etwas oberhalb unseres früheren Ansitzorts gelegenen Platz hinauf. Uns fällt ein Wildwechsel auf, dem wir vielleicht später gut folgen könnten. Jetzt will ich aber erst einmal frühstücken, und so fahren wir zum Zeltplatz zurück.

Nach dem Essen beschließen wir, das Gelände unten an dem Inselberg abzuspüren.

Den ganzen Tag erschallen Schüsse um uns herum. Ob es Flinten- oder Büchsenschüsse sind, weiß ich nicht, denn das kann ich noch nicht unterscheiden. Die Entenjagdsaison hat auch begonnen, und es liegen beliebte Federwildjagdgebiete in der Nähe. Einige der Schüsse können also Flugwild gegolten haben. Nichtsdestoweniger bilde ich mir ein, dass andere Jäger rechts und links von uns Unmengen von Hirschen erlegen. Diese Vorstellung macht mich nicht besonders glücklich.

In einem großen Bogen pirschend, entdecken wir einen weiteren Erfolg verheißenden Wildwechsel. Dieses Mal folgen wir ihm. Der Szenenwechsel ist wohltuend, und ich hoffe inständig, endlich auf dem richtigen Weg dorthin zu sein, wo das Wild ist. Wo mein erster Hirsch ist. Wir finden frische Losung von Maultierhirschen und Wapitis, was mich in Aufregung versetzt wie eine junge Mutter, die die Windel ihres Neugeborenen inspiziert und merkt, das Gott sei Dank alles in Ordnung ist. Wir entdecken auch merkwürdige Furchen im Waldboden, als habe ein Hirsch mit dem Lauf gescharrt oder einen Lauf nachgezogen. Die Kiefernspreu und die Humusschicht sind an die-sen Stellen zur Seite geschoben, der Mineralboden ist freigelegt. Später erfahre ich, dass Hirsche manchmal den Boden aufscharren (sie „plätzen") wenn sie vergrämt wurden und erregt bzw. zornig sind.

Als wir am Abend mit eingeschalteten Stirnlampen zum Auto zurückgehen, bin ich zuversichtlich.

„Ich weiß, wie verrückt sich dies anhört, weil ich immer noch kein Wild gefunden habe, aber ich glaube, ich bekomme die Hirschjagd immer besser unter Kontrolle", erkläre ich Scott. „Ich kann mich länger konzentrieren. Ich kann ruhiger sitzen. Ich bin schneller schussbereit, das heißt, ich habe meine Büchse rascher entsichert und in den Anschlag gebracht, um gleich schießen zu können, wenn plötzlich ein Hirsch auftaucht. Zumindest glaube ich das."

Während der Rückfahrt zum Zeltplatz bete ich das einzige Gebet, das ich kenne – das Sternschnuppen-Wunschgebet: „Bitte, bitte lass mich morgen einen Hirsch erlegen!", sage ich lautlos mit Blick auf den Sternenhimmel. Dann als Zusatz: „Sicher und waidgerecht."

Am nächsten Morgen regnet es heftig, als der Wecker losgeht. Ich schalte ihn aus und drehe mich auf die Seite. Wir schlafen lange und verlassen das Zelt erst gegen 9 Uhr 30. Für seriöse Jägerinnen ist dies fast schon Nachmittag. Wir trinken unseren Kaffee und frühstücken im Auto, wo es etwas trockener ist. Dann fahren wir in südöstliche Richtung in die entlegenste Ecke meines zugelosten Revierviertels, wo es zu unserer Überraschung nicht regnet. Die Ecke ist nicht weit entfernt von dort, wo wir beim Pirschen den jungen Hirsch im Bast gesehen haben.

Diesen Revierteil mögen die Maultierhirsche. Nach einem Waldbrand vor einigen Jahren ist er offen und kaum bewachsen, außerdem von vielen Felszungen und tiefen Schluchten durchzogen. Wir parken das Auto und erklimmen einen steilen Felsvorsprung. Das Hochklettern dauert seine Zeit. Wir arbeiten uns mühsam durch „Snowbrush" (Säckelsträucher, *Ceanothus velutinus*), in denen ich stolpere und rücklings von einem Felsvorsprung stürze. Ich bin zum Glück unverletzt. Wie man in diesem Gelände leise pirschen soll, kann ich mir allerdings beim besten Willen nicht vorstellen. Auf einem Pfad sehen wir Hirschfährten überall. Wir gehen an plattgedrückten Sträuchern vorbei, die sogar nach Wild riechen. Wir steigen über frische, noch feucht glänzende Losungshaufen. Scharf im Boden stehende Schalenabdrücke und ausgetretene Wildwechsel sind unübersehbar.

Danach klettern wir durch eine tiefe Rinne, die wir von unserem vorangegangenen Ansitz aus in einem steilen Felsblock erblickt haben. Schon wieder Schalenwildfährten überall. Wir pirschen langsam vorwärts und bleiben oft stehen, damit ich den nicht sehr hohen Pflanzenwuchs mit dem Fernglas absuchen kann. Und doch gehen wir schon wieder zu laut und linkisch vor. Wieder zeigt sich kein Wild. Wieder aber fallen zahlreiche Schüsse um uns herum. Ein paar Stunden später fahren wir mit dem Auto nach Westen zu unserem gewohnten „Jagdgebiet". Der Regen hat aufgehört, dafür liegt hier jetzt alles in dichtem Nebel.

Wir fahren in den Bereich unserer Bergkuppe, den wir inzwischen „das Tiefland" nennen, und laufen erneut zu dem Hauptwechsel. Ihm folgen wir zu einer Waldlichtung, zu der offenbar acht bis zehn Wildwechsel führen. Vielleicht eine „Hauptkreuzung" auf der „Fernverkehrsstraße" wandernder Hirsche?

Wir hocken uns zwischen ein paar zusammengewachsene Snowbrushes und sitzen mucksmäuschenstill. Das von den Bäumen tröpfelnde Wasser verwandelt den Wald in eine Symphonie aus Knacken, Knistern und Platzen wie eine Schüssel Crispy-Müsli. Die Geräusche sorgen für höchste Aufmerksamkeit – keine Zeit heute für Tagträume. Fiel da eben ein Wassertropfen von der Kiefer ins Heidekraut? Ist da ein Stück Wild auf einen Kiefernzapfen getreten? Und eben das: War das vielleicht eher ein Streifenhörnchen, das über ausgetrocknete Baumrinde flitzte, oder das Knacken im arthritischen Knie eines Hirsches?

Ich bin so hellwach, dass ich aus dem Augenwinkel erkenne, wie ein fahlgelbes Johannisbeerblatt langsam auf den Waldboden sinkt. Ich bemerke, wie eine schwarze Ameise den Zweig des Snowbrushes neben mir erklimmt. Über allem herrscht fast Totenstille, doch kommt es mir vor, als ob meine Umgebung eine einzige Zurschaustellung des prallen Lebens ist.

Und doch schon wieder ein Abend ohne Wildanblick, nicht einmal einen flüchtigen. Wir schalten unsere Stirnlampen an und laufen schwermütig den langen, kalten Weg zum Auto zurück. Ich bin total erledigt, habe die Schnauze voll. Totaler Frust. Was machen wir eigentlich hier? Ich habe keine Ahnung! Wie konnte ich mir selbst einreden, mit der Hirschjagd werde es schon klappen?

Am Sonntagmorgen wachen wir früh auf und schleppen uns zu unserem „Butte" bis ans Ende einer fast zugewachsenen Holzabfuhrstraße und dann einem buschigen Hang hinunter zu einer kleinen Waldlichtung. Wir schleichen hinter einen Felsenblock und warten auf den Sonnenaufgang. Der funkelnde Sternenhimmel ist großartig. Weil wir noch müde sind, schnarcht Scott plötzlich, und ich stoße ihn nicht einmal an. Wozu? Mir ist es zu unbequem, lange still zu sitzen, mich nicht zu bewegen, keinen Lärm zu machen. Ich frage mich, ob ich wieder häufiger Geräusche mache, wieder lauter bin anstatt stiller. Oder bin ich nach den bisherigen Erfahrungen einfach hellhöriger geworden, bewusster für den Lärm, den jede Bewegung verursacht?

Nach Sonnenaufgang gehen wir leise über die Waldlichtung zu einer dichten Baumhecke, wo ich im Dunkeln etwas habe rascheln hören oder das zumindest glaube. Als wir vorsichtig durch am Boden liegende Äste und Zweige den Hang hinunterklettern, entdecken wir Losung in riesigen Haufen. Einige dieser Haufen sind ganz frisch. Ich spüre Schmetterlinge im Bauch. Wenigstens ein großer Hirsch scheint hier zu ziehen.

Später am Tag schmieden wir einen neuen Plan. Vom Unterhang des Bergs steigen wir aufwärts entlang einer Lichtung – schnell und ausnahmsweise auch einmal lautlos. Dann überqueren wir die Lichtung und verstecken uns hinter einem alten Baumstumpf. In unmittelbarer Nähe entdecken wir einige grell orangefarbene Pilze an einem anderen Stubben. Scott findet außerdem ein Holzstück, das dem Gesicht einer Eule ähnlich sieht.

Als die Sonne langsam versinkt – wir haben immer noch kein Wild gesehen oder gehört –, pirsche ich am Hang entlang und komme an einen Graben. Hier habe ich freie Sicht auf die Lichtung und verstecke mich. Der Wind ist äußerst günstig: Was auch immer den Berghang hinauf- oder herabzieht, kann mich nicht wittern. Aber wieder einmal sehe ich keinen Hirsch und kein weibliches Stück. Schließlich gebe ich tief enttäuscht und entmutigt auf. Das Wild wandert hier scheinbar nur nachts. Fast eine Woche ist verstrichen, seitdem ich zumindest jenes weibliche Stück gesehen habe. Ich bin verärgert!

Am nächsten Tag verstecke ich mich in einem Snowbrush-Dickicht am Rande einer kleinen, ebenen Lichtung unten am „Butte". Immer wieder höre ich etwas, das für Aufregung sorgt, aber es sind nur Grauhörnchen oder einmal ein schwarzer Specht mit einem leuchtend roten Fleck am Hinterkopf. Später schlage ich im Jagdführer nach und stelle fest, dass er ein seltener Weißkopfspecht (*Picoides albolarvatus*) ist. Anstatt wie üblich auf den Sonnenuntergang zu warten, mache ich mir ein paar Notizen in meinem Tagebuch, gleich hier, gleich jetzt. Mag sein, dass etwaiges Wild das wahrnimmt, aber scheiß drauf!

In dieser Saison bleiben jetzt nur noch zwei Jagdtage. Laut einem Sprichwort steckt in allem Schlechten ein Funken Gutes. Es ist höchste Zeit, dass der sich zeigt. Ich bemühe mich jedenfalls, ihn zu finden.

Meinen Hirsch habe ich also nicht erlegt, aber es die Zeit war nicht vergeudet. Zum einen habe ich wertvolle Tage mit Scott verbracht. Es war regelrecht romantisch mit ihm allein im Wald. Und ich freue mich darüber, wie Scott sich für mein neues jagdliches Ziel interessiert, wie er es sich fast schon zu eigen macht. Zum anderen erkenne ich nun überall Wildpfade, Schalenwildbetten und viele Arten Losung: die von Kojote, Weißwedelhirsch, Maultierhirsch, Wapiti und Kaninchen. Einmal träumte ich nachts sogar von Hirschlosung …

Den Wald erlebe ich nun neu: Er ist voller Leben. Wie damals das Fliegenfischen, kommt mir die Neuerfahrung des Waldes wie das Erlernen einer Fremdsprache vor.

Bei Anbruch der Dunkelheit fahren wir zum Zeltplatz zurück. Wir trinken Whiskey und essen den aufgewärmten Rest des Hackbratens. Wir sitzen um das Lagerfeuer, stochern darin herum und reden über Familienangelegenheiten. Auch von der eigenen Familiengründung ... eines Tages. Nichts regt so sehr zu tiefen, philosophischen Gesprächen an wie ein Lagerfeuer. Wenn dieser Jagdausflug auch frustrierend erfolglos verlaufen ist (das heißt, ohne ein totes Tier), denke ich dennoch über den Zyklus von Leben und Tod nach. Wild erlegt oder nicht – so ist die Jagd.

In dieser Nacht schlafe ich schlecht; wegen des Whiskeys dreht sich mir der Kopf, und der Magen ist verstimmt. Ich ziehe mich in die Embryonalhaltung zusammen und hecke eine neue Strategie für den kommenden Tag aus. Als der Wecker um fünf Uhr rasselt, bin ich schon wach und dankbar, das Zelt verlassen zu können.

Den Morgen verbringen wir wieder oben auf unserem Berg „Buck Butte" und wieder einmal ohne jeden Wildanblick. Am Nachmittag suchen wir an einem Bach nicht nach Fährten, sondern nach Pilzen. Damit haben wir Erfolg! Wir sammeln Pfifferlinge und genießen das Erfolgsgefühl, das mir die Hirschjagd jämmerlich vorenthalten hat. Als es dunkelt, fahren wir zu einem kleinen Restaurant an der Hauptstraße. Nach dem Essen möchten wir früh schlafen gehen und am nächsten Tag – dem letzten Tag der Jagdsaison – der Wahnvorstellung eines erfolgreichen Jagdtrips eine letzte Chance geben.

Doch auch der nächste Tag kommt und vergeht wie alle bisherigen: Kein Wild kommt in Anblick.

Meine bisherigen Hirschjagdversuche passen zu einem alten Anglersprichwort: „Es gibt einen guten Grund, warum es Fischen heißt und nicht Fangen." Das weiß ich zwar schon. Dennoch ...

Die Schalenwildjagd ist mir immer noch fremd und ich darf wohl nicht zu viel erwarten. Aber nach zwei ergebnislosen Jagdzeiten – zuerst in Michigan, nun in Oregon – reißt mir allmählich der Geduldsfaden.

KAPITEL 14

Ein majestätisches Tier

Meine Arbeit bei der Zeitung nehme ich eine Woche vor Beginn der Wapiti-Jagdzeit wieder auf. Alle Mitarbeiter und Mitarbeiterinnen in der Abteilung möchten wissen, wie es bei der Jagd auf den Maultierhirsch zuging, und ich berichte emotionslos. Eigentlich habe ich gar nichts zu erzählen. Trotz aller Anstrengung gelingt es mir deswegen wohl nicht, mich für die anstehende Wapitijagd zu begeistern. Wenn ich nicht mal einen Maultierhirsch in Anblick bekommen konnte, welche Chancen habe ich dann auf einen Wapitihirsch? Den Wildbiologen zufolge erlegt außerdem ein amerikanischer Jäger dieses Wild im Durchschnitt nur einmal alle acht Jahre.

Wapitis (*Cervus canadensis*), Weißwedel- und Maultierhirsche sind zoologisch miteinander verwandt und teilen oft die gleichen Lebensräume. Sie verhalten sich aber deutlich anders.[1] Diese Verhaltensunterschiede sind für Jäger und Jägerinnen wichtig. Weißwedel- und Maultierhirsche äsen außer Gras gern Blätter, Knospen und junge Triebe, während der Wapiti, wie Rinder, ganz überwiegend

Gras frisst. Im Unterschied zu den kleineren Hirscharten, die entweder allein oder in kleinen Rudeln wandern, lebt der Wapiti in einer Herde – manchmal „gangs" (Banden) genannt –, die aus wenigen oder gar Hunderten von Tieren bestehen. Wildbiologen vermuten, dass dieses soziale Verhalten aus früheren Zeiten stammt, als Wapitis noch in offenen Prärielandschaften lebten.

Für Weißwedel und Mautierhirsch eignet sich die Einzeljagd. Der Jäger macht die Äsungsplätze des Wildes ausfindig und sitzt dort an, um das Wild zu erwarten. Weil aber Wapitis sozial organisiert in mitunter sehr großen Rudeln leben und große Strecken zurücklegen – und es von ihnen deutlich weniger gibt als von den kleineren Hirscharten –, müssen die Jäger größere Bereiche ihres Lebensraums absuchen.

„Bei der Weißwedeljagd", erzählt mir Andy, „rechne ich mit mindestens einmaligem Anblick pro Tag, aber bei der Wapitijagd bin ich schon zufrieden, wenn ich nur frische Trittsiegel oder Losung entdecke." Angesichts meiner missglückten bisherigen Hirschjagden sinkt meine Hoffnung hinsichtlich der Wapitijagd in den Keller.

Meine Erfolgschancen werden sowieso geringer, weil die Wapitisaison in Oregon kürzer ist als die Jagdzeit der anderen Hirscharten. Ich habe zwar zwei Marken für mein Jagdgebiet, aber jede ist nur etwa vier Tage lang gültig. Ich darf auch nur einen Hirsch erlegen. Wie bei Weißwedel und Maultierhirsch ist die Jagd auf weibliche Wapitis im Interesse der Gesamtpopulation streng begrenzt. In einer Population kommen deshalb etwa sieben weibliche Tiere auf einen Hirsch. Dieses Geschlechterverhältnis macht meine Erfolgsaussichten noch geringer.

Am ersten Tag der Jagdzeit fahren wir in das mir zugewiesene Jagdgebiet und stehen am nächsten Morgen um 4 Uhr 30 auf. Das gibt uns fast drei Stunden bis zur Morgendämmerung. Zum Schutz gegen die Kälte ziehe ich wieder nach dem „Zwiebelprinzip" mehrere Schichten Kleidung an. Während der Autofahrt zu unserem „Hirschberg", versucht Scott, mich aufzumuntern.

„Vielleicht haben wir ja alles ganz falsch verstanden, und der Berg heißt eigentlich ‚Bull Butte'." (In Amerika wird der Wapitihirsch auch Bulle genannt.)

Die Jagdsaison auf Maultierhirsche liegt ja nur ein paar Wochen zurück, aber der Winter hat inzwischen Einzug gehalten. Eine dünne Schneedecke begrüßt uns. Sehr schön. Jetzt können wir geräuschloser im Wald pirschen, weil der Schnee unsere Schritte dämpft. Außerdem sind im Schnee auch eventuelle Trittsiegel des Wildes leichter zu erkennen.

Ein großes, braunes Tier läuft schnell vor uns über die Holzabfuhrstraße, leuchtet im Lichtstrahl unserer Scheinwerfer kurz hell auf, ehe es die Dunkelheit wieder verschluckt.

„Oh mein Gott, ein Wapiti!" Scott ist vollkommen baff. „Das habe ich ja gar nicht erwartet, dass wir einen sehen würden."

„Ich auch nicht."

Das Auto kommt langsam zum Stehen. Von der Beifahrerseite aus schaue ich durch die Fensterscheibe dorthin, wo der Wapiti in den Wald abgesprungen ist. Ich sehe nur undurchdringliche Schwärze.

Ich steige aus dem Auto und binde ein orangefarbenes Signalband an einen Ast in der Nähe. Wenn wir heute Morgen kein Glück haben, können wir den Versuch unternehmen, dieser Fährte im Schnee zu folgen.

Ich steige wieder ein.

„Na", sage ich, „da hatten wir ja schon mehr Erfolg als beim letzten Mal."

Die Autoreifen rollen fast geräuschlos über die schneebedeckte Straße. Die Erinnerungen an jene Tage auf der Maultierhirschjagd überkommen mich, eine Mischung aus Frust und Enttäuschung schlägt sich auf meinen Magen, der sich leicht zusammenzieht. Ich atme tief ein, um mich zu beruhigen, sage mir, es ist ja ein neuer Tag, eine neue Jagd auf ein neues Wild. Alles ist möglich. Diesmal spielt das Wetter wenigstens mit.

Als die Straße am „Buck Butte" leicht anzusteigen beginnt, parken wir das Auto und legen den Rest des Weges zu Fuß zurück. Wir möchten vermeiden, mit dem Auto im Schnee oder Schlamm steckenzubleiben. Der Himmel ist dunkel, verhangen und sternenlos. Wir ziehen uns unsere Kleidungsschichten an und ich hieve den Rucksack auf meine Schulter; er ist vollgepackt mit Regenjacke, Knabbereien, Wasserflasche und, nicht zu vergessen, Seil, Leinentaschen und vorsichtshalber auch einem Jagdmesser. Das Gewehr nehme ich zuletzt auf und lade es.

Wir pirschen leise. Ein weiterer Vorteil des Schnees: Er macht den Wald heller. Wir klettern mühsam dicht am Rande eines Gestrüpps einen steilen Hang hoch. Aus Sorge vor dem nahenden Sonnenaufgang signalisiere ich Scott, dass wir hier stehenbleiben sollten, weil Wild an dem stark aufgelichteten Waldstreifen vor uns entlanglaufen könnte." An zwei Baumstümpfe angelehnt, sitzen wir schließlich mit Blick nach Norden. Und warten … Ich schaue in die Dunkelheit, sehe aber nur unförmige Schatten und undeutliche Formen. Oberhalb von uns höre ich ein Geräusch. Selbstverständlich deute ich das als eine Wapitiherde, die oben am Kamm entlangzieht. Die ersten Sonnenstrahlen lassen auf sich warten. Als die Sonne sich endlich zeigt, bleiben wir eine Weile noch an unseren Plätzen. Um uns herum ist alles still und nebelig. Langsam wird mir kalt. Das verheißungsvolle Zeitfenster der Morgendämmerung, in dem Wapitis wie auch anderes Schalenwild angeblich am aktivsten sind, ist fast geschlossen. Zeit, weiterzuziehen.

Ich pirsche bergauf, Scott hinter mir her. Unweit von unserem Ansitz sehen wir aufgeworfene schwarze Erde auf dem Schnee. Es sind Schalenabdrücke. Ihr Anblick allein lässt mich innerlich jubeln, wie damals, als ich den Matsutake-Pilz entdeckte: Ja, in der Tat! Wir stehen an einem Wildwechsel, und er ist ungleich auffälliger und belaufener als diejenigen, die wir vor zwei Wochen gefunden haben. Zahlreiche Trittsiegel zeugen von viel Verkehr in letzter Zeit.

Da mir nicht klar ist, in welche Richtung die Tiere gezogen sind, folgen wir den Spuren eine Weile bergabwärts, dann machen wir kehrt und gehen bergauf. Durch die Bäume vor mir sehe ich einen helleren Bereich, eine alte, fast zugewachsene Holzabfuhrstraße. Bäume und Gebüsch haben zu viel davon zurückerobert, als dass noch ein Fahrzeug durchkäme, aber auch dem großen Wild bietet sie noch einen bequemen Pfad. Indem ich mich dem Weg nähere, sehe ich noch mehr Schalenabdrücke. Ich bitte daher Scott, weiter hinten zu warten, während ich vorpirsche, um die Lage zu sondieren. Scott bleibt hinter einem Gesteinsbrocken stehen und folgt mir mit seinen Augen.

Als ich den Abfuhrweg erreiche, blicke ich nach rechts und – sehe eine große Tiergestalt auf mich zukommen. Hinter einem dürren Snowbrush-Gestrüpp finde ich Deckung. Meine Hände zittern leicht vor Aufregung. Ganz langsam hebe ich mein Fernglas ans Gesicht, um das Tier besser ansprechen zu können.

Tatsächlich. Ein weiblicher Wapiti, etwa 75 Meter von mir entfernt. Das Alttier ist aufmerksam: Sein "Haupt" ist hoch erhoben, die Lauscher sind nach vorn gerichtet. Es verlangsamt den Schritt, dann bleibt es ganz stehen und äugt neugierig zu mir her. Ich bleibe ganz still, denn ich weiß, dass Wapiti sozial organisierte Wildtiere sind und weitere in unmittelbarer Nähe sein könnten. Wenn ich nur eines vergräme, sind alle gewarnt, und alle werden flüchten. Nach einigen Sekunden wohl – mir kommen sie eher wie Minuten vor –, dreht sich das Tier um und läuft in gleichmäßigem Trab davon. Es ist misstrauisch geworden, aber nicht in Panik. Hätte es Wind von mir bekommen, wäre es hochflüchtig abgesprungen. Stattdessen wendet es sich hangabwärts. Dann schaut es erneut zögernd in meine Richtung. Jetzt zieht es in den Baumbestand hinein und verschwindet. Ich drehe mich um, blicke Scott an und lege den Finger an die Lippen. Er nickt, geht einige Schritte zurück und taucht hinter dem Felsblock ab. Ich drehe mich zu dem verwachsenen Weg zurück. Dann setze ich mich auf den Boden, um meine Beine zu entlasten, und hole tief Atem.

Es besteht durchaus die Möglichkeit, dass weitere Wapitis, darunter vielleicht sogar ein Hirsch, in der Nähe sind. Mit Pech sind sie aber schon unten am Berg, dort wo das Alttier hingelaufen ist. Von meinem jetzigen Ansitz aus behindert eine Reihe kleiner Bäume meinen Blick. Ich muss eine andere Stelle suchen, um bessere Sicht nach unten zu haben. Gehe ich aber auf den Abfuhrweg, könnten mich die Wapitis von unten sehen. Ich fasse meine Büchse fest mit beiden Händen und schaue nachdenklich den Berg hinauf. Ich brauche einen Plan. Vielleicht ist es möglich, die Bäume auf der anderen Wegseite beim Pirschen als Deckung zu nutzen. Äste und Schatten werden mich vielleicht tarnen, während ich mir einen Platz mit besserer Sicht auf die Stelle jenseits und unterhalb des Holzabfuhrwegs suche, an der das Alttier verschwand.

Dann schaue ich wieder auf den Weg in die andere Richtung … und erstarre. Ein Wapitihirsch – sein Geweih ist mit bloßem Auge deutlich zu erkennen – zieht auf mich zu, genau, wie das Tier vorhin. Ist es eine Halluzination? Ist mein Frustrationsgrad vielleicht schon so hoch, dass ich nun Wunschbilder projiziere? Ich lege die Büchse an und nehme den Wapiti ins Zielfernrohr. Adrenalin flutet meinen Körper. Der Hirsch ist etwa 75 Meter entfernt, wirkt viel entspannter als das Alttier und trollt in gleichmäßigem Rhythmus mit tief gehaltenem Haupt in meine Richtung.

Ich ermahne mich selbst: Bleib mucksmäuschenstill!

Der Hirsch kann jederzeit in meinen Wind gelangen und im Handumdrehen abspringen. Wieso kommt er so nahe, ohne mich zu sehen? Nun ist er nur noch 50 Meter entfernt.

Dann verlangsamt sich die Zeit unvermittelt und ohne Warnung. Was anfänglich nur eine Idee von Ruhe, das abstrakte Ziel von Ruhe war, wird nun Wirklichkeit, so wie das anfänglichen Flackern einer Neonlampe in ein helles, alles beleuchtendes Licht übergeht. Durch das Zielfernrohr beobachte ich, wie der Hirsch auf mich zukommt, ohne den Rhythmus seiner Schritte zu verändern. Ich drücke mich so dicht an den Boden wie möglich, Füße flach, Ellbogen auf den Knien abgestützt, um meine Jagdwaffe möglichst ruhig zu halten. Ich lege den Daumen an den Sicherungsschieber, um rasch entsichern zu können, wenn sich eine passende Schussmöglichkeit bietet.

Wahrscheinlich kommt es nicht so weit. Der Wapiti äugt mich jetzt direkt an. Aber für einen Blattschuss – den einzigen mir bekannten, sofort tödlichen Treffer – müsste der Hirsch breit stehen, doch kommt er spitz von vorn auf mich zu. Es bleibt mir nichts übrig, als schussbereit zu bleiben.

Nun ist der Wapiti unwahrscheinlich nahe, nur etwa 25 Meter entfernt, und zieht immer noch weiter. Moment. Er hält an. Sieht er mich? Nein, er wendet sich bergabwärts. Sucht er das Alttier?

Ich setze den Zielstachel auf sein Herz – zumindest auf die Stelle, an der ich es vermute.

Eine bessere Chance werde ich nicht bekommen. Ich muss sie beim Schopf packen.

Ich lasse den Sicherungsschieber nach vorn gleiten und ziehe den Abzug durch.

Im Knall macht der Hirsch eine Flucht nach vorn und flüchtet bergab, außer Sichtweite. Ich drehe mich zu Scott und halte den Daumen hoch! Ich höre laut und deutlich Blätter rauschen, Zweige und Äste brechen, als der Wapiti –mein Wapiti! – durch das Gebüsch und zwischen Bäumen hindurchbricht. Er stolpert. Stille. Ist das das Ende? Nein. Ein lautes, erschrecktes Keuchen, ähnlich dem Schrei eines Esels, schallt aus dem Wald herauf. Später wird mir Scott sagen, es hat ihn an das Röcheln seines Großvaters erinnert, als dieser mit Lungenkrebs und Emphysemen im Sterben lag.

Ich schaue Scott wieder an signalisiere ihm mit einer Hand, zu mir zu kommen. Er steigt hoch zu mir und dann warten wir gemeinsam.

Selbst wenn man das Herz eines Tieres trifft, stirbt es nicht unmittelbar. Das Adrenalin hält es noch etwas am Leben; der Körper tut sein Möglichstes, um sein Leben zu bewahren. Alle Jäger, die ich kenne, empfehlen, mindestens zehn Minuten bis zum Herantreten ans Wild zu warten. Bis zu einer Nachsuche mit ggf. einem Hund muss noch viel mehr Zeit vergehen. Vier Stunden gelten hier als Untergrenze. Warum? Weil ein nur schwer verletztes und zu früh aufgescheuchtes Tier dank des Adrenalins immer und immer weiterflieht, ehe es sich niederlegt und vielleicht verendet.

Während wir warten, empfinde ich widersprüchliche Gefühle. Einerseits glaube ich an den Erfolg und erzähle Scott auch: „Es war ein Treffer, ich habe ihn erwischt." Andererseits frage ich mich, ob ich nicht vielleicht doch irgendwie daneben gezielt habe. Und zuletzt natürlich auch: Will ich den Wapiti wirklich getötet haben?

Ich kann mir nicht helfen: Ich muss an Nathan denken und frage mich, ob der Tod des Hirsches die Herde in Trauer versetzen wird, zumindest einen Bruchteil der Trauer, die meine Familie durchlitt? Bei diesem Gedanken zucke ich zusammen. Und wie seit Nathans Tod in gefühlsintensiven Augenblicken inzwischen üblich geworden, frage ich mich, wie er reagieren würde, wenn ich ihn anrufen und ihm stolz erzählen könnte, was für ein Mordsding da gerade in meinem Leben passiert ist.

Verzweifelt die schier unerträgliche Wartezeit überbrückend, komme ich auf die Idee, Signalbänder an meinen Snowbrush zu binden. Wenn wir auf der Suche nach dem Hirsch den Weg verlieren, werden sie uns daran erinnern, wo ich beim Schuss saß.

Nach 20 Minuten eile ich hin zum Anschuss, zu der Stelle, an der der Wapiti beim Schuss gestanden ist. Ich beuge mich, vor um nach Blut bzw. „Schweiß" im schmelzenden Schnee zu suchen. Nichts außer einigen verstreuten Haaren.

Angst kriecht mir unter die Haut. Habe ich den Wapiti total verfehlt? Nur gestreift? Vielleicht war das Keuchen kein Todesröcheln, sondern ein kräftiger Warnruf an die Artgenossen? Was, wenn ich den Wapiti nicht tödlich getroffen habe und seine Fährte nun stundenlang ausarbeiten muss, um ihn durch einen zweiten Schuss von seinen Qualen zu erlösen? Oder schlimmer noch: Was, wenn ich ihn verwundet habe, und wir finden ihn gar nicht? Gemeinsam verfolgen Scott und ich die Fährte des Wapitis den Hang hinunter. Wegen der üppigen Vegetation konzentriere ich meinen Blick auf den Waldboden, halte Ausschau nach Trittsiegeln im Schnee und in der Erde und hoffe natürlich, auch Schweiß zu finden.

Scott unterbricht meinen Gedankengang. „Da liegt er."

„Wo?"

„Neben dem Baum."

Ich sehe den Hirsch nicht sofort, selbst nachdem Scott mich nochmals auf ihn hingewiesen hat. Der Wapiti liegt auf dem Rücken, als ob er den Hang hinabgerutscht wäre, bis ihn ein starker Baum stoppte. Er liegt kaum 15 Meter vom Anschuss entfernt. Zweige und kleine Äste haben sich um seine Beine gewickelt. Seine „Lichter", wie der man die Augen nennt, sind geöffnet. Er sieht gewaltig aus.

Ich nähere mich dem Hirsch mit der Büchse im Anschlag. Man hat mich davor gewarnt, dass ein verletztes Tier, das still am Boden liegt, nicht unbedingt tot ist. Einem Fachbuch nach soll man den Augapfel mit einem Zweig berühren, denn nur ein wirklich totes Tier reagiert auch darauf nicht mehr. Doch dazu kann ich mich nicht entschließen, denn es scheint mir respektlos. Und er könnte noch am Leben sein.

„Er ist tot", beteuert Scott. „Wirklich tot."

Aufgeregt lasse ich das Gewehr fallen und meine Hand über die Decke des Hirsches gleiten. Das Haar ist dicht, rau und leicht fettig. Noch schwindelig vor Adrenalin staune ich über die Realität der Szene. Ich merke schon, dass meine Gefühle nicht so rein sind, wie ich das von der Federwildjagd inzwischen kenne. Das Gefühl von Schuld ist hier viel stärker. Und auch Ehrfurcht. Was habe ich eben getan?!

Ich greife eine Geweihstange mit der Hand. Ich zähle die Enden – vier an jeder Stange, also ein Zeichen, das der Bulle jung, aber voll ausgewachsen ist, zwischen zwei und drei Jahre alt. Die weichen Lauscher, innen bedeckt mit strubbeligen, blonden Haarbüscheln, hängen schlaff neben den Geweihstangen herab. Ich staune über die enorme Größe des Tiers. Sie erinnert mich eher an ein Pferd als an einen Hirsch. Seine langen, schlanken Läufe tragen kurze, dunkle Haare. Das pelzige Gesicht ist irgendein einnehmendes Zwischending zwischen dem schlankeren Haupt der kleineren Hirscharten und dem bulligen des Elchs aus dem Norden.

Ich bin von mir selbst enttäuscht, weil ich bei all meiner Vorbereitung auf diesen Moment nicht daran gedacht habe, ein Gebet zu lernen. In fast allen Jagdkulturen pflegen Jäger und Jägerinnen einige Worte zu Ehren des erbeuteten Wildes zu sagen. Ich streichele die lange, dunkle Mähne am Hals des Hirsches und suche zögernd nach passenden Worten für dieses majestätische Tier. Da mir sonst nichts einfällt, beuge ich mich dicht an den Wapiti heran und flüstere ihm zu: „Danke. Es tut mir leid."

Eine Flut von Gefühlen steigt in mir auf und schwirrt durcheinander: Ehrfurcht, Reue, Schuld, Erleichterung, Dankbarkeit. Ich unterdrücke sie alle, ehe eines übermächtig wird und mich meine Selbstbeherrschung verlieren lässt. Die Schalenwildjagd verlangt Beherrschung. Später kann (und werde) ich die Emotionen einzeln und sukzessive in mein Bewusstsein eindringen lassen, sie einzeln genießen und sie im Kontext meiner Handlung zu verstehen versuchen.

Im Augenblick habe ich aber dringende Arbeit zu erledigen. Ich mache mir Sorgen, dass ich der Aufgabe an dieser entlegenen Stelle ohne Anleitung nicht gewachsen bin. Was ist, wenn ich es nicht schaffe, den Wapiti aufzubrechen und zu zerwirken? Wenn wir ihn nicht zum Auto transportiert bekommen?

Scott macht ein Foto von mir mit dem Hirsch, dann versuchen wir, ihn vom Baum weg in eine kleine Bodenmulde zu ziehen. Ich packe das Geweih, Scott die Hinterbeine. Aus Leibeskräften ziehen wir an dem Tier. Das Monster bewegt sich unmerklich. Wir unternehmen noch einige vergebliche Versuche, bis wir schließlich aufgeben. Wir schaffen es immerhin, das Tier so weit zu drehen, dass sein Bauch in Richtung Abhang zeigt.

Mit ein paar Seilen aus meinem Rucksack binden wir das Geweih und die Hinterbeine an zwei Bäume, um zu verhindern, dass der tote Hirschkörper den Hang hinabrutscht. Ich muss ja unten zwischen den Hinterläufen stehen! Ich hole meine Lizenzmarke aus der Tasche, trage aktuellen Tag und Monat ein, und binde die Marke an einer Geweihstange fest. Scott macht ein zweites Foto von mir und meinem Wapiti mit Marke.

Diese Fotos sind weder für eine Schautafel, noch meine Facebook-Seite gedacht. Zu gut weiß ich noch, wie unangenehm solche aus dem Zusammenhang gerissenen Fotos auf mich wirkten. Also tue ich das auch anderen nicht an. Außerdem würde eine derartige Zurschaustellung den Wapiti vor allem in den Augen von Nichtjägern herabwürdigen. Ich zeige sie eventuell einigen jagenden Freunden und Freundinnen. Vielleicht auch denen aus unseren Familien, von denen ich etwas Verständnis erwarten kann. Aber hauptsächlich sind die Fotos für mich selbst gedacht, als handfeste Erinnerung an eine intensive einmalige Erfahrung. Später wird sie sicherlich ein Stück weit verblassen, als ob alles nur im Traum geschehen wäre.

Ich hole mein Jagdmesser und Einmalhandschuhe aus dem Rucksack, dann hocke ich mich zwischen die Hinterläufe des Hirsches. Persönlich habe ich nie gesehen, wie man Schalenwild im Freien aufbricht. Mein Wissen stammt aus YouTube-Videos und Büchern mit grafischen Anleitungen. Ein solches Nachschlagwerk, *Making the Most of your Deer*[2], habe ich im Rucksack mitgebracht; es schildert das Verfahren für eine eng verwandte Tierart.

„Soll ich das Buch holen?", fragt Scott, als er merkt, dass ich zögere.

„Nein. Ich glaube, ich weiß, wie das geht … Erst mal öffne ich die Bauchdecke."

„Musst du nicht zuerst den After und den Penis entfernen?"

Ich stutze. Ich meinte, es sei besser, zumindest die Bauchdecke zum größten Teil aufzuschärfen, ehe ich den für mich abscheulichsten Schritt des Ausweidens erledigen muss.

„Ich arbeite ruhig darauf zu", erwidere ich.

Ich gehe in die Hocke, suche das Brustbein des Tiers, dann ziehe ich leicht das Messer daran entlang. Das wiederhole ich bei immer gleicher Schnittführung etliche Male, bis die Haut plötzlich auseinander geht und feuchte rötliche Eingeweide sichtbar werden. Mit dem Messer verlängere ich den Schnitt, durchtrenne eine Hautschicht nach der anderen. Irgendwann gleitet die Haut auseinander wie ein Reißverschluss. Beim nächsten Schnitt drücke ich zu fest mit dem Messer auf: Es dringt zu tief ein und trifft ein Organ. Etwas Gallertiges quillt hervor.

„Uh, oh, ich befürchte, ich habe den Darm verletzt."

„Riecht es übel?"

„Hmmm. Ich finde schon." Ich rieche wirklich etwas und das riecht nicht angenehm. Aber auch nicht so überwältigend übel, wie andere Jäger mir den Gestank von Darminhalt beschrieben haben.

Ich stehe kurz auf, um mir die Haare aus den Augen zu wischen.

„Ach, je!", schreie ich entsetzt. „Ich glaube, ich habe mir Blut ins Auge gewischt. Siehst du Blut an meinem Gesicht?"

Scott sieht genauer hin. „Ich sehe nichts."

„Ach, Gott sei Dank." In einer halben Stunde, wenn ich in Blut gebadet bin, werde ich über meine Zimperlichkeit lachen.

Ich verlängere den Schnitt vom Hals bis fast zum Weidloch, dem After. Jetzt habe ich die Genitalien erreicht und muss mich mit ihnen befassen. Zunächst schneide ich zwei Stücke Nylonschnur von je etwa 50 Zentimetern Länge ab, packe mit der einen Hand die Brunftrute, wie der Jäger den Penis des männlichen Schalenwilds nennt, ziehe sie weg vom Körper und binde sie mit der einen Nylonschnur stramm ab.

„Das war nicht so schlimm", piepse ich fröhlich.

„Nur für dich nicht", kommentiert Scott und schaut irritiert zur Seite.

Das Weidloch ist noch unangenehmer, aber nur eine Idee. Inzwischen habe ich mich an das Herumschneiden an dem Tierkörper gewöhnt. Ich führe einen tiefen Schnitt rings um das Weidloch herum, reiche mit der Hand hinein und ziehe den Schließmuskel samt Darmende heraus. Darum lege ich die zweite Nylonschnur und verknote auch sie fest.

Dann trete ich wieder zwischen die Hinterläufe des Wapitis. Den Schnitt führe ich an beiden Enden des Körpers vorsichtig so weit wie möglich weiter. Die Bauchhöhle des gewaltigen Tieres steht nun weit offen. Den riesigen vierteiligen Magen sehe ich deutlich; er sieht wie ein prall aufgeblasener Gymnastikball aus. Darunter ist ein endloser Haufen verschlungenen Gedärms. Das einzige Problem ist, dass alle Innereien noch in der Körperhöhle befestigt sind. Ich stehe auf und wende mich Scott zu.

„Ich dachte, wenn er einmal aufgebrochen ist, würde all das Zeug einfach herausfallen."

Scott sucht im Buch aus dem Rucksack nach Informationen: „Okay, hier steht, dass du eventuell hineinlangen muss, um irgendwelche Gewebe abzulösen, die alles am Platz halten."

Das Weidloch? Die Brunftrute? Das waren leichte Aufgaben, wie sich bald herausstellt. Die nächste Stunde verbringe ich mit einem total in der Körperhöhle des Wapitis eingetauchten Arm und löse irgendwelches komisches Gewebe ab. Alle paar Minuten muss ich eine Pause einlegen und zurücktreten, um den Arm abzukühlen und frische Luft zu schnappen. Wärme strömt aus der Körperhöhle des mächtigen Tieres. Auch der nass-metallene Geruch von Blut.

„Dieser ist ein Prachtexemplar von einem Wapiti", bemerke ich, als ich ein weiteres Mal mit dem Arm in die Körperhöhle hineinlange.

Nach einer Weile fühle ich mich bei dieser Tätigkeit sogar wohl. Jetzt kann ich unterscheiden zwischen einem Organ – einer Niere oder der Leber? – und den Bindegeweben, die abzulösen sind. Ich muss an das Ausnehmen des ersten Fasans denken. Wie einfach war das doch im Vergleich. Vor drei Jahren hätte ich mir niemals vorstellen können, dass mein Arm bis zur Schulter tief in der Körperhöhle eines Wapitis stecken würde. Und dennoch tue ich die Arbeit jetzt ohne Gejammer.

Je mehr haltendes Bindegewebe ich ablöse, desto stärker wölben sich Pansen und Gescheide vor. Nach und nach hängt alles eher mehr als ein Haufen nach unten heraus. Dieser Haufen wirkt viel größer als die Körperhöhle. Als Nächstes schärfe ich das etwas labbrige Zwerchfells heraus. Ein Blutschwall folgt.

Den Berg aus Innereien schiebe ich etwas weiter hangabwärts. Die Eingeweide bleiben hier als Fraß für Kojoten, Geier und andere Aasfresser. Nachdem Andy oder einer aus seiner Familie einen Weißwedel auf öffentlichem Gelände erlegt hatte, so erzählte Andy einst, konnten sie vom Elternhaus aus in der gleichen Nacht wohlige Kojotenlaute an dem leckeren Fund hören. Wir dürfen nicht vergessen: Die Menschen sind letzten Endes auch nur ein Glied in der Nahrungskette.

Und wieder lange ich tief in die Körperhöhle des Wapitis hinein, diesmal mit einem Messer, um die Luftröhre und die daran haftende Speiseröhre auszulösen und damit Herz und Lunge herauszuziehen. Mein Arm ist gerade lang genug, um die Luftröhre mit dem Messer abzutrennen, aber ich schaffe es nicht, sie mit der Hand zu erfassen. Ich bitte Scott um Hilfe und erkläre ihm, wohin er greifen, wonach er suchen und was er ergreifen soll.

Scott kniet neben dem Wapiti nieder und schiebt seinen Arm hinein. „Hoppla!" Er zieht den Arm wieder heraus. „Ich habe gerade das Herz berührt."

„Schon in Ordnung. Schieb deine Hand daran vorbei."

„Nein, es ist, als ob es eine eigene Energie hätte. Ich meine, es ist das Herz dieses Wapitiriesen."

Seine Worte schweben eine Weile in der Luft. Wieder eine Erinnerung daran, was ich getan habe: Indem ich den Lebensmotor dieses edlen Wildtiers mit meiner Kugel traf, habe ich ihm das Leben genommen. Vielleicht hat dieses Zentralorgan tatsächlich eine eigene ihm innewohnende Energie.

Scott schiebt seinen Arm wieder bis zur Schulter in den Wapiti, tastet, greift und zieht. Die letzten Organe kommen zum Vorschein.

Dann geht es ans Zerwirken, damit wir die Stücke zum Auto transportieren können. Die jeweils untere Hälfte der Läufe sägen wir ab. Dann trennen wir unmittelbar oberhalb des Beckens die Vorderhälfte des Tieres vom Hinterteil. Zum ersten Mal sehen wir, wie dick die Muskelschichten sind – etliche Zentimeter Wildbret liegen allein um die Wirbelsäule herum – und wie viel essbares Fleisch dieser Wapiti abgeben wird. Viel Hunger haben wir im Moment allerdings nicht …

„Von nun an werde ich rein vegetarisch essen", wird Scott beim Transport der Jagdbeute aus dem Wald verkünden.

An der Wirbelsäule entlang zerteilen wir den Körper noch einmal. Wir wollen zwei Hinterteile, und zwei Vorderteile der Hälfte des Brustkorbs, der dazugehörigen Schulter und einen Vorderlauf. Kopf und Hals sind ein fünftes Stück, und es ist genau so schwer wie die anderen vier.

Zusammen heben wir einen Körperteil in die Luft und Scott hält ihn dann allein, bis ich einen der Leinensäcke mit Kordelzug aufgemacht habe. Die Säcke habe ich vor Beginn der Saison für die Hirschjagd in einem Sportgeschäft gekauft. Scott lässt das Körperteil in den Sack gleiten. Das Gleiche wiederholen wir noch vier Mal, und jedes Mal ist es anstrengender.

„Wie werden wir diese Stücke aus dem Wald kriegen?" frage ich Scott. „Wir sind jetzt schon erschöpft und haben noch gar nicht mit dem Transport begonnen."

Achselzuckend erwidert er: „Wir müssen es halt. Wir haben keine Alternative."

Einen Leinensack befestigen wir an Scotts Rucksack. Unter Mühen helfe ich ihm, den Rucksack auf die Schulten zu heben. Gemessen an den üblichen Wapitijagdverhältnissen, ist der Weg zum Auto nicht weit, etwa zweieinhalb Kilometer, aber es geht über steiles, baumbestandes Gelände, das mit Geröll und liegendem Holz übersät ist. Unter seiner schweren Last könnte sich Scott hier leicht verletzen, denke ich besorgt.

Ein zweites Viertel des Wapitis wickele ich in eine Abdeckplane, die ich mit einem Nylonriemen zubinde. Die Idee ist, das Paket wie einen Schlitten über den Boden zu ziehen. Der Marsch ist mühsam. Die Plane lässt sich auf dem unebenen Waldboden schlecht ziehen. Immer wieder muss ich mich herunterbeugen und die Ladung über einen Baumstamm und sonstige Hindernisse bugsieren. Ansonsten stehe ich unterhalb der Last und zerre an ihr herum wie an einem Tau bei einem Tauziehwettkampf. Alle paar Minuten müssen wir beide Pause machen, durchatmen und neue Kraft schöpfen. Zwei Stunden dauert die Tortur bis zum Auto.

Beim nächsten Gang schleppe ich den Kopf des Wapitis nach der gleichen Methode. Scott befestigt ein neues Viertelstück an seinem Rucksack und lädt es auf den Rücken. Während der Pausen haben wir gerade noch genug Kraft, uns über die Großwildjagd als Scheiß-Knochenarbeit zu beschweren.

„Ich hätte nie gedacht, dass die Jagd eine Extremsportart ist", stöhnt Scott.

Wir kehren zum letzten und größten Viertel des Wapitis zurück. Unser dritter und letzter Weg steht bevor. Wir laden das Stück – halber Brustkorb mit Vorderlauf und Schulter – auf die Plane. Jeder nimmt einen Riemen in die Hand. Da die Sonne schon untergeht, wird es unmöglich sein, das Auto vor Anbruch der Dunkelheit zu erreichen. Wir setzen unsere Stirnlampen jetzt schon auf, bevor wir anfangen, unsere Bürde über den Boden zu schleppen.

„Jetzt nur noch einmal durch Fortitude Valley", ächzt Scott.

Ich lächele. Dann bleibe ich abrupt stehen. Sprachlos. Kein Zweifel, wir stehen tief im Tal der inneren Stärke. Ich bin mit Blut und Schweiß durchnässt. Die Arme und Beine sind so entkräftet, dass sie weh tun. Der Mund ist so ausgetrocknet, dass die Zunge am Gaumen klebt. Den letzten Schluck Wasser aus dem Rucksack haben wir bereits vor Stunden zu uns genommen.

Ja, genau. Fortitude Valley. Und doch macht mir das Ganze komischerweise irgendwie Spaß! Obwohl mir vom Ausweiden der Kopf noch wirbelt, freue ich mich bereits auf das viele Fleisch, das uns der Wapiti schenkt. Ich bin stolz auf mich und auch auf Scott. Die ganze Zeit plagten mich Zweifel, aber am Ende habe ich es doch geschafft. Wir haben es geschafft. Bis wir wieder am Auto sind, ist es stockdunkel. Grunzend und mit großer Mühe hieven wir drei Körperteile in unseren Autogepäckträger auf dem Subaru-Kombi hinauf. Das letzte Viertel und den Kopf laden wir hinten in den Laderaum und schließen die Tür. Fertig! Elf Stunden sind seit dem Abdrücken vergangen.

In der folgenden Nacht schlafe ich unruhig. Die Ereignisse des vergangenen Tages spielen sich in einer Endlosschleife immer wieder ab. Mich beunruhigt auch, dass das Wildbret vielleicht nicht richtig auskühlen und am nächsten Morgen unbrauchbar sein könnte. Diese Vorstellung ist (meiner typischen Einstellung entsprechend) das denkbar übelste Szenario, das unbedingt verhindert werden muss.

Am nächsten Tag wachen wir früh auf und fahren nach Hause. Andy und Jessie sind kürzlich von ihrem Aufbaustudium in Missoula nach Bend zurückgekehrt und kommen vorbei, um uns zu helfen. Laut der meisten Fachbücher und erfahrenen Jäger sollen die Wildteile mindestens eine Woche lang an der Luft abhängen. Das lässt das Fleisch reifen und zart werden. Leider ist die Außentemperatur angestiegen, und wir haben keine Möglichkeit zum Aufhängen in geeigneter Umgebungstemperatur. Zähes Fleisch ist aber allemal besser als ein komplett verdorbener Hirsch.

Die fünf verschiedenen Stücke des Hirsches tragen wir in den Hinterhof und hängen sie mit Spanngurten an einer Pergola über unserem BBQ-Grill ab. Andy kommentiert mein Ausnehmen und Zerwirken des Wapitis im Wald behutsam. Am wichtigsten, bemerkt er, sei das Fleisch; das hätten wir gut gemacht. Das Zerteilen wäre doch leichter gewesen, wenn wir gewusst hätten, wo und wie man die Gelenke eines Stückes Schalenwild am besten durchtrennt. Hätten wir außerdem den Wapiti schon im Wald aus der Decke geschlagen, wäre unsere Last leichter gewesen. Außerdem hätten wir ohne weiteres mehr vom Brustkorb und den Beinen im Wald lassen können, um unsere Bürde noch weiter zu verringern. Na ja. Jetzt müssen wir halt jedes Stück im Hängen einzeln abhäuten. Mit der einen Hand ziehe ich die Decke hinab und weg vom Lauf. Mit dem Messer in der anderen Hand schärfe ich behutsam an der Grenze zwischen Haut und Wildbret nach. Die Innenseite der Haut ist weich und glitschig glatt. Ich streue Salz auf die Innenseite der Deckenstücke und lege die Stücke flach hin, da ich sie später gerben möchte.

Später hängen wir die abgehäuteten Hirschteile wieder ab und legen sie auf Tische, die wir aus Sperrholzplatten und Sägeböcken zusammengebaut haben. Andy reicht mir ein scharfes Messer und erklärt, dass ich nun die Knochen auslösen muss. Meine ganze diesbezügliche Bildung ist eine Lektion über das Zerlegen von Tieren im Biologieunterricht, den ich … in der siebten Klasse hatte! Ausbeinen ist also gerade das Richtige für mich! Allerdings ist es faszinierend, ein Tier auseinanderzunehmen und dabei die wunderbaren Feinheiten seines Körpers mit eigenen Augen zu sehen. Während Scott und ich uns auf das Ausbeinen konzentrieren, managt Andy die ganze Operation und zerschneidet die abgelösten Muskelteile in Steaks, Braten und Fleisch für Eintopfgerichte. Währenddessen vakuumiert Jessie die bereits küchenfertigen Stücke. Den Rest, den wir am nächsten Tag zu Hackfleisch verarbeiten werden, heben wir in blitzblanken Eimern auf.

Gegen Sonnenuntergang bin ich mit einem Viertelteil fertig und suche mir das nächste Stück aus: das rechte Vorderteil, in dem sich zwischen der Rippen der Einschuss befindet. Die Gewalteinwirkung hat die Struktur des Fleisches verändert. Geronnenes Blut hat einen gelartigen Bluterguss auf dem Fleisch gebildet. Einige Schichten davon muss ich entfernen, um an das unbeschädigte Fleisch zu gelangen.

Jessie hat schon zwei Hirsche selbst zerlegt. Später wird sie mir sagen, dass für sie das Zerwirken und Ausbeinen eines Stückes Schalenwild der wichtigste Punkt der Jagd ist. Die zerstörende Wirkung des Geschosses verdeutlicht ihr die ethische Verantwortung beim Schuss. Während der intensiven Arbeit habe ich heute hin und wieder aus den Augen verloren, dass wir es auf unserem improvisierten Operationstisch mit einem ehemaligen Lebewesen zu tun haben. Der Wapiti sah immer mehr nur nach Fleisch aus, gerade so, wie man es in einer Metzgerei oder in teuren Steakrestaurants abhängen sieht. Als ich jetzt aber in geronnenem Blut herumwühle, wird mir das Brutale meines Jagens bewusst: Das Fleisch ist teuer erkauft worden.

Während wir weiter schlachten, grillt Andy ein Filetsteak, damit wir das Fleisch probieren können. Es schmeckt sagenhaft und ist so zart wie das teuerste Filet Mignon aus der Fleischabteilung eines Delikatessengeschäfts. Wapitiwildbret ähnelt im Geschmack biologisch erzeugtem Weidefleisch, schmeckt intensiver und pikanter als normal gemästetes Rindfleisch. Es ist fetter, sodass Hamburger daraus am Grill leicht auseinanderfallen. Doch bald werde ich entdecken, dass ein Löffel Olivenöl bei Gerichten wie Hackbraten hilft.

Am Tag danach kaufe ich eine Tiefkühltruhe für Ergebnisse des Vortags. Sie kommt in eine Ecke des Kellers. Wie viel Fleisch wir haben, weiß ich nicht, weil ich den Wapiti nicht zum Verwiegen zum Metzger gebracht habe. Es ist jedenfalls eine ganze Menge. Sicherlich 40 bis 50 Kilogramm.

Nahrung ist nicht das einzige Geschenk des Wapitis an uns. Drei Deckenstücke friere ich ein, ein viertes lege ich beiseite, um es später zu gerben. Vielleicht mache ich einen Wandbehang daraus oder überlasse es Scott fürs Fliegenbinden. Die etwas schleimige Hautinnenschicht kratze ich ab, dann spanne ich es zum Trocknen im Keller auf ein Brett. Im Sommer kann ich im Laden ein Gerbeset kaufen, um das Fell weich zu bekommen.

Der Wapiti hat zwei runde, rudimentäre Eckzähne im Oberkiefer, „Grandeln" genannt. Weil ich weiß, dass ältere Jäger sie als Glücksbringer in der Tasche tragen, löse ich sie vorsichtig aus dem Kiefer. Doch sind mir die Andenken an meinen Jagderfolg zu wertvoll, um sie in irgendeiner Tasche verschwinden zu lassen. Ich werde sie irgendwann polieren und in meiner Schmuckschatulle aufbewahren, vielleicht auch fassen und zu Jagdschmuck verarbeiten lassen, was auch eine durchaus übliche Verwertung ist.

Das Haupt bringe ich zum Präparator für eine „europäische" Montage: Das heißt, es wird nicht das komplette Haupt mit Decke und Glasaugen auf ein Wandbrett gesetzt, sondern nur der gesäuberte und gebleichte Oberschädel mit Geweih. Beim Abholen male ich mir ein abschreckendes Bild aus: tiefe, stumme Augenhöhlen, in denen einst leuchtende Lichter saßen, ein Loch mit gezackten Rändern, das einmal eine samtene Nase – den „Windfang" – trug. Aber der Blick auf das Präparat ist sofort und vollkommen zufriedenstellend: Das ganze Jagderlebnis mit allen Gefühlen des Glücks und der Aufregung wird wieder lebendig in mir. Der montierte Schädel mit Geweih erhält einen Ehrenplatz über unserem Kamin. Ich finde die Trophäe wunderschön, betrachte sie als unnachahmliches Kunstwerk von Mutter Natur, als Andenken an eine Art Initiationsritus, der mir immer noch fast mystisch vorkommt. Ohne den erinnernden körperlichen Gegenstand über dem Kamin würden sich die Erinnerung und die Erfahrungen vermutlich im Dunst des nur Geträumten und bald auch Vergessenen auflösen. Wenn ich das Präparat betrachte, kommen alle Gefühle auf jenem Jagdausflug wieder hoch: unvermindert Stolz, Zufriedenheit, Erschöpfung, Ehrfurcht, Dankbarkeit … und nicht zuletzt: Schuld …

Das Gefühl von Schuld ist ein unvermeidbarer Aspekt der Jagd. Fast alle Jäger und Jägerinnen, die mir über den Weg gelaufen sind, geben zu, Gewissensbisse beim Erlegen eines Tiers zu empfinden.

Seitdem ich den Wapiti geschossen habe, scheint mir die Empfindung nicht nur angebracht, sondern sogar notwendig.

Was mich anfänglich überhaupt an der Jagd interessierte, war der Archetyp der ethischen Jägerin, die der Beute Respekt zollt. In der Zwischenzeit erlag ich gelegentlich meiner mir eigenen Furchtsamkeit, diesen „Respekt" für nichts anderes zu halten als einen beruhigenden Selbstbetrug.

Die Idee, dass man einem Tier Respekt erweisen und es gleichzeitig „auffressen" kann, ist tatsächlich paradox. Sie irritiert den Menschen seit jeher. In seinem Loblied auf das Schalenwild, *Heart and Blood: Living with Dear in America* (1998), beschreibt Richard Nelson seine Liebe zur Familie der Hirsche und gibt zu, dass die Jagd auf sie im Widerspruch zu seiner hohen Wertschätzung dieses Wildes zu stehen scheint. Dann fügt er hinzu: „Wenn dies widersprüchlich erscheint, dann ist das Leben selbst ein einziger Widerspruch. Außer unserer eigenen Art schätzen wir jene Tier- und Pflanzenarten, die wir zum Selbsterhalt brauchen und deshalb jagen beziehungsweise nutzen: Edle Bäume verwandeln wir in unsere Wohndomizile und Möbelgarnituren; prächtig gedeihende Pflanzen nutzen wir als Gemüse- und Obst; unsere Mitgeschöpfe verwenden wir als Nahrung und für Kleidung."[3]

Eine einheimische Indianerin hat mir einst erklärt, wie ihr Volksstamm, die Umatilla, dieses eindeutige Paradox versöhnend auslegt.[4] Ihrer Meinung nach ist der Verzehr von Tieren keine herzlose Gräueltat, sondern ein Beweis von Dankbarkeit und Respekt. Die Umatilla glauben, dass viele Tierarten die Erde lange vor Erscheinen des Menschen bevölkert haben. Der Schöpfer rief alle Lebewesen zusammen, um ihnen mitzuteilten, dass sie sich auf ein neues Wesen vorzubereiten hätten, das „Mensch" hieße. Alle übrigen Tiere müssten sich um das Wohlergehen des Menschen kümmern, der zunächst als Säugling erscheinen werde. Zuerst habe sich der Lachs gemeldet und seine Unterstützung des neuen Wesens versichert. Als zweite Tierart habe ein Hirsch seine Hilfe angekündigt. Kein Wunder also, dass Lachs und Hirscharten eine so wichtige Funktion für die Menschen hätten. Wenn je ein Jahr ohne den Verzehr von Lachs und Hirschen verginge, seien diese Tiere zutiefst gekränkt, sagte die Indianerin. Beide Gattungen hätten das Gefühl, nicht mehr nötig zu sein und nicht mehr geschätzt zu werden, ihre große Bedeutung für die Menschen verloren zu haben.

Egal was man von dieser indianischen Erzählung hält – die Kernbotschaft stimmt! Je mehr wir von etwas essen, desto fester wird es Bestandteil unserer Kultur und desto entschiedener setzen wir uns dafür ein. Ist es zum Beispiel vorstellbar, dass die Menschen ihr Zuchtvieh einfach dem Untergang preisgäben? Oder die Kartoffel verschwinden ließen?

Erich Fromm vertritt die Ansicht, Jäger würden immer etwas – vielleicht sogar Liebe – für ihre Beute empfinden. „Man findet", schreibt er, „keinen Beweis für die Annahme, primitive Jäger seien durch sadistische oder zerstörerische Impulse getrieben. Im Gegenteil findet man Beweise ihrer Zuneigung zu den gejagten Tieren, möglicherweise auch eines Verantwortungsgefühls wegen deren Tötung. Im Kreise paläolithischer Jäger erlangte der Bär einen Sonderstatus als ‚Großvater‘ bzw. mythischer Ahn der Menschheit."[5]

Zusätzlich zum Schuldgefühl wegen der Tötung eines solch majestätischen Tieres wie dem Wapiti lässt mich mit der Zeit ein zweiter Gedanke nicht mehr los: der Gedanke daran nämlich, wie leicht mir die Jagd fiel, wie schnell ich den Wapiti aufspürte, wie nahe er herankam, wie perfekt der Schuss war. Ein Freund hat mich höflich darauf aufmerksam gemacht, dass meine Jagd auf den Wapiti geradezu der extrem seltene, „modellhafte Idealfall" war. Sie fand in einem staatlichen Revier statt und auf einem mir von der Maultierjagd her vertrauten Gelände. Die Umstände beim Schuss selbst waren ebenfalls ideal.

Da es nicht unwahrscheinlich war, dass ich auf die Wapitijagd noch ein Jahr hätte warten müssen, hatte ich tatsächlich begonnen, einen „Plan B" auszuarbeiten, hatte Kontakt zu Großgrundbesitzern aufgenommen, die Sonderabschusslizenzen zum Schutz ihrer Feldfrüchte vom Staat erhalten. Diese Ausnahmelizenzen beinhalten eine Verlängerung der Jagdzeit. Mit dem Gedanken, einen Jagdführer anzustellen, der die Gegend kennt und mich zum Erfolg bringt, hatte ich nie gespielt. Jedenfalls war ich äußerst dankbar, auf keinen Alternativplan zurückgreifen zu müssen

Mehr als das Wildbret, die Grandeln, das aufgesetzte Geweih oder die Fotos schätze ich die Erfahrungen selbst, die ich auf diesem Jagdausflug gemacht habe. Sie sind wie der Markstein eines Neuanfangs in meinem Leben. Dieser Wapiti hat mir geholfen, eine innere Hemmschwelle zu überwinden. Dennoch sehe ich mich fachlich immer noch auf der Stufe einer Jungjägerin. Kann sein, dass ich ewig auf dieser Stufe bleibe. Je mehr ich über das Handwerk der Jagd lerne, desto deutlicher wird mir, wie viel ich noch zu lernen habe. Nun ist mir klar, warum einige Leute sich in jagdliche Fragen regelrecht verbohren. Man kann so viel über jedes einzelne Wildtier lernen und erfahren. Jeden Herbst kann man als Jägerin oder Jäger an ein neues Hirschrudel geraten, das sich etwas anders verhält als das vom Vorjahr. Man muss auch herausfinden, ob das Gebiet, in dem man im Vorjahr einen bestimmten Hirsch bestätigt hat, überhaupt noch von dieser Wildart besucht wird oder ob es sich umgestellt hat. Heraklit hat gesagt, kein Mensch könne zweimal in denselben Fluss steigen, da anderes Wasser nachströmt. Genauso mag man konstatieren: Kein Jäger betritt zweimal das gleiche Revier, denn im Altbekannten ist immer Neues zu entdecken.

Ich bin angenehm überrascht, dass so viele Freunde vom Wildbret des Wapiti probieren möchten. Wir laden Freunde und Familie zu Wapiti-Chili mit Adobo ein und verschenken auch abgepackte Wildbretportionen an Freunde, von denen wir später Rückmeldungen zu den von ihnen gewählten Rezepten und der Reaktion ihrer Essensgäste erhalten.

Zweimal pro Woche genießen Scott und ich Wapitiwildbret zum Abendessen. Angesichts unseres großen Vorrats in der Tiefkühltruhe vermeide ich nach Möglichkeit, Fleisch einzukaufen. Nur ein Hähnchen kaufe ich vielleicht alle eineinhalb Monate. Ich brate einen Teil davon und hebe den Rest für weitere Malzeiten wie Enchiladas, Schnellbratgerichte oder Hühnersuppe auf. Unsere übrigen Mahlzeiten sind fleischlos. Demzufolge sinken unsere wöchentlichen Ausgaben für Lebensmittel um mehr als 20 Dollar.

Im darauffolgenden Winter kommt wieder ein Thema zur Sprache, das ähnlich einschneidende Konsequenzen für unser Leben bedeutet: die Familiengründung. Wie üblich, kommt die Frage ganz unvermittelt auf. Dieses Mal verläuft unser Gespräch anders: keine lange Diskussion. Keine Debatte mit hypothetischem Für und Wider. Nach Jahren anstrengender Überlegung kommt die Entscheidung dieses Mal blitzschnell. Wir verzichten ab jetzt auf Verhütungsmittel und lassen der Natur ihren Lauf.

Manche nagenden Fragen lassen sich manchmal aber doch nicht ohne weiteres ad acta legen. Bin ich empfängnisfähig? Was tun, wenn das Baby mit einem Geburtsfehler zur Welt kommt und kostspielige medizinische Therapien braucht? Was wäre, wenn sie bzw. er wie Audrey ohne Vorwarnung stirbt? Oder irgendwann wie Nathan ums Leben kommt? Im Mai erfahre ich, dass ich guter Hoffnung bin und voraussichtlich im Januar entbinden werden.

Meine Sorge, dass die Schwangerschaft mit Ängsten einhergeht, erweist sich als unbegründet. Als ich jene zwei rosafarbenen Linien des Schwangerschaftstests sehe, überschwemmt mich nach einem ersten, auch schon angenehmen Schock – die Erkenntnis trifft mich total unerwartet – nur noch ein reines Glücksgefühl. Scott macht Aufnahmen von mir mit sich selbst und Sylvia, um den Augenblick zu verewigen. Wochen vergehen, und das Glücksgefühl hält unvermindert an. Klar, die Zukunft kann unermessliche Traurigkeit bescheren. Eine Fehlgeburt ist jederzeit möglich, eine Totgeburt, der Krippentod. Daran denke ich schon, aber aus unerklärlichem Grunde hänge ich den Gedanken nicht nach wie früher üblich. Ich beschließe, das Leben so zu nehmen, wie es kommt. Jeden Tag, voller Hoffnung, meine Ängste unter Kontrolle zu halten.

Mein einziger Wunsch für dieses Kind ist, dass er bzw. sie gesund, neugierig und mutig aufwächst. Etwas tiefer schlummert die leise Hoffnung, er/sie werde eines Tages mit mir auf die Jagd ziehen, die Fülle der Natur an meiner Seite in sich aufzunehmen. Das Jagen hat mich mit tiefgehenden Fragen und auch Befürchtungen konfrontiert. Dass es mir den Weg zu der Entscheidung für ein Kind geebnet hat, ist nicht ganz abwegig.

Die Jagd macht Spaß und ist zweifelsohne körperlich anstrengend, aber sie ist für mich kein Sport im eigentlichen Sinne. Sie bedeutet weit mehr. Kurz gesagt: Bei der Jagd geht es um Leben und Tod. Sie zwingt dazu, genauer über jene gewichtigen Fragen nachzudenken, die sich im Leben ja immer wieder stellen: Was ist dieser Ort, an dem ich lebe, und was war er früher einmal? Ja, vor Ankunft des Menschen überhaupt? Wo ist mein Platz in der natürlichen Weltordnung? Wo sind meine Grenzen? Wie handle ich in bestimmten Situationen ethisch richtig? Eines ist jedenfalls gewiss: Jagen ist historisch, ist menschlich.

Sollte Homo sapiens ganz aufhören, Wildtiere zu bejagen, ginge die menschliche Gesellschaft das Risiko ein, alles zu verlieren. Unter anderem ginge dem Staat eine wichtige Einnahmequelle durch den Verkauf von Jagdscheinen und Abschusslizenzen verloren. Wenn sich Naturschützer weigern, zu jagen und zu angeln (oder es nicht können), dann ist es höchste Zeit, die Finanzierung des Naturschutzes auf ganz neue Beine zu stellen, denn sie basiert fast gänzlich auf Jagd- und Angelgebühren. Tut mir leid, das sagen zu müssen, aber Wanderfans und Vogelfreunde zahlen ihren fairen „partnerschaftlichen" Anteil nicht.

Jagdscheingebühren sind die Haupteinnahmequelle für die meisten Wildtiererhaltungsprogramme in den Vereinigten Staaten, auch solcher Programme, deren Ziel die Förderung nicht jagdbarer Tierarten ist. Zum Beispiel müssen Jägerinnen und Jäger, die ziehende Wasserwildarten bejagen wollen, in welchem Bundesstaat auch immer, jährlich eine Jagdgebühr an den Bund entrichten, den sogenannten Entenstempel („duck stamp"). An sich ist die Gebühr für die Erhaltung von Feuchtgebieten vorgesehen. Im Jahr 2010 habe ich 15 Dollar an den U.S. Fish und Wildlife Service bezahlt, wovon 14,70 Dollar regelmäßig für den Kauf beziehungsweise die Pacht von Feuchtgebieten im Namen des National Wildlife Refuge Systems verwendet wurden.[6] Im gleichen Jahr betrugen die Kosten für die Angellizenz und die Jagderlaubnis in Oregon 58 Dollar. Hinzu kamen 20 Dollar für das Jagdrecht auf Hochland- und Wasservögel.

Wanderfreunde und Vogelbeobachter, die keine Gebühren für ihr Hobby bezahlen, profitieren von meinen Abgaben. Meine Gelder trugen zur Finanzierung von Untersuchungen über bestimmte Wildtierarten und der Wiederinstandsetzung wichtiger Lebensräume bei. Ein Teil meiner Abgaben kam sogar nicht jagdbaren Wildarten wie Singvögeln und Zwergkaninchen zugute.[7] In der Zeit, in der die Beliebtheit des Angelns und des Jagens stetig abnahm, ist die Zahl der Naturschutzinitiativen um ein Vielfaches gestiegen, und die Initiativen selbst sind auch deutlich kostenintensiver geworden. Um die Finanzierungslücke zu schließen, sahen sich die Bundesstaaten gezwungen, die Jagd- und Fischereiabgaben zu erhöhen. 16,7 Millionen Amerikaner haben im Jahr 1982 insgesamt 259 Millionen Dollar für

Angelscheine, Jagdlizenzen und Abschussgebühren ausgegeben. Im Durchschnitt zahlte also jeder 15,50 Dollar. Im Jahr 2003 haben 14,7 Millionen Jäger und Jägerinnen den Behörden 679,8 Millionen Dollar abgeliefert, also 46,12 Dollar pro Person. Die Kosten für das Jagen sind also in 21 Jahren auf das Dreifache gestiegen, viel schneller übrigens als die Inflationsrate.[8]

Abgesehen von den offiziellen Gebühren ist die Jagd kein preiswertes Hobby. Auf Schritt und Tritt entdecke ich beispielsweise ein neues Ausrüstungsutensil. Ein Brustband für mein Fernglas, damit es gleich zur Hand habe. Eine Jagdweste für Munition und zur Aufnahme von Federwild. Wärmere und strapazierfähigere Hosen. Wasserfeste Stiefel. Einen Waffenkoffer. Ein Schloss für den Waffenkoffer. Ich habe einmal alle Ausgaben zusammengerechnet, die mit einer einzigen Entenjagd verbunden waren (Jagdschein und Abschusslizenz, Benzinverbrauch, Munition), und stellte überrascht fest, dass mich das Entenwildbret umgerechnet fast viereinhalb Dollar je 100 Gramm kostete.

So kommt es, dass der Durchschnittsjäger immer wohlhabender ist[9], ja sein muss. Privatgelände, die einst für die Jagd offenstanden, sind infolge eines Umschwungs in der öffentlichen Meinung zur Jagd inzwischen abgeriegelt. Steigende Grundstückspreise in den Ballungsgebieten führen zum Verkauf von landwirtschaftlichen Familienbetrieben. Jagende Großfamilienmitglieder, die dem Wild einst auf Farmen und Ranches nachstellten, sind nun gezwungen, die Jagd in staatlichen Reservaten auszuüben. Oder sie hängen das Jagen ganz an den Nagel. Die zunehmend frequentierten staatlichen Jagdgebiete unterliegen immer neuen Restriktionen. Auf der anderen Seite wächst die Zahl gut betuchter Jäger und Jägerinnen, die sich das teure Jagen in privaten Wildreservaten leisten können. Die Jagd läuft Gefahr, zur reinen Freizeitbeschäftigung für eine wohlhabende Klientel zu werden. Diese Situation ist in weiten Teilen des dicht besiedelten und landschaftsarmen Europas vielfach schon seit Jahrzehnten gegeben, und darin bestand lange ein wesentlicher Unterschied zwischen der europäischen und amerikanischen Jagdkultur.

Der Bedeutungsverfall der Jagd in den USA zieht soziale Nachteile nach sich, die die finanziellen Einbußen bei weitem übertreffen. Im Idealfall schafft die Jagd einen Ausgleich zwischen kurzfristiger Nutzung und langfristigem Erhalt und gibt uns damit ein nützliches Modell für nachhaltigen Umweltschutz an die Hand. Durch immer rasantere technologische Fortschritte – zunehmend sitzen wir gefesselt an Computern und iPads in klimatisierten Räumen – vergessen wir allzu leicht, dass wir immer noch Tiere sind, dass wir nach wie vor von sauberem Wasser, frischer Luft und einem wohl funktionierenden Ökosystem abhängen. Die aktive Jagd und Angelei können uns die Umwelt, die Erde im Allgemeinen, auf eine umfassendere Art schätzen lehren, als es passive Waldführungen oder Vogelbetrachtung vermögen. Wenn wir die Sprachen der Flüsse, der Wälder, Wiesen und Weiher vollkommen verlernen, verspielen wir jede Chance, die Natur sachgerecht zu schützen und erhalten.

Wie wir jagen, spielt dabei eine wichtige Rolle. Zu viele (sogenannte) Jäger benutzen die leistungsstärksten verfügbaren Gewehre und fahren dicke Geländefahrzeuge, was häufig als Kompensation eines Mangels an jagdpraktischem Können und mühsam erworbener Reviererfahrung verstanden werden muss. Jagd ist Schwerstarbeit. Man muss körperlich fit und bereit sein, weit von Straßen entfernt zu pirschen, auf Wild zu pirschen. Weitsichtiges Handeln und das Engagement für eine wild- und waidgerechte Naturschutzpolitik tun bitter Not. Was bedeutet das konkret?

Wir Jäger müssen das Verbot von Bleimunition ohne Einschränkung unterstützen. Wir müssen auf die Lockjagd mit Futter verzichten. Und ja, wir sollten offiziell eingestehen, dass große Beutegreifer eine ebenso notwendige wie natürliche Rolle im Gesamtökosystem spielen. Auf nationaler Ebene neigen Jäger dazu, das Recht auf Grundeigentum über den Schutz von Lebensräumen zu stellen – trotz des rapiden Verlusts an Wildlebensräumen und damit Wildtieren durch Bebauung und industrielle Erschließung immer größerer Naturräume. Dieser menschgemachte Verlust an Wildtieren übertrifft den durch alle anderen Beutegreifer bei weitem. Selbstverständlich entsteht aus dem Verständnis bestimmter Zusammenhänge nicht sofort und automatisch ein aktiver Einsatz für den Schutz eines wertvollen Landschaftsteils. Wenn das so einfach wäre, wären alle Jäger schon längst leidenschaftliche Naturschützer. Falsch wäre das auch ganz sicher nicht.

Dass ich eines Tages keine Lust mehr haben werde, auf die Jagd zu gehen, kann ich mir kaum vorstellen. Denkbar ist allerdings, dass ich das Jagen unter bestimmten Bedingungen an den Nagel hinge. Wenn ich zum Beispiel ein Stück Wild schösse und ich erstens keinen Respekt für das tote Tier empfände. Oder wenn ich zweitens keinerlei Gewissensbisse wegen der Tötung des Tiers bekäme. Oder wenn ich drittens der Beute gegenüber nicht mehr aufrichtig dankbar wäre. Dann würde ich bestimmt nicht weitermachen.

Meines Erachtens drohen die größten Gefahren für den Bestand der Jagd weder seitens der Bemühungen um schärfere Waffenrechtsbestimmungen im Lande noch seitens der zunehmenden Umweltzerstörung. Nein. Die größte Bedrohung für die Zukunft der Jagd stellen schlecht ausgebildete Jäger und Jägerinnen dar, für die die Jagd etwas Ähnliches ist wie ein lärmendes NASCAR-Rennen oder die TV-Sendung Monday-Night-Football, die mit Bier und Pizza zelebriert wird. Gefährlich sind die Jäger, die mehr Achtung vor ihren Waffen – eigentlich nur Mittel zum Zweck – haben als vor dem Wild, dessen Leben sie nehmen. Diese Jäger haben nämlich keine Ahnung, was Waidgerechtigkeit bedeutet. Oder sie sind nicht willens bzw. zu faul, ethisch korrekt zu jagen.

Alle Jägerinnen und Jäger müssten ferner überzeugte Anwälte zumindest ihres Lieblingswildes sein. Und auch das Jagdrevier, in dem eine ganze Familie Jahr für Jahr auf Wild pirscht, muss so heilig sein, dass alles getan wird, um es als unersetzbares Erbstück zu erhalten. Gute Jäger machen sich vertraut mit dem Wild, auf das sie jagen. Sie wissen, welche Äsung es bevorzugt, wie es auf welches Wetter reagiert, wie Geschlecht, Alter und körperlicher Zustand angesprochen werden.

Ernest Hemingway befürchtete, Männer würden aufhören, männlich zu sein, wenn sie nicht mehr auf die Jagd gingen.[10] Wenngleich seine Einstellung recht chauvinistisch klingt, lässt sie sich ohne weiteres in eine akzeptable Version umformulieren. Die lautet dann: Weite Strecken der amerikanischen Geschichte – na ja, der Menschheit schlechthin – lassen sich reduzieren auf einen immerwährenden Kampf zwischen Mensch und Natur.

Im Jahr 1960, als die Vereinigten Staaten zum ersten Mal überlegten, bestimmte Gegenden als wertvolle Naturgebiete („wilderness areas") unter bundesstaatlichen Schutz zu stellen, veröffentlichte der bekannte Autor und Naturschützer Wallace Stegner in seinem Buch *The Sound of Mountain Water* (1969) ein Essay über die Idee von Wildnis. Dort vertrat er das Argument, die Wildnis sei so tief in das amerikanische Bewusstsein eingedrungen, dass sie unseren Pioniergeist, unsere Eroberungsmentalität, unsere Identität zutiefst mitgeprägt hat. „Die Wildnis muss geschützt werden – so viel von ihr, was noch übrigbleibt, und so viele Arten wie möglich –, weil der Charakter des amerikanischen Volkes durch die stetigen Herausforderungen der Wildnis geformt wurde."[11] Das gleiche Argument ließe sich auch auf die Jagd anwenden. Indem wir jagen wie unsere Vorfahren vor Tausenden von Jahren, stellt das Waidwerk ein Bindeglied zwischen Vergangenheit und Gegenwart dar. Einige Jahre Erfahrung als aktive Jägerin haben mir Respekt eingeflößt vor meinen Vorgängern und den Herausforderungen, die sie bewältigen mussten. Ihre Existenz hing weitgehend von ihren jagdlichen Fähigkeiten ab. Und sie jagten ohne technische Errungenschaften wie Zielfernrohre und wasserfeste Kleidung, viele sogar ohne Schusswaffen. Um Hemingways Ansicht mit anderen Worten auszudrücken: Wenn der Mensch aufhören sollte, das Wild zu bejagen, würde der Mensch eventuell weniger Mensch werden.

Das Baby, das neue Leben in mir, erinnert mich stets an das Wunder des Lebens, in dem täglich Erstaunliches passiert. Einige Ereignisse sind tragisch, wie der Tod meines Bruders. Andere sind herzerquickend, wie die Geburt eines Kindes. Wieder andere rufen beide Gefühle hervor, wie beispielsweise das Erlegen des Wapitis.

Mit jeder Mahlzeit, an der der Wapiti – wenn auch passiv – teilnimmt, kommt mein schlechtes Gewissen wieder zum Vorschein. Gleichzeitig verbindet mich jeder Biss immer enger mit dem Tier. Ich habe die Fährte des Hirsches nicht lange verfolgt, habe ihn auch nicht länger beobachtet. Aber er ist dennoch Teil eines neuen Rituals: Ich steige die Treppe hinab in unseren Keller, öffne die Tiefkühltruhe und schaue mir den Rest des Hirsches in den verschiedenen Gefrierbeuteln aufmerksam an. Einen Beutel wähle ich aus und trage ihn in die Küche hinauf. Während das Stück Wildbret auftaut, suche ich in den Kochbüchern oder im Internet nach einem passenden Rezept. Meistens handelt es sich um einfache Gerichte: gegrillte Steaks, Hamburger, Spaghetti mit Hackfleischbällchen, Schnellbratgerichte. Alle paar Wochen gebe ich mir aber mehr Mühe und bereite aus dem Wildbret ein Spezialgericht zu, wie zum Beispiel ein Bourguignon-Blätterteigpastete. Und es entsteht eine zum Umfallen köstliche Wapitifleisch-Pastete mit liebevoll selbstgemachter Butterkruste.

Scott und ich sitzen dann an unserer eingebauten Essecke in der Küche, atmen den wohlriechenden Essensduft, der von unseren Tellern aufsteigt, ein. Im Gegensatz zum Großteil der Fleischgerichte, die ich in meinen 31 Jahren gegessen habe, ist mir sehr wohl bewusst, woraus diese Mahlzeit besteht, und was das Wildbret einmal war. Der tödliche Schuss hat eine innige Verbindung zwischen mir und dem Hirsch entstehen lassen, die viel länger als das einstige Leben des Wapitis in freier Wildbahn fortdauern wird. Das Wildbret des Wapiti ernährt mich und auch das werdende Leben in mir. Als Gegenleistung akzeptiere ich die Mitverantwortung, für den Erhalt dieser Wildart und des Lebensraums, der den Wapiti genährt hat, zu kämpfen.

Ehe wir Messer und Gabel in die Hand nehmen, heben wir unser Glas und stoßen mit dem einfachen, aber doch gefühlsträchtigen Spruch an:

„To our elk!" („Auf unseren Wapiti!")

Dann speisen wir.

Dank

Ohne die Unterstützung einer Reihe von Leuten wäre dieses Buch nicht zustande gekommen. Zum einen, weil es mein erstes Buch ist, zum anderen, weil ich zunächst das Jagen lernen musste, um überhaupt darüber schreiben zu können. Jessie Fischer, Andy Fischer, Charles Eisendrath, Gary Lewis, Russ Seaton, Del Jeske, E. V. Smith, Jack Jones, Marc Thalacker, Hank Fischer, Carol Fischer, Kit Fischer, James Johnston und viele andere Jäger und Jägerinnen haben mir den Weg in die Welt der Jagd geebnet. Heute nenne ich mich stolz Jägerin und Mitglied der Grünen Zunft.

Begabte Freunde und Freundinnen – Jill McGivering, Jessie Fischer, Andy Fischer, Kayley Mendenhall, Betsy Querna Cliff, Patrick Cliff und Lauren Dake – lieferten wertvolle Kommentare zu meinen ersten Entwürfen. Bei Shana Drehs bedanke ich mich für ihre unermüdliche Unterstützung und Ermutigung, den Text zu publizieren.

Zwei Verlagslektorinnen von Grand Central Publishing verstanden meine Vision und trugen entscheidend zur endgültigen Gestalt der Originalausgabe bei. Meinem Presseagent Daniel Greenberg danke ich für stets vernünftige Beratung. Insbesondere bin ich Emily Griffin, meiner Lektorin bei Grand Central Publishing, großen Dank schuldig. Ohne ihren erfahrenen Blick und ihre große Aufmerksamkeit wäre dieses Buch längst nicht das geworden, was es ist. Dank schulde ich auch Leah Tracosas und Tareth Mitch (Endredakteurinnen), Laura Jorstad (Korrekturleserin) und Erica Gelbard (Publizistin).

Die Institute für Journalismus und Naturressourcen gaben mir wichtige Impulse für die ursprüngliche Konzeption dieses Projekts. Einzelne Kapitel befassen sich mit Zusammenhängen, die im Gespräch mit Frank Edward Allen, Jack Ward Thomas, Andy Buchsbaum, Roland Kalama und Nina Raff deutlich wurden. Sie sagten stets das Richtige, um meine Neugier zu wecken. Adam Short, Susan Parrish, Barbara Smuts, Sarah Buss, Sally Schmall, Gregory McClarren und Durlin Hickok machten mich auf wichtige Bücher und Beiträge zu meinen verschiedenen Themen aufmerksam. Ihnen allen sage ich meinen herzlichen Dank. Von Anfang an unterstützten das Knight-Wallace-Stipendium für Journalismus an der University of Michigan und mein Arbeitgeber *The Bulletin* dieses Projekt auf großzügige Weise.

Ich hätte es meinen Eltern, Mel und Dee Raff, und meiner Schwester, Gretchen Raff – alle drei friedliebende Großstädter – nicht verübeln können, wenn sie sich von mir abgewandt hätten, als ich die Jagd entdeckte, dieses neue Interesse leidenschaftlich verfolgte und sogar ein Buch über meine Erfahrungen verfasste. Aber nein. Im Gegenteil, sie haben mich, nach anfänglicher Verzögerung, voll unterstützt. Scott McCaulou war an meiner Seite während dieser ganzen abenteuerlichen Reise. Er ließ sich auf schwierige ethische Diskussionen mit mir ein, hat stets neue Buchtitel vorgeschlagen (ich behandle ja so viele unterschiedliche Themen in diesem nicht ganz alltäglichen „Jagdbuch"), hat still leidend die schwersten Wapititeile aus dem Wald geschleppt und mir immer wieder versichert, dass es für ihn vollkommen in Ordnung sei, hinter mir her zu schleichen, während ich mit geladenem Jagdgewehr vorauspirschte. Einen besseren Angel-, Jagd-, Schreib- und Lebenspartner hätte ich mir nicht wünschen können!

Dieses Buch erzählt meine Geschichte mit den eigenen Worten. Aber das Leben so vieler anderer Menschen ist mit meinem verwoben. All denjenigen, die in dieser meiner bekenntnisreichen Geschichte auftreten oder im Hintergrund ihren Anteil daran hatten, sage ich: von ganzem Herzen besten Dank!

Last, not least bin ich John McCarthy sehr dankbar: Er ermutigte mich zu einer deutschsprachigen Ausgabe des Buches und übernahm die anspruchsvolle Aufgabe, das Original ins Deutsche zu übertragen. Herzlichen Dank auch an Michael Fleissner und Ekkehard Ophoven vom Stuttgarter Kosmos-Verlag, die den Traum von „Internationalität" Wirklichkeit werden ließen.

Nachwort des Übersetzers

Wie kein anderer Beitrag zum Thema Jagd ist dieses Buch eine Fundgrube für Jagdfreunde und Jagdgegner zugleich. Lily Raff McCaulou hat kein Sachbuch verfasst, wenn sie auch Sachliches beschreibt. Sie hat kein Kochbuch zusammengestellt, obwohl sie die Zubereitung von Wildfleisch und Pilzarten behandelt. Sie hat keinen Abenteuerroman geschrieben, obwohl Abenteuer vorkommen. Sie hat keinen komischen Roman verfasst, obwohl sie den Lachmuskeln manches bietet. Sie hat keine selbstverherrlichende Jagdgeschichte verfasst, obwohl sie auch das triumphale Hochgefühl erfolgreichen Jagens beschreibt. Sie schildert ihre Jagderfahrungen nicht aus der Perspektive des alteingesessenen Jägers (heritage hunter), sondern aus der Sicht einer zaghaften und regelrecht schussscheuen Jungjägerin. Sie äußert sich häufig kritisch zur Jagd, zur Konsumkultur, zum Umgang mit dem Wild, zum Naturschutzmanagement, zur grausamen Massenzucht, zum Waffenrecht, zur Antijagd-Debatte, zur Eigenverantwortung, zur Waidgerechtigkeit als Lebenssinn, zur Wiederbelebung der Jagd durch jagende Frauen. Am Ende ist die Autorin überzeugt: Umweltschutz muss ernst nehmen, wem die Bewahrung und die Zukunft nationaler Jagdtraditionen wirklich am Herzen liegt. Und Frauen können viel dazu beitragen.

Rufe der Wildnis bietet nicht nur Jägerinnen und Jägern etwas. Letzten Endes geht es in Raff McCaulous Jagderzählung um Grundsatzwerte, die alle Menschen, und seien sie noch so desinteressiert und in ihrer eigenen Welt festgelegt, betreffen: echte Lebensqualität, verbindliche Werte, Leben und Tod als zwei Seiten derselben Medaille. Es wäre nicht abwegig, das Buch als eine Ergänzung zu den jagdverwandten Betrachtungen des Jägers und Umweltschützers Aldo Leopold (1887–1948) in seinem *A Sand County Almanac* (1949; gekürzte deutsche Fassung *Am Anfang war die Erde*, 1992) zu sehen. Der Grundgedanke ist der Gleiche: Wildnis als Ursprungsgebiet eines bedrohten kulturellen Erbes.

Ihre Motive und die ethische Entscheidung, auf die Jagd zu gehen, formuliert Lily Raff McCaulou krass und direkt: „Nach über 26 Jahren als Fleischesserin will ich wissen, ob ich das Zeug habe, den Auftragskiller [der Massenzucht] auszuschalten und die eigene Verantwortung [für das, was ich esse] zu akzeptieren." Die Bekenntnisse eigener Unsicherheit, Unentschlossenheit und Unbeholfenheit verleihen ihrem Buch gewinnende Offenheit und ein einzigartiges Profil.

Der Adressatenkreis des Buches ist ebenso breit wie dessen Themenvielfalt. Alle, denen die Natur und die Einstellung zu ihr ein Anliegen ist, werden ihren Spaß an diesem Werk haben. Aber auch praktischen Nutzen kann man daraus ziehen, ob als waidgerechter Jäger oder Jägerin, als Umweltschützer, Waffenbefürworter oder -gegner, Fleischliebhaber, Vegetarier, Großstadtmensch oder Naturbursche. Mögen sie alle zu der Einsicht gelangen, dass „eine unversehrte Wildnis [...] der Menschheit erst Bestimmung und Bedeutung verleiht", wie Aldo Leopold längst konstatierte.

Diese Übersetzung entstand aus den Bemühungen der Bayerischen Akademie für Jagd und Natur (BAJN), der Öffentlichkeit wichtige Erkenntnisse über Naturschutz und nachhaltige Wildbewirtschaftung zu vermitteln. Ziel der Akademie ist es, Antworten auf wichtige Fragen der Jagd angesichts der sich ständig ändernden Rahmenbedingungen zu finden. Die BAJN fördert Projekte im Bereich der Natur- und Artenschutzforschung und vernetzt Wissenschaftler, die Antworten auf die Herausforderungen unserer Zeit suchen. *Rufe der Wildnis* liefert Antworten auf jagdrelevante Fragen.

Um die Lebendigkeit des erzählenden Stils zu erhalten, bleibt die Übertragung so nahe wie möglich an den Sprachrhythmen und -feinheiten des Originaltextes, ohne die Lesbarkeit in der deutschen Sprache zu beeinträchtigen.

Besonderer Dank gilt dem Kosmos-Verlagslektor Ekkehard Ophoven, dessen häufiges Hinterfragen zu produktiven Diskussionen führte. Seine jagdlichen Fachkenntnisse und sein feines Sprachgefühl trugen zum letzten Schliff des Endprodukts bei. Alle verbleibenden Mankos gehen auf die Kappe des Übersetzers.

John A. McCarthy

Professor der Germanistik und Komparatistik emeritus, Vanderbilt University (Nashville TN), Mitglied der Wissenschaftlichen Kommission der Bayerischen Akademie für Jagd und Natur

Anmerkungen

Kapitel 1

1   Das amerikanische „butte", in der Geomorphologie zu Deutsch „Restberg",
bezeichnet markante, isoliert stehende Erhebungen mit steilen, oft nahezu
senkrecht abfallenden Hängen und kleiner, abgeflachter Kuppe. Sie sind Überbleibsel eines früheren ausgedehnten Berglandes oder höheren Landschaftsteils. Ihre Ausbildung und Erhaltung kann gesteinsbedingt (Härtling), klimatisch (Inselberg) oder, wie „Lava Butte" in Oregon, vulkanisch (Stratovulkan)
bedingt sein. Bezügl. „Lava Butte Vicinity, Oregon" siehe http://vulcan.wr.usgs.
gov/Volcanoes/LavaButte/Locale/framework.html (abgerufen am 15. April
2008).
2   Siehe Judy Jewell und W. C. McRae, *Moon Handbooks:* Oregon (Jackson,
TN: Avalon Travel, 2010), 497
3   „Ski Bums" und „Snowboard Dudes" bezeichnet im Amerikanischen
ausgeprägte Schneesportanhänger – meist junge Leute – die einige Jahre nur
für das Skifahren und Snowboarden leben. Den Unterhalt im Skigebiet finan-
zieren sie durch Teilzeitarbeit in Restaurants, Kneipen oder Kleinläden. Vgl.
derstandard.at/1295570796382/Ski-Bum
4   Ein Gutachten der American Community (2006) stellte fest, dass 56 379
Kalifornier im Jahr 2005 nach Oregon auswanderten. Damit lag Oregon an

sechster Stelle der Migration zwischen US-Bundesstaaten. Siehe: www.census.gov/acs/www (abgerufen am 24. Juli 2011)

5   David James Duncan, *The River Why* (San Francisco: Sierra Club Books, 1983)

Kapitel 2

1   Angaben zur Stadtbevölkerung (11 936 im Jahr 1960 und 13 710 im Jahr 1970) verdanke ich der City of Bend. Auskunft über die Arbeitsplatzzahlen in den Sägewerken (1 200 Vollbeschäftigte auf dem Höhepunkt) gab mir dankenswerter Weise die Deschutes County Historical Society. [Zusatz des Übersetzers:] 2000 verzeichnete die Stadt 52 029 Einwohner, 76 693 Einwohner im Jahr 2010; bis zum Juli 2017 stieg die Einwohnerzahl weiter auf 94 520. Siehe: http://worldpopulationreview.com/us-cities/bend-or-population/ und https://www.bendbulletin.com/localstate/6263095-151/bend-population-approaching-100000

2   Wiss. Name und Details nach der Internetseite des USDA Forest Service: www.fs.fed.us/database/feis/plants/tree/larocc/all.html (abgerufen am 24. Juli 2011)

3   *Bambi* (DVD). Regie David Hand et al., 1942 (Los Angeles, CA: Walt Disney Video, 2005)

4   William Golding, *Lord of the Flies* (London: Faber and Faber, 1954)

5   www.cdc.gov/nceh/lead/nlppw.htm

6   Douglas Brinkley, *The Wilderness Warrior: Theodore Roosevelt and the Crusade for America* (New York: HarperCollins, 2009), 5

7   Brinkley, *The Wilderness Warrior*, 202

8   Brinkley, *The Wilderness Warrior*, 19, 818-30

9   Gifford Pinchot, *The Fight for Conservation* (New York: Doubleday, 1910), 48

10   Brinkley, *The Wilderness Warrior*, 702

11   *Urban and Rural Population: 1900 to 1990*, im Auftrag des U.S. Census Bureaus (Oktober 1995): www.census.gov/population/censusdata/urpop0090.txt (abgerufen am 29. Juli 2011)

12   Bevölkerungsstatistik zitiert nach A. G. Sulzberger, *Rural Legislators Power Ebbs as Populations Shift*, New York Times, 2. Juni 2011

13   Carolyn Merchant, *The Columbia Guide to American Environmental History* (New York: Columbia University Press, 2002), 177–82

14 Richard White, „Are You an Environmentalist or Do You Work for a Living?" in: *Uncommon Ground: Rethinking the Human Place in Nature*; Hg. William Cronon (New York: W. W. Norton, 1995), 172

15 Ins Amerikanische übertragen als Felix Salten, *Bambi: A Life in the Woods* (New York: Simon and Schuster, 1929)

16 Matt Cartmill, *A View to a Death in the Morning: Hunting and Nature Through History* (Cambridge, MA: Harvard University Press, 1996), 66

17 Seit den 1950er-Jahren verzeichnet der U.S. Fish and Wildlife Service die Zahl der verkauften Jagdscheine. Einen Höhepunkt bildete das Jahr 1982, als 16,7 Millionen Amerikaner den Jagdschein erwarben. Bis zum Jahr 2006 sank die Zahl der Jagdscheininhaber um 25 % auf rund 12,5 Millionen Personen, trotz eines Bevölkerungswachstums um 30 %. Für das Jahr 1982 siehe U.S. Fish and Wildlife Service National Hunting License Report, veröff. am 2. Dez. 2004, für 2006 National Survey of Fishing, Hunting and Wildlife-Associated Recreation. Beide Berichte abrufbar: http://wsfrprograms.fws.gov. [Nachtrag des Übersetzers:] Im Frühjahr 2017 gingen 16,9 Millionen Amerikaner und Amerikanerinnen auf die Jagd: https://www.statista.com/statistics/227422/number-of-hunters-usa/]

18 Siehe National Survey of Fishing, Hunting and Wildlife Associated Recreation: http://wsfrprograms.fws.gov; und Telefoninterview mit Steven Williams, Präsident des Wildlife Management Institutes im September 2007, ferner Lily Raff McCaulou, *Recent Surveys Show a Steady Decline in the Number of People Who Hunt and Fish. So, Are Hunters and Anglers ... Endangered Species?* The (Bend) Bulletin, September 9, 2007, F1

19 Michael Pollan, *The Omnivore's Dilemma: A Natural History of Four Meals* (New York: Penguin, 2007), 281

Kapitel 3

1 *The Last Shot*, DVD, Regie Alan Madison (Chatham, NY: Alan Madison Productions, 2001)

2 Vgl. Paul Farhi, "Grace Under Fire: Since Dick Cheney Shot Him, Harry Whittington's Aim Has Been To Move On," *Washington Post*, 14. Okt. 2010

3 Statistiken für die USA zufolge kamen im Jahr 2009 durch Verkehrsunfälle 35 900 Menschen ums Leben, durch Schusswaffen 13 872 Menschen (ausgenommen Selbsttötung). *Injury Facts* (Itasca, IL: National Safety Council, 2011), 94, 143

4   Im Jahr 2009 lag die Zahl der bis zu 18-jährigen Opfer durch Unfälle mit Schusswaffen bei 138, durch unfallhaftes Ertrinken bei 1 056 und durch Autounfälle bei 6 683). *Injury Facts* (2011), 32. [Zusatz des Übersetzers:] Im Jahr 2015 lag die Zahl der bis zu 14-jährigen Todesopfer durch unfallhaftes Ertrinken bei 636, Todesfälle im Straßenverkehr bei 1 159 (https://www.cdc.gov/injury/images/lc-charts/leading_causes_of_injury_deaths_violence_2015_1050w760h.gif, abgerufen am 10.04.2018). Im Jahr 2017 betrug die Zahl jugendlicher Todesopfer durch Schusswaffen 1 300, davon starben 78 Kinder unter 18 Jahren durch Unfälle mit Schusswaffen, des weiteren in der Altersgruppe unter 18 Jahren 493 durch Selbsttötung, 689 durch Mord, 5 790 erlitten außerdem nicht tödliche Verletzungen (http://www.news.com.au/lifestyle/parenting/kids/the-gun-massacre-america-isnt-talking-about/news-story/2ce3d693d182cb31ca7dbab186b2564c; abgerufen am 10.04.2018)

5   Einem Gutachten des National Institute of Justice zufolge, veröff. 1997 als *Guns in America: A National Survey on Private Ownership and Use of Firearms*, besaßen im Jahr 1994 die amerikanischen Bürger 192 Millionen Schusswaffen. Andere Organisationen, darunter die National Rifle Association und das American Firearms Institute, schätzen den Waffenbesitz in den USA auf 250 bis 280 Millionen Schusswaffen ein.

6   Alle Statistiken bezüglich Tod durch Schusswaffen in National Safety Council, *Injury Facts*, 143

7   Die Chancen, durch einen Schuss zu sterben, betragen 1:306, durch unbeabsichtigte Schussverletzung bei 1:6 309, an Krebs bei 1:7, durch Herzerkrankung bei 1:6 und sonstige Todesursachen bei 1:1. Siehe National Safety Council, *Injury Facts*, 37

8   Aus *National Institute of Justice, Guns in America: A National Survey on Private Ownership and Use of Firearms* (1997)

9   *Pulp Fiction*, Regie Quentin Tarantino (Los Angeles: A Band Apart, 1994)

Kapitel 4

1   D. H. Eaton, *Trapshooting: The Patriotic Sport* (Cincinnati: Sportsmen's Review Publishing, 1921), 1–4

2   Allgemeine Information über das Trap-Tontaubenschießen stammen aus Trapshooting Hall of Fame in Vandalia, OH: www.traphof.org

Kapitel 5

1   Ina Cole, "Pablo Picasso: The Development of a Peace Symbol," Art Times Mai-Juni 2010, (www.arttimesjournal.com/art/reviews/May_June_10_Ina_Cole/Pablo_Picasso_Ina_Cole.html; abgerufen am 21. Juli 2011)

2   Information zur Carolina-Taube bei D. B. Marshall, M. G. Hunter and A. L. Contreras, eds., *Birds of Oregon: A General Reference* (Corvallis: Oregon State University Press, 2003), 304-05

3   "Summary of the Endangered Species Act," zul. geänd. am 2. März 2011: www.epa.gov/lawsregs/laws/esa.html

4   Verkaufsstatistik für 1982 in: „U.S. Fish and Wildlife Service National Hunting License Report," veröff. am 2. Dez. 2004; für 2006 aus „2006 National Survey of Fishing, Hunting and Wildlife-Associated Recreation." Beide Berichte abrufbar unter http://wsfrprograms.fws.gov

5   2017 belief sich die Zahl der Jagdscheininhaber und -inhaberinnen auf ca. 15,5 Millionen, während die amerikanische Bevölkerungszahl auf 325,7 Millionen gestiegen ist. (https://wsfrprograms.fws.gov/subpages/licenseinfo/Natl%20Hunting%20License%20Report%202017.pdf; abgerufen am 17. April 2018)

6   Marshall, Hunter and Contreras, *Birds of Oregon*, 304-05

7   "Animal Congregations, or What Do You Call a Group of … ?" Zul. geänd. am 29. Sept. 2006: www.npwrc.usgs.gov/about/faqs/animals/names.htm

8   Informationen zu Vegetariern sind einer Reihe von Gutachten der Vegetarian Resource Group entnommen: www.vrg.org/nutshell/faq.htm#poll; population from U.S. Census Bureau

9   Henning Steinfeld, Pierre Gerber, Tom Wassenaar, Vincent Castel, Mauricio Rosales und Cees de Haan, *Livestock's Long Shadow: Environmental Issues and Options*, im Auftrag der Food and Agriculture Organization of the United Nations (Rome, 29. Nov. 2006)

10   "Livestock and Poultry: World Markets and Trade," im Auftrag des U.S. Departments of Agriculture (Washington, D. C., April 2011)

11   Im Jahr 1942 betrug der Fleischverbrauch pro Person in den USA 161 Pfund. Vgl. Roger Horowitz, *Putting Meat on the American Table: Taste, Technology, Transformation* (Baltimore: Johns Hopkins University Press, 2006), 16

12   Steinfeld et al., *Livestock's Long Shadow*, xxiii

13   Steinfeld et al., *Livestock's Long Shadow*, xxiii

14 Ahmed Djoghlaf, "Statement from Executive Secretary of the United Nations Convention on Biological Diversity" (Vortrag, New York City, May 22, 2007)

15 Steinfeld et al., *Livestock's Long Shadow*, xxi

16 Basiert auf einer Studie des National Institute of Livestock and Grassland Science in Japan aus dem Jahr 2007. Zitiert von Mark Bittman, "Rethinking the Meat Guzzler," *New York Times*, 27. Jan. 2008

17 Jonathan Safran Foer, *Eating Animals* (New York: Little, Brown, 2009), 143

Kapitel 6

1 Information über den Ringfasan bei Harry Nehls, *Familiar Birds of the Northwest* (Portland, OR: Portland Audubon Society, 1981), 60. Siehe ferner Marshall, Hunter and Contreras, *Birds of Oregon*, 174–75

2 *Tules* sind Rohrkolben

3 Pollan, *Omnivore's Dilemma* , 353

4 Herman Melville, *Moby-Dick: Or, The Whale* (New York: Modern Library, 2000), 776

5 Garrison Keillor, Lake Wobegon Days segment of *A Prairie Home Companion*, American Public Media, 22. März 2008

6 Horowitz, *Putting Meat on the American Table*, 16

7 Bis zum Jahr 2017 hat sich nach dem Landwirtschaftsministerium die Zahl der sogenannten Bauernmärkte auf rund 8 500 fast verdoppelt (https://www.usda.gov/media/blog/2017/08/04/numbers-spotlight-farmers-market-week; abgerufen am 20. April 2018)

8 National Farmers Market Survey, veröff. im Mai 2006 durch den Marketingservice des Agrarsektors des U.S. Departments of Agriculture, 2, 27

9 Information stammt aus mehreren Quellen, darunter einem Telefoninterview mit Steven Williams, Präsidenten des Wildlife Management Institutes (September 2007) und Frank Miniter, *The Politically Incorrect Guide to Hunting* (Washington, D. C.: Regnery, 2007), 105–116

10 Die nachstehende Information basiert auf einem Interview mit Greg Cazemier am 9. Sept. 2010 in Bend, OR

11 Vgl. Richard Cockle, „Study Shows Surprising Rate of Mule Deer Poaching," *The Oregonian*, 15. Nov. 2010

Kapitel 7

1   Wiss. Name, Lebensraumbeschreibung, Ernährung und Bejagung des Florida-Kaninchens zitiert nach dem Oregon Department of Fish and Wildlife. Arteninformation auch abrufbar unter www.dfw.state.or.us/species/docs/rabbit.pdf

2   Pollan, *The Omnivore's Dilemma*, 23

3   Roy Wall, *Fish and Game Cookery* (New York: M. S. Mill, 1945), 126

4   Für die Hintergrundinformation der NRA siehe Robert J. Spitzer, *The Politics of Gun Control* (Washington, D. C.: CQ Press, 2004), 75-83

5   Auf ihrer Internetseite nennt sich die NRA stolz die "largest pro-hunting organization in the world.": www.nra.org

6   William Hermann, "Gabrielle Giffords Shooting: Pistol Use Is a Mainstay for Law Officers," *Arizona Republic*, d. 10. Jan. 2011

7   Siehe www.nraila.org/Issues/Faq (abgerufen am 29. Juli 2011). [Zusatz des Übersetzers:] Seit 2012 bis 2018 stieg die Zahl der NRA-Mitglieder um weitere rund 16% auf fünf Millionen.

8   Siehe "Petition to the Environmental Protection Agency to Ban Lead Shot, Bullets, and Fishing Sinkers Under the Toxic Substances Control Act", eingereicht von "Center for Biological Diversity, American Bird Conservancy, Association of Avian Veterinarians, Project Gutpile und Public Employees for Environmental Responsibility" am 3. Aug. 2010: www.biologicaldiversity.org/news/press_releases/2010/lead-08-03-2010.html (abgerufen am 29. Juli 2011)

9   Vgl. American Bird Conservancy: www.abcbirds.org; und Katharine Mieszkowski, "Condors vs. the NRA," Salon.com (September 22, 2007), available at www.salon.com/news/feature/2007/09/22/condors (abgerufen am 29. Juli 2011)

10   M. David Allen, "Standing Up for Elk Country," *Bugle* 28, no. 2 (March–April 2011), 9

11   Sandi Doughton, "Can Wolves Restore an Ecosystem?" *Seattle Times*, January 26, 2009

12   Allen, "Standing Up for Elk Country," 9

13   Siehe www.nwf.org/About/History-and-Heritage.aspx (abgerufen am 24. Juli 2011)

Kapitel 8

1   Obwohl ich mir gewisse dichterische Freiheit für die Lebensgeschichte der Gans erlaubte, hielt ich mich an Fakten über den wiss. Namen, Populationsstatistik, soziales Verhalten, Größe und Zugverhalten. Siehe: Marshall, Hunter and Contreras, *Birds of Oregon*, 76–78

2   Dichterische Freiheit habe ich mir auch in der Lebensgeschichte des Masthuhns erlaubt. Information über Massentierzuchthaltung und Futterpraxis, Lebenserwartung, Verletzungsrate, Transport und Schlachtung habe ich mehreren Quellen entnommen: etwa Pollan, *The Omnivore's Dilemma*; Foer, *Eating Animals; the Farm Sanctuary* (www.farmsanctuary.org) und Karl Weber, Hg., *Food, Inc: A Participant Guide: How Industrial Food Is Making Us Sicker, Fatter and Poorer— and What You Can Do About It* (New York: Public Affairs, 2009), 62

3   Tom Standage, *An Edible History of Humanity* (New York: Walker and Co., 2009), 4

4   Weber, *Food, Inc.*, 62

5   Foer, *Eating Animals*, 48

6   Pollan, *The Omnivore's Dilemma*, 333

7   Kevin D. Hall, J. Guo, M. Dore, C. C. Chow, „The Progressive Increase of Food Waste in America and Its Environmental Impact", PLoS ONE 4, no. 11 (2009), e7940

8   David Arora, *Mushrooms Demystified* (Berkeley, CA: Ten Speed Press, 1986), 893–896

9   David Arora, *Mushrooms Demystified*, 4–6, 662, 191

10   David Arora, *Mushrooms Demystified*, 191

11   https://www.geocaching.com/geocache/GC31TH6_pilze-lachen-erlaubt?guid=ff762b76-9520-4a07-9181-996ae8b79e98. Im Original stehen nicht namensdeckend: "Angel wing, man on horseback, ma'am on motorcycle, shaggy parasol, poor man's slippery jack, dead man's foot"

12   Lily Raff McCaulou, „A Taste of Tradition," *The (Bend) Bulletin*, 17. Aug. 2008, F1

13   Horowitz, *Putting Meat on the American Table*, 44-70

14   Hal Herzog, *Some We Love, Some We Hate, Some We Eat: Why It's So Hard to Think Straight About Animals* (New York: HarperCollins, 2010), 183

Kapitel 9

1   Barbara Smuts, "Behavior of Domestic Dogs," *The Encyclopedia of Animal Behavior*, Hg. Michael D. Breed and Janice Moore (New York: Elsevier Academic Press, 2010), 562–567

2   Siehe http://nationalzoo.si.edu/Animals/NorthAmerica/Facts/fact-gray-wolf.cfm (abgerufen 29. Juli 2011)

3   Mark Derr, *Dog's Best Friend: Annals of the Dog-Human Relationship* (Chicago: University of Chicago Press, 2004), 21

4   Smuts, "Behavior of Domestic Dogs," 562–564

5   Ray Coppinger und Lorna Coppinger, *Dogs: A New Understanding of Canine Origin, Behavior, and Evolution* (New York: Scribner, 2001)

6   Siehe Herzog, *Some We Love, Some We Hate, Some We Eat*, 105

7   Information zur modernen Hundezucht entnehme ich dem American Kennel Club: www.akc.org/breeds/index.cfm

8   Nach der Entscheidung der Obama-Administration, den Wolf zur nicht länger gefährdeten Art zu erklären, erlaubten die Bundesstaaten Montana und Idaho die Jagd auf den Grauwolf. Vgl. Montana Fish, Wildlife and Parks (http://fwp.mt.gov) und Idaho Fish and Game (http://fishandgame.idaho.gov)

9   Vgl. www.wildspiritwolfsanctuary.org/ed_presentations.php and www.wildsentry.org

10   Todd Brinkman, Terry Chapin, Gary Kofinas und David K. Person, "Linking Hunter Knowledge with Forest Change to Understand Changing Deer Harvest Opportunities in Intensively Logged Landscapes," *Ecology and Society* 14, no. 1 (2009)

11   Bzgl. Information über das Chukarhuhn (wiss. Name, Habitat, Morphologie, Ernährung) siehe Marshall, Hunter und Contreras, *Birds of Oregon*, 171–173

12   John Cage, *Silence: Lectures and Writings* (Middletown, CT: Wesleyan University Press, 1973), 93

13   Charles Bethea, "Fair Chase," *Outside*, Mai 2011

14   Richard Nelson, *Heart and Blood: Living with Deer in America* (New York: Random House, 1997), 101

15   Wall, *Fish and Game Cookery*, 90

16   Chris Darimont, "Human Predators Outpace Other Agents of Trait Change in the Wild," *Proceedings of National Academy of Science*, 12. Jan. 2009

17   Chris Darimont zitiert in Anne Minard, "Hunters Speeding Up Evolution of Trophy Prey," *National Geographic News*, 12. Jan. 2009

Kapitel 10

1 Für Informationem über den Lebenszyklus des Chinooks siehe Jason Cooper, *Life Cycle of a Pacific Salmon* (Vero Beach, FL: Rourke Publishing, 2003)

2 Erich Fromm, *The Anatomy of Human Destructiveness* (New York: Holt, Rinehart and Winston, 1973), 135

3 Die Vollversion der Boone-&-Crockett Definition der gerechten Jagd sowie die Stellungnahme gegen die Gatterjagd von 2005 sind abrufbar: www.boone-crockett.org

4 Zachary M. Seward, "Internet Hunting Has Got to Stop – If It Ever Starts," *Wall Street Journal*, 10. Aug. 2007, A1

5 Ein Fernsehprogramm der American Whitetail Authority, gesendet seit Dezember 2010

6 James Card, "A Kind of Hunt That Even Deer Can Get Behind," *New York Times*, 16. Oct. 2010

7 Frances Stead Stellers, "Coakham Hunt's Greatest Game Pits Blood-hounds Against Man," *Washington Post*, 12. Jan. 2011

8 José Ortega y Gasset, *Meditations on Hunting* (Belgrade, MT: Wilderness Adventures Press, 1995), 103–104

9 Vgl. USDA Forest Service: www.fs.fed.us/projects/four-threats/facts/open-space.shtml

10 Herzog, *Some We Love, Some We Hate, Some We Eat*, 176

11 Siehe die Forschungsergebnisse der Vegetarian Resource Group: www.vrg.org/nutshell/faq.htm#poll; für die Bevölkerungszahl siehe das U.S. Census Bureau

12 Herzog, *Some We Love, Some We Hate, Some We Eat*, 195

13 Pollan, *The Omnivore's Dilemma*, 326

14 Foer, *Eating Animals*, 13–14

15 Herzog, *Some We Love, Some We Hate, Some We Eat*, 200

16 Peter Singer und Tom Regan (Hg.), *Animal Rights and Human Obligations* (London: Prentice Hall, 1989)

17 Cora Diamond, „Eating Meat and Eating People," in: *The Realistic Spirit: Wittgenstein, Philosophy, and the Mind* (Cambridge, MA: MIT Press, 1995), 322

18 Pollan, *The Omnivore's Dilemma*, 333

19 Foer, *Eating Animals*, 198

Kapitel 11

1   National Safety Council Injury Facts 2011 Edition (Itasca, IL: National Safety Council, 2011), 164–165, 47

Kapitel 12

1   Lily Raff McCaulou, "Tribes and the River," *The (Bend) Bulletin*, 25. Jan. 2005, A1

2   Bis Ende 2010 hatten 13 Bundesstaaten das Jagdrecht eingeführt. Siehe National Conference of State Legislators, Bericht von Douglas Shinkle im November 2010: www.ncsl.org/default.aspx?tabid=21237 (abgerufen am 29. Juli, 2011). [Zusatz des Übersetzers:] Mitte 2017 ist die Zahl der Bundesstaaten mit Jagdgesetzen auf 22 gestiegen. Siehe: http://www.wideopenspaces.com/heres-a-map-that-shows-you-which-states-have-a-constitutional-right-to-hunt-and-fish/

3   Siehe 2006 National Survey of Fishing, Hunting and Wildlife-Associated Recreation: http://wsfrprograms.fws.gov

4   Interview mit Jessie Fischer in Bend, Oregon, März 2011

5   Information über Artemis adaptiert aus Robert Graves, *Greek Myths* (London: Penguin Books, 1981), 33–34

6   Cartmill, *A View to a Death*, 33

Kapitel 13

1   Für Auskunft zum Weißwedelhirsch einschl. wiss. Bezeichnung, Artenverwandtschaften, Lebensraum, Ernährung, Population usw. siehe Nelson, *Heart and Blood*

2   Nelson, *Heart and Blood*, 310–11

3   Nelson, *Heart and Blood*, 67

4   Gary Lewis, *Deer Hunting: Tactics for Today's Big Game Hunter* (Bend, OR: Gary Lewis Outdoors, 2003)

Kapitel 14

1   Allgemeine Informationen über den Wapiti stammen aus mehreren Quellen, vor allem aus Jay Houston, *Ultimate Elk Hunting: Strategies, Techniques & Methods* (Minneapolis: Creative Publishing International, 2008) und vom Oregon Department of Fish and Wildlife

2   Dennis Walrod, *Making the Most of your Deer* (Stackpole Books: Mechanicsburg PA, 2004)

3   Nelson, *Heart and Blood*, 71

4   Nach einem Interview mit einer Frau in Richland, Washington, im Mai 2006, die anonym bleiben möchte

5   Fromm, *The Anatomy of Human Destructiveness*, 133

6   Vgl. www.fws.gov/duckstamps/Info/Stamps/stampinfo.htm

7   Siehe "ODFW 2009–2011 Fee Increase Fact Sheet" des Oregon Departments of Fish and Wildlife: www.dfw.state.or.us/agency/budget/docs/2009/budget_fact_sheet.pdf (Abgerufen 29. Juli 2011); und "On the Ground: The Oregon Conservation Strategy at Work," Bericht des Oregon Departments of Fish and Wildlife vom November 2006: www.dfw.state.or.us/conservationstrategy/news/2006/Nov2006.asp (abgerufen am 29. Juli 2011)

8   Zahlen zitiert nach dem U.S. Fish and Wildlife Service National Hunting License Report, veröff. am 2. Dez. 2004 und bei http://wsfrprograms.fws.gov/Subpages/LicenseInfo/Hunting.htm. Für die Inflationsrate siehe West Egg: www.westegg.com/inflation

9   Siehe den 2006er-Bericht "National Survey of Fishing, Hunting and Wildlife-Associated Recreation": http://wsfrprograms.fws.gov

10   Hemingway formuliert seine Ansichten über das Verhältnis zwischen Jagd und Männlichkeit in seiner Kurzgeschichte "The Short Happy Life of Francis Macomber" in: Paul D. Staudohar (Hg.), *Hunting's Best Short Stories* (Chicago: Chicago Review Press, 2000), 41–74

11   Wallace Stegner, "Coda: Wilderness Letter," in: *The Sound of Mountain Water: The Changing American West* (New York: Penguin, 1980), 147

Über die Autorin

Lily Raff McCaulou ist geboren in Takoma Park, Maryland, und wuchs als eines von drei Kindern auf. Nach dem Studium der Anglistik und Journalistik an der Wesleyan University in Bundesstaat Connecticut arbeitete sie in New York City in der Filmindustrie (Independent Film), ehe sie 2004 beschloss, nach Bend, Oregon, zu ziehen, um den Berufsweg einer Journalistin einzuschlagen. Raff McCaulou ist Verfasserin prämierter Kommentare für *The (Bend) Bulletin*. Andere erklärende, bewertende und argumentierende Meinungsbeiträge veröffentlicht sie in Medien wie der *New York Times*, *The Guardian*, *Rolling Stone*, *The Atlantic*, *Portland Monthly*, und *The Bark*. Ihre Arbeiten wurden mehrfach ausgezeichnet und trugen ihr das Knight-Wallace-Stipendium für Journalismus an der Universität Michigan ein. *Call of the Mild* ist ihr erstes Buch. *The San Francisco Chronicle* ernannte es zu einem der lesenswertesten Bücher des Jahres 2012.

Impressum

Aus dem Amerikanischen übersetzt von Prof. John A. McCarthy, Vanderbilt University, Nashville TN, USA

Titel der Originalausgabe: „Call of the Mild", erschienen bei Grand Central Publishing, New York, USA, unter ISBN 978-1-455-50074-1

Copyright © 2012 by Lily Raff McCaulou

Text S. 128 übersetzt aus „A Prarie Home Compagnon" © 2013, mit freundlicher Genehmigung von Garrison Keillor

Dieses Werk wurde vermittelt durch die Literarische Agentur Thomas Schlück GmbH, 30161 Hannover.

Die in diesem Buch Im Kapitel „Anmerkungen" (S. 323 bis 334) wiedergegeben Uniform Resource Locators (URL) waren zum Erscheinungszeitpunkt der Originalausgabe im Jahr 2012 mit existierenden Internetseiten verknüpft. Für die Aktualität der URL und für die Inhalte der Internetseiten ist die Franckh-Kosmos Verlags-GmbH Co. KG nicht verantwortlich. Die Wiedergabe der URL ist in keiner Weise als Wertung der Webseiteninhalte durch den Verlag zu verstehen.

Umschlaggestaltung von Populärgrafik, Stuttgart, unter Verwendung je eines Farbfotos von Scott McCaulou (Titelfoto) und von Marisa Chappell (rechte Klappe Schutzumschlag). Beide Fotos zeigen die Autorin Lily Raff McCaulou.

Unser gesamtes Programm finden Sie unter **kosmos.de**.
Über Neuigkeiten informieren Sie regelmäßig unsere
Newsletter, einfach anmelden unter **kosmos.de/newsletter**

Gedruckt auf chlorfrei gebleichtem Papier

Für die deutschsprachige Ausgabe:
© 2018, Franckh-Kosmos Verlags-GmbH & Co. KG, Stuttgart.
Alle Rechte vorbehalten
ISBN 978-3-440-16303-0
Redaktion: Ekkehard Ophoven
Gestaltung und Satz: DOPPELPUNKT, Stuttgart
Produktion: Angela List
Druck und Bindung: GGP Media GmbH, Pößneck
Printed in Germany / Imprimé en Allemagne